公和文丛

# 引黄入晋工程纪实

郭裕怀◎著

海南出版社
HAINAN PUBLISHING HOUSE

图书在版编目（CIP）数据

引黄入晋工程纪实 / 郭裕怀著 . -- 海口：海南出版社，2017.7

ISBN 978-7-5443-7378-4

Ⅰ . ①引… Ⅱ . ①郭… Ⅲ . ①黄河－引水－水利工程－概况－中国 Ⅳ . ① TV67

中国版本图书馆 CIP 数据核字 (2017) 第 163855 号

**引黄入晋工程纪实**

作　　者：郭裕怀
监　　制：冉子健
责任编辑：孙　芳
执行编辑：晏一群
责任印制：杨　程
印刷装订：北京盛彩捷印刷有限公司
读者服务：蔡爱霞　郄亚楠
出版发行：海南出版社
总社地址：海口市金盘开发区建设三横路 2 号　邮编：570216
北京地址：北京市朝阳区红军营南路 15 号瑞普大厦 C 座 1802 室
电话：0898-66830929　010-64828814-602
E-mail：hnbook@263.net
经销：全国新华书店经销
出版日期：2017 年 7 月第 1 版　2017 年 7 月第 1 次印刷
开　　本：880mm × 1230mm　1/32
印　　张：12.25
字　　数：330 千
书　　号：ISBN 978-7-5443-7378-4
定　　价：58.00 元

谨以此书献给

所有关心、支持、帮助引黄工程的各级领导，

各位参与工程建设的同志和全省人民。

——郭裕怀

# 山西省万家寨引黄

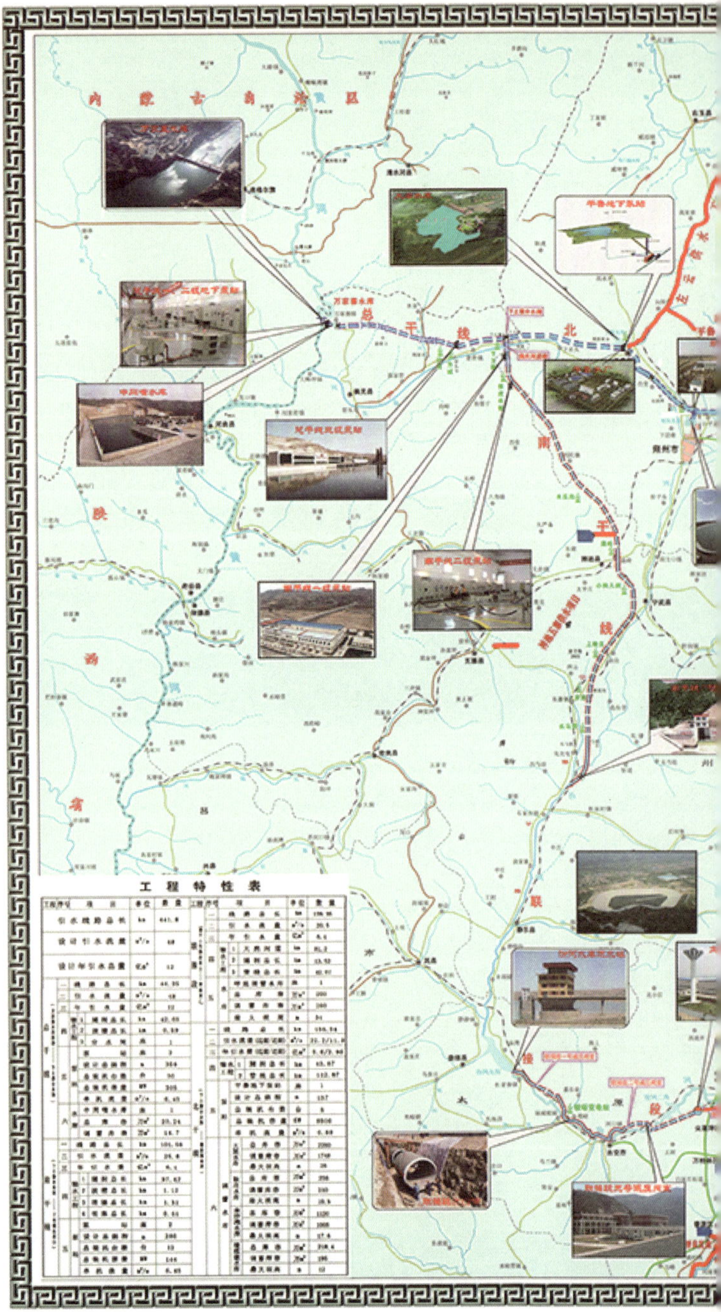

## 晋工程平面布置图

原水直供工程基本情况表

| 序号 | 工程名称 | 供水量（万立方米） | 线路长度（km） |
| --- | --- | --- | --- |
| 1 | 大同原水直供工程 | 3600 | 干线36.5支线45.2 |
| 2 | 清徐原水直供工程 | 12000 | 36 |
| 3 | 古交供水工程 | 3600 | 69 |
| 4 | 阳曲原水直供工程 | 4900 | 36.6 |
| 5 | 神池、五寨供水工程 | 4700 | 31.9 |
| 6 | 晋祠泉复流项目引黄配套工程 | 496 | 7.35 |
| 7 | [illegible]工业园区和[illegible]经济区原水供水工程 | 5000 | 30 |
| 8 | 科技创新城供水工程 | 5200 | 30 |
| 9 | 山阴煤化工基地供水工程 |  | 25 |

引黄工程取水首部——万家寨水利枢纽

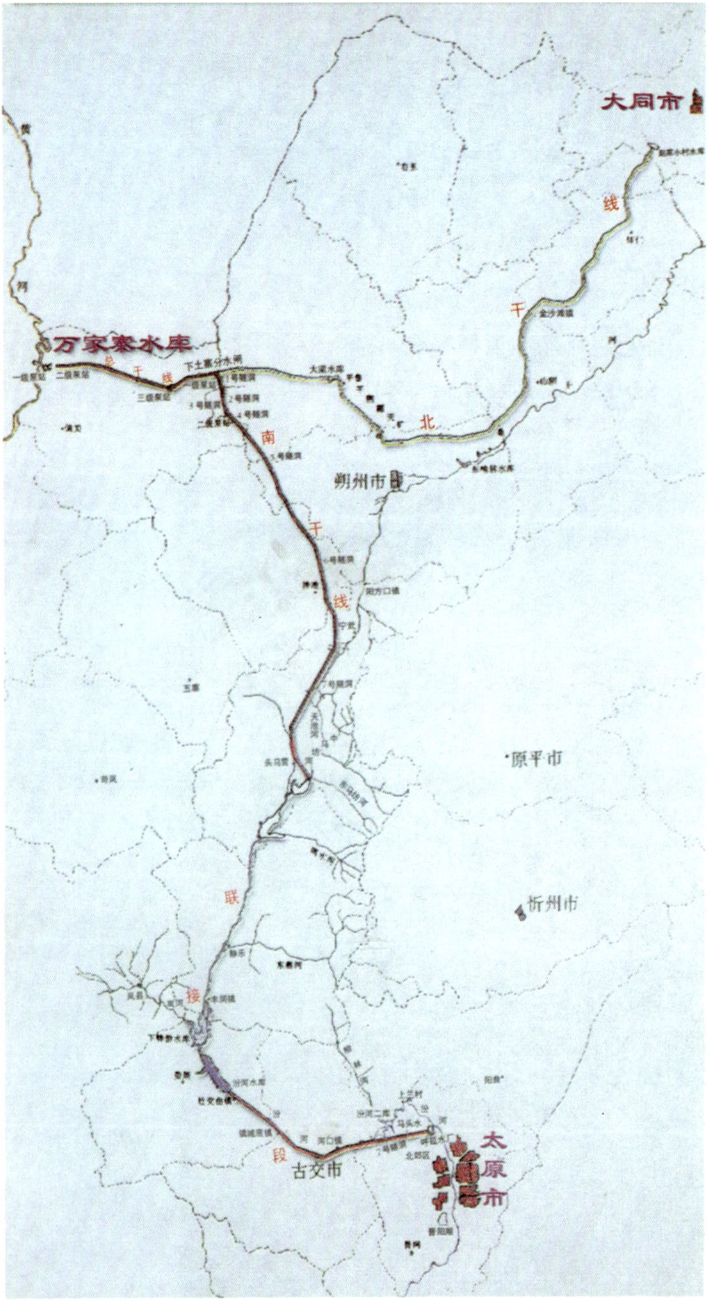


山西省万家寨引黄工程布置图

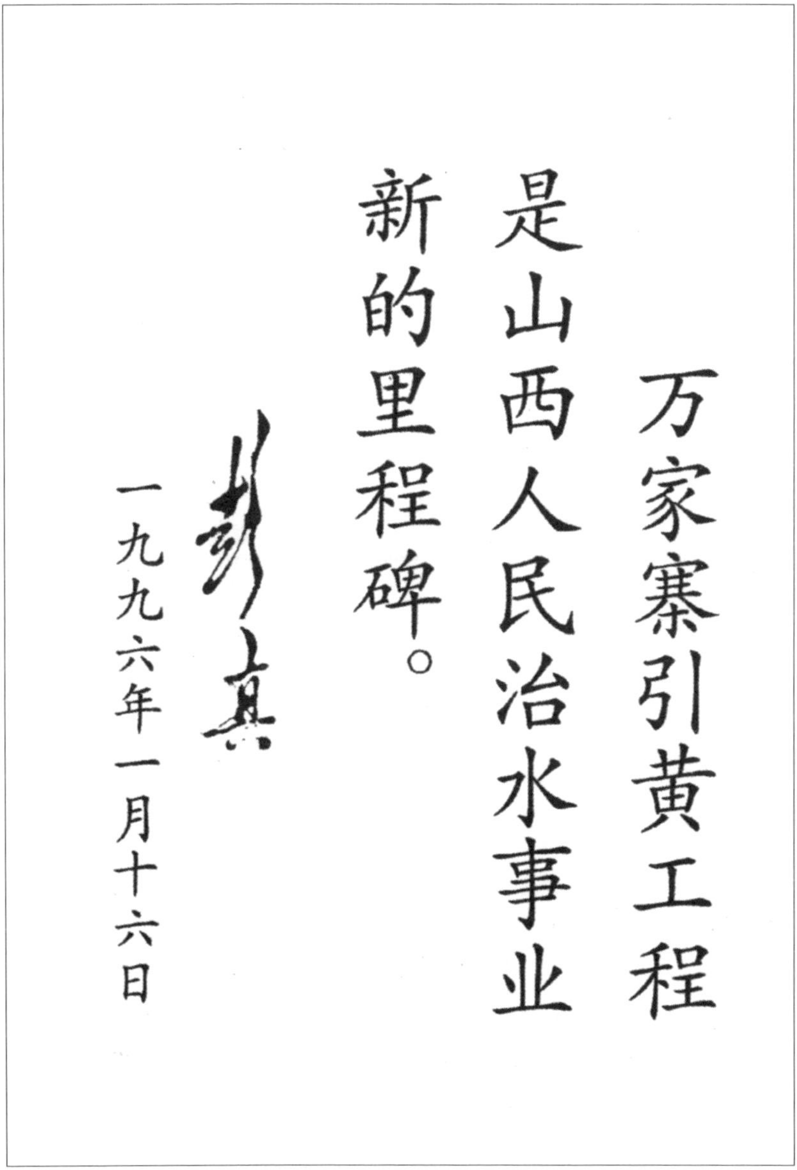
万家寨引黄工程
是山西人民治水事业
新的里程碑。
彭真
一九九六年一月十六日

彭真同志为引黄工程题词

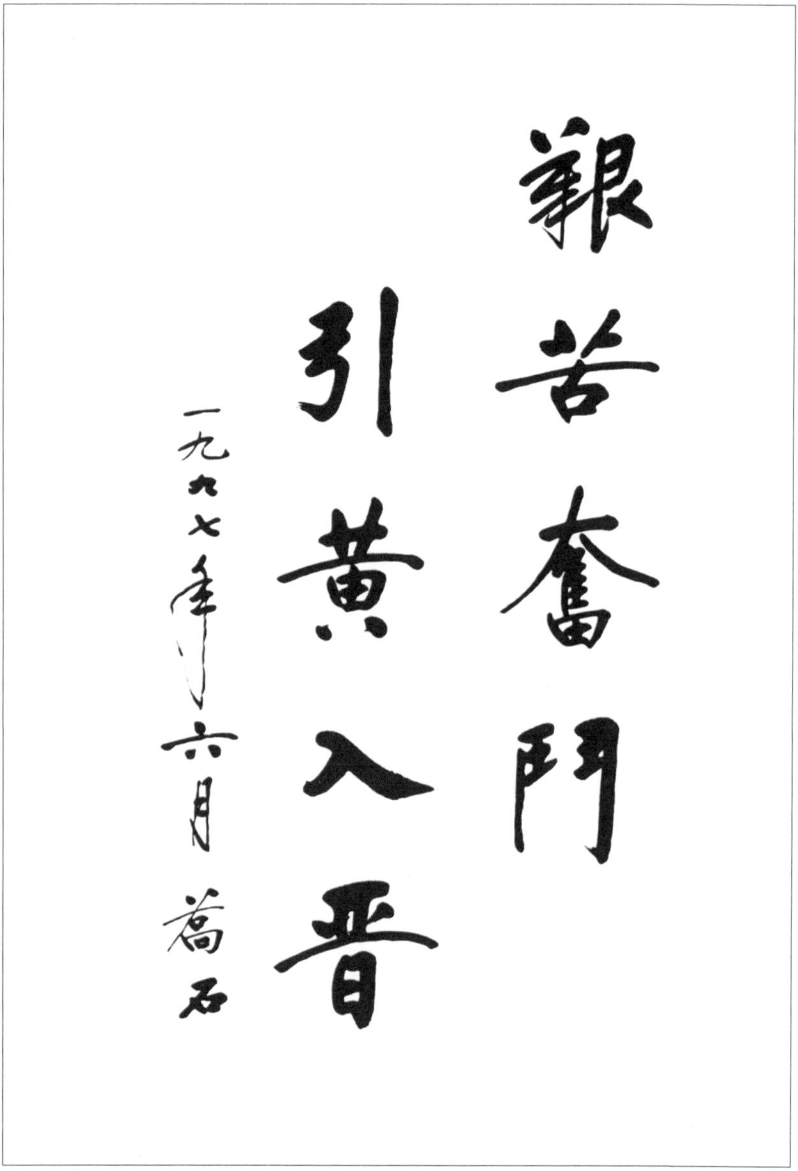


乔石同志为引黄工程题词

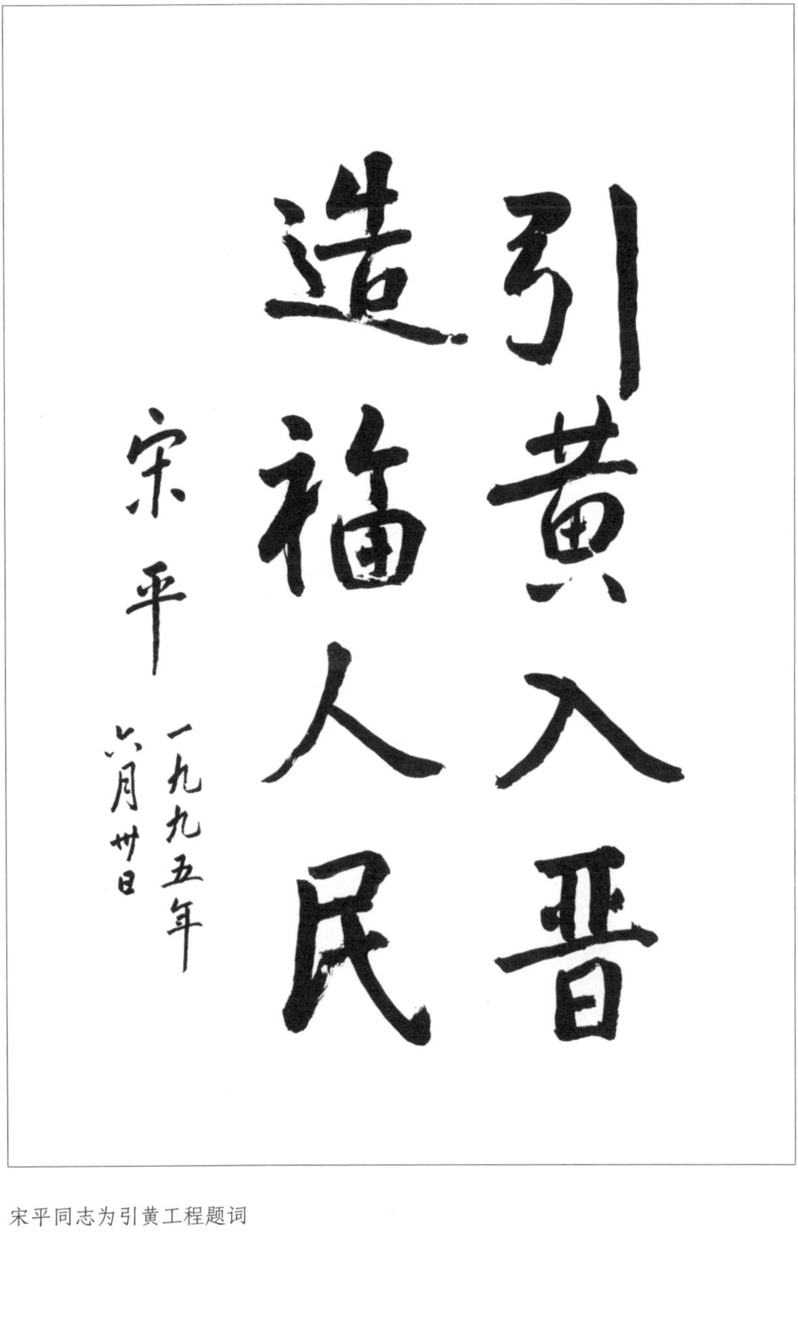


宋平同志为引黄工程题词

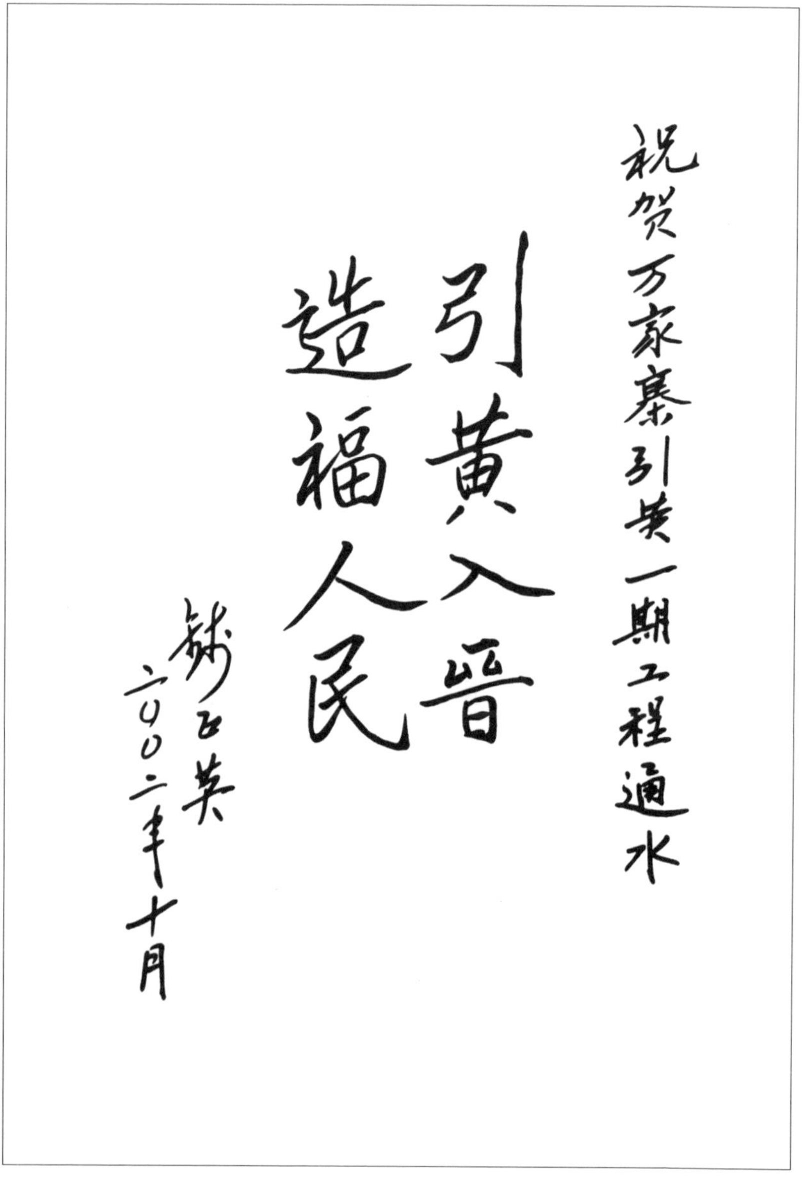


钱正英同志为引黄工程题词

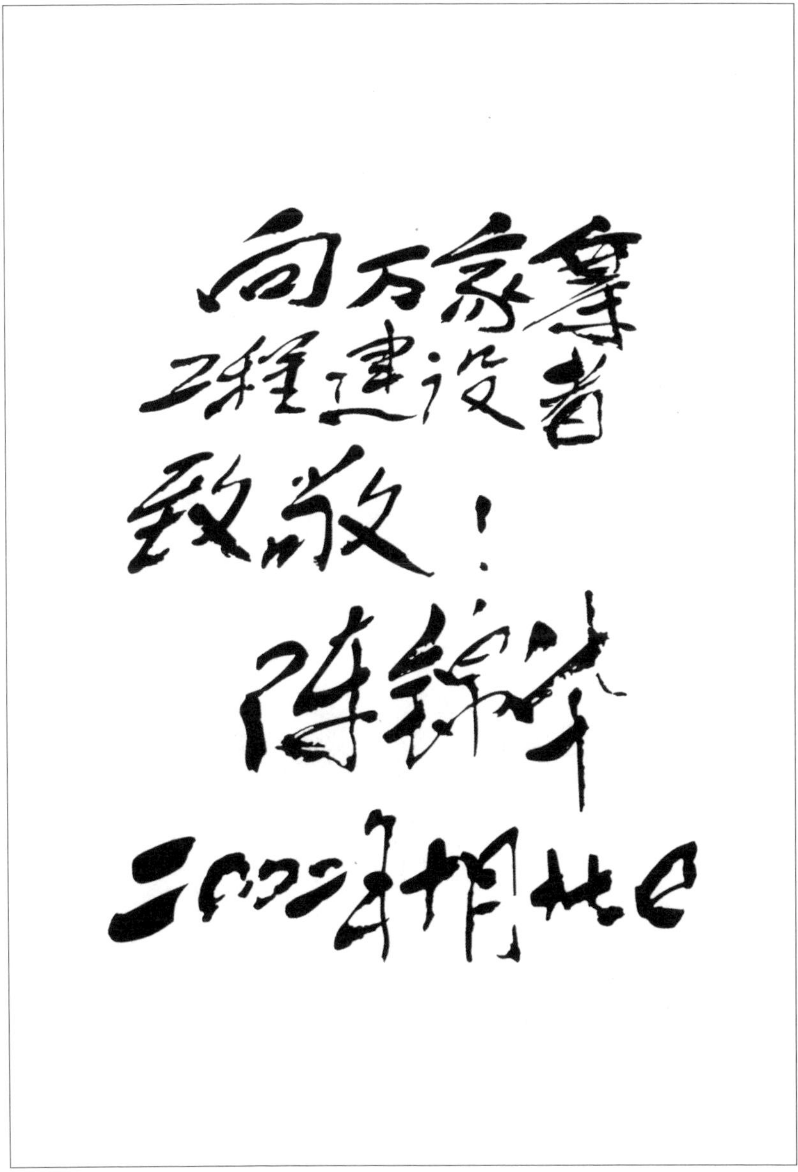


陈锦华同志为引黄工程题词

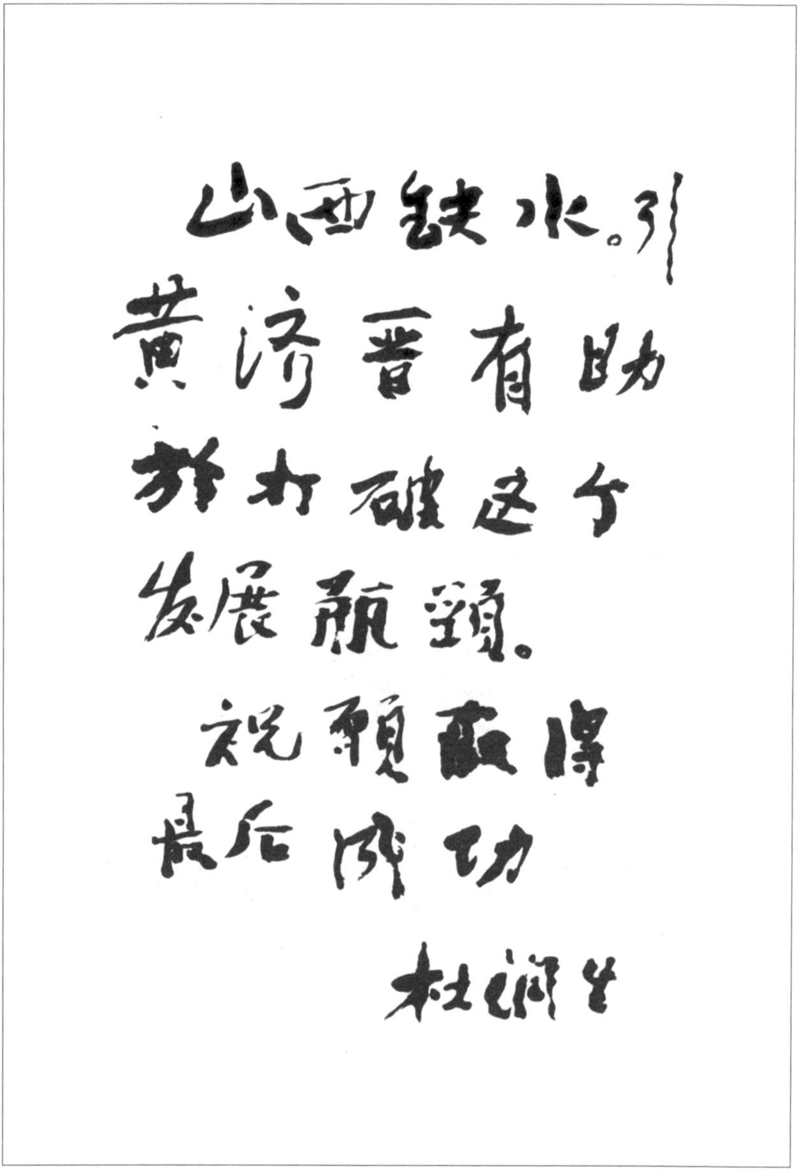


杜润生同志为引黄工程题词

1997 年 5 月，陪同中共中央政治局常委、全国人大委员长乔石视察引黄工程。（图从左至右：郑友三、卢功勋、乔石夫人、乔石、胡富国、郭裕怀、李才旺、杨晋生）

1995 年 6 月 30 日，与省委书记胡富国、省长孙文盛等同志陪同原中共中央政治局常委宋平视察引黄工程。

1993 年 5 月 22 日，与邹家华（中）、胡富国（右）在引黄工地合影。

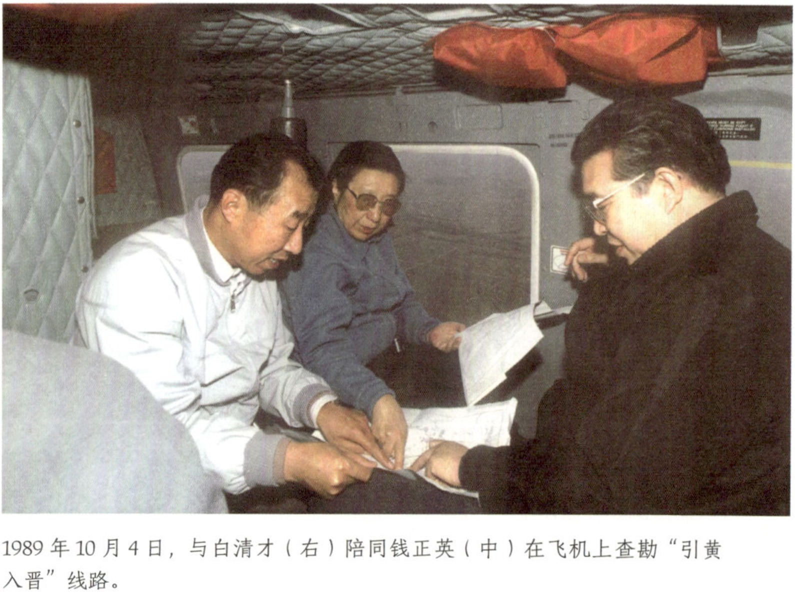

1989 年 10 月 4 日，与白清才（右）陪同钱正英（中）在飞机上查勘“引黄入晋”线路。

1996 年 5 月 18 日，与孙文盛（前左一）等同志陪同陈锦华同志（前右一）视察引黄工程。

1998 年 8 月 27 日，与杜润生在引黄工程总指挥部办公会上。

1998 年 4 月 7 日至 9 日，在北京大学教授、引黄工程顾问周其仁的陪同下，深入引黄一线调研。

1997 年 10 月 8 日，省委、省人大、省政府、省政协、省纪检委领导在万家寨枢纽和引黄工程现场办公。（图从左至右：武正国、冯芝茂、郑友三、李修仁、霍泛、郭裕怀、胡富国、孙文盛、王必胜、卢功勋、王庭栋、刘泽民、王冰。）

contents

# 目录

# ◇ 推荐序

◇

# 心中有个大黄河

杜润生

山西是我的故乡，郭裕怀同志曾兼任引黄工程的领导职务，现在写引黄经历一书，约我写序，我年事已高，写字感到困难，就把 1998 年 8 月 27 日在工程指挥部的讲话稿稍加修改，作为回应。

山西省水资源奇缺，已经出现水资源危机，而且这个危机逐渐走向严重化。解决这个危机，除了向黄河调水，别无选择。我们不能指望老天爷大气环流的变化，也不能指望从其他地方调水。尽管黄河年年断流，有变成内陆河的可能性，没有多少水可调，但引黄济晋不搞不行，如果不搞，煤不能挖，挖了煤不能种田，种了田老百姓没有水吃，人畜饮水都有困难。没有水，太原市将来得搬家，山西更不敢发展大城市。省领导作出决策，引黄济晋是必要的、正确的。

必须调水，又调不来多少。可是投资不小，投资里面需要偿还的数额非常大，财政拨款比例很小。要四面八方向社会、向国内外融资。所以必须控制成本，如果不控制成本，将来水比油贵。即使控制成本，水价还是在高位上，如果不控制价格，无偿用水，更没有前途。所以摆在面前的是个充满矛盾的巨大挑战，是个限制因素很大的工程。我们为了突破这个限制，就不能再用过去水利建设工程的那个办法，如决策的不承担责任，承担责任的不参与决策，投资的不管建设，管建设的不管经营，只讲投资不讲产出，只讲产出不讲效益，只讲使用不讲补偿和回报，遗留问题将很多。今天，有所创新。但是改革创新不是一帆风顺的，要面临许多挑战：财务问题，技术问题，生态问题，引水单位很多，黄河要变成内陆河的问题。另外，会遇到许多的社会阻力，各方利益关系有待调整。还有社会承受能力问题，将来要卖水，水价不能太高，又不能太低？这一切做到恰到好处很不容易。要勇敢接受挑战，挑战是个机遇，它可以逼得我们走创新之路。

接受挑战，打了一仗，打得不错，收获不少，开了个好头。好就好在总体设计的思路是以市场原则为导向的。思维方式的变化，能够引出许多物质的、精神的新果实。中国正处在大变化之中。我们国家正在准备部署一个自主创新体系，要制度创新、组织创新、技术创新。引黄工程可以看作是一个创新工程，是中国水利建设走向创新之路的路标工程，其意义超过工程本身的价值，比引来的12亿立方米水还重要。如果有失败，也是创造性的失败，不是消极无为、窝囊的失败。所以，我感到引黄工程已经初步走出政企不分、责任不专、效益低下、后遗问题过多的老路。但只是初步，还非最终走出来。这次我没有到施工前线做调查，不占有信息，发言是很冒险的，但是有几点做法值得肯定。

1. 大家预设的目标体现了改革取向，三元制衡、公司制经营、资源补偿和回报、有激励性的劳动报酬制度、招标投标制、多种所有制的经营，这些都体现了改革的精神，更可贵的是，还在不断地改进。

2. 投资到位和工程进度基本上保持一致。过去，我所知道的水利工程，一方面延期，一方面投资不到位，最后过多超过概算是很普遍的。

3. 编制从最初设计的2451人缩减到1000人以内，去掉多余的摊子，提高人力资本的价值，避免官僚主义。

4. 有若干方面同国际接轨，这种接轨取得了世行专家的首肯和认可，财务开支得到国家审计机关的承认。

这几条都是已经出现的结果，说初战成功是站得住脚的。但是，也不能估计太高，要足够估计前进中的困难和可能遇到的问题。遇到各种阻力，这些阻力的背后常常是个利益关系问题，利益驱动所发生的一些问题是很难估计到的。

引黄也开始遇到问题了，天津阿尔斯通设备误期就是一个信号，抓住这件事，把履行合同问题好好搞一下，推迟供货会有连锁反应。工程延期是件大事。

世界银行有一个说法，我是第一次从你们的文件上看到，花钱的事、采购的事，首先要把一切人视为不可靠的。很有哲理，要很好体会，这是经验之谈。中国人早就有个说法：不怕一万，就怕万一。有一个人给你出问题，你就防不住，所以要预先全面设防，不要轻信承诺，要有报警器。资本主义国家发展几百年，很有些经验值得重视。他们的刑事诉讼法上有一条，叫“无罪假定”：有人投诉你，先假定你没有罪，有了证据，才能够起诉，没有证据，不能认可。花钱上正相反，是假定你不可靠，为了避免合同风险、强化信用。我们过去批判他们，叫资产阶级的法权观点，是唯心主义。人家的东西是经验出来的，不是哪个人一下幻想出来的。经济学上有一种学科叫“博弈论”，跟下棋一样，我猜你，你猜我，我想吃你，你也想吃我，最后保持平衡，都可以过得去。利益关系的复杂性决定违反合同的事情是难免的，没有才奇怪。我们要很好地利用业主、监理、承包商三元制衡的机制，还要经法律公证，要严格索赔制。过去是自己包、自己监、自己管，一元化。其实不仅经济上要三元化，政治组织上也应该有制衡与约束。共产党必须有人民民主监督，自己监督自己不够，要群众、社会、法制监督。现在要进一步把可能发生的问题估计到。要有信息技术手段、警报手段、追踪观察的手段。最重要的是靠全体员工增强使命感、责任感，要永远保持旺盛斗志。

这方面有很多的工作需要做，集中一点，就是努力创新。制度创新、组织创新、技术创新，这三者互相联系、互相依存。一个重要的关节点、重要的前提，就是知识创新。有学者提出，21世纪是知识经济世纪。知识经济的概念怎么理解，现在还没定论，但是知识的重要性越来越明显。用知识武装群众。形成人力资本，转化为经济效益。现在英美国家的知识投入也越来越多，比重已经占到50%。过去世界上几次大的技术革命，我们每次都落后了。这次遇到知识经济时代，我们一定要奋起直追，重视培养人力资本。我们是个落后的国家，如果能用人力资本取胜，可以缩短我们向前赶路的进程。从农业上说，如果用生物技术基因重组把农业武装起来，现有耕地利用面积就能扩大多少倍，将来“克隆”技术能搞成功，畜牧业、园艺业将有意想不到的发展。如果解决了海水淡化问题，那水资源问题就解决了，现在海水淡化的问题是成本太高。知识就是力量，将来15亿人普及教育，会发挥出无穷创造力，综合国力将因此而空前提高。

知识现在是稀缺要素，市场经济保护知识产权。先进的国家、先进的单位，有了知识，先搞五六年、十几年的专利，这是市场竞争的要求。知识是脑力劳动的产物，是一种无形而有使用价值的产品。它属个人所有，受个人意愿支配，不能凭借外力支配它、剥夺它，只有在市场交换方式中通过工资、奖金、红利、股权等形式对脑力劳动投入给出近似等价交换的回报。把稀缺的东西变成不稀缺，大家都向教育、科学投资，那时人才辈出，知识的价格就会降低下来，这样就可以抵消垄断。国外的企业家挣的钱是员工的10~20倍，这还不算，还有一个“期权股”，给一定股份，到约定年头上如果实现了赢利可以得到分红，这样，干劲就大了。我们这里规定经理的报酬不得超过员工报酬的3~4倍，这是由于我国现在还不富裕，大家工资水平都低，而且我们还应当靠物质和精神的双重鼓励，“两条腿走路”。

引黄要更多地靠人力资本的投入，力争把它变成一个知识工程。引黄工程是一个多系统的结构，有引水、有发电、有财务、有水工等多个系统，在这个多系统里，从实际出发，解决一些新问题、积累一点新学问，这是可以办到，也一定能办到的。

1. 必须群策群力，群策就是叫大家都开动脑筋，发挥主动性、创造性，要收罗一批人才，“郭裕怀三上清华”，还有别的地方可去。

2. 要拟出一个学习计划，选一些项目进行培训。

3. 要制定好报酬激励制度，要拉开距离，对能用脑筋的人、能够创新的人给出好的报酬。当然也不能放弃荣誉感、精神鼓舞。

4. 要发展信息技术，把计算机网络搞好，要搞知识编码：是什么，为什么，怎么搞，靠谁搞，在什么地方搞；还有知识的传递、信息的传递，减少会议，节省纸张，“秀才不出门，就知天下事”。靠计算机把空间缩小，把信息传递加快，把咨询服务搞好，把情况汇报搞好，把一切情况都能收在自己的视野里。

5. 最后一条是对领导人的要求：要具备改革开放时代的品质，锐意进取，破除封闭，对国外的知识不封闭，对同行同业先进经验也不封闭。除用好本单位的人力外，还应善于利用国内外知识产业，提供咨询，对不同意见兼容并蓄，听后再进行筛选，不要被自己的思维定式所局限。我很高兴地看到，省委、省政府、人大、政协对引黄工程给予了足够支持，作出的决策都符合改革开放的创新精神。引黄工程领导人、指挥长、经理们都是开放型的人，也许会用错几个，那也比保守而不敢用人的好。

引黄要达到最终目标，把12亿立方米的水引进来，把水管好、卖好，以水养水、以电养水、以煤养水，更重要的是要培养一批人才、一支队伍，这支队伍将来可能有很大的用途，将来南水北调势在必行。如果开发西线的南水北调，现在你们打洞的这一套经验将来会有用途。打洞引水，损耗少，只有一个困难——缺氧——其他条件都好，能够解决黄河的断流问题，到时你们可以主动请缨，用你们的技术把西线搞起来。现在，黄河沿岸引水漫灌，无偿使用，不讲效益，70%属浪费，是个大问题。如果把我们以后管水、卖水的经验推广到黄河两岸，首先从青海、宁夏、河套开始，再到河南、山东，实行节约用水，这是近期治黄目标。不但要解决无偿用水的弊病，还要解决黄河流域的植被问题。你们有个材料，叫“引黄沿线可持续发展规划方案”，要实施起来，恢复青山绿水的环境。现在要告别无偿用水阶段，水利投资不回收不行，实行有偿用水就可以建立黄河基金，这大有可为。

要扩大整个引黄的成果，向全流域的治理进军，心中要有一个大黄河、大流域的概念，不是光有山西的概念。这是我的一点希望。

我在这里姑妄言之，不对的地方，请批评。

2006 年 3 月 13 日

（作者系原国务院农村发展研究中心主任）

◇

# 莫愁前路无知己

——记与郭裕怀君交往点滴

陈建

那是 1984 年的事情。当时我还是中国农业科学院研究生院的在读学生。那一年由于精力充沛，读书之余我受中国农业经济学会之委托去把农经学会的会刊《农业经济问题》从中国社会科学院农经所抢回到中国农业科学院农经所并重新编改版。刊物风气一新，好评不少，大概是这件事情让我的导师，时任中国农科院农业经济研究所所长的牛若峰先生对我印象不错。年底的中央农村工作会，本来是牛先生代表农经所的一个参会名额干脆就让我这个毛头小伙以农经专家的身份去了。这就是那个生机勃勃的 80 年代。这次参会，开启了我与高鸿宾、高以诺、陆贵生、王岐山等诸位农口青年才俊的相识，更让我铭记于心的是与几位在农村一线工作的领导的交往也从此开始。山西省副省长郭裕怀先生就是其中之一。

那真是一个不错的年代。

山西在“文革”时代是一个“农业学大寨”的标杆省，胡耀邦先生主政以后令人耳目一新地提出再也不能干与老天作对的蠢事了。但过去的固定思维已成习惯，联产承包与社队企业、个体经济等农村新政难以推开，在这种背景下，胡耀邦与主管农村工作的万里干脆在山西来了一个新试验，从县委书记里面直接选拔有改革开放思维的年轻干部直接做主管农业的副省长。让全省一线工作的县委书记参加考试。考试第一的秀才郭裕怀先生就这样直接从县委书记当上了副省长。

就这样二十多岁的我和四十出头的郭裕怀先生在1984年底的京西宾馆中央农村工作会议上相识了。

刚来京也是第一次代表一个省来参加此会的郭裕怀君显得勤奋、好学、谦虚、为人厚道。以后交往下来，才发现郭君的好学和善谦虚背后，更有开阔的胸怀和坚毅实干的品格。

当时，全国农村工作的实际谋划部门党内是中共中央书记处农村政策研究室，政府内是国务院农村发展研究中心。山西省也成立了省政府农村发展研究中心。几次聊天交往下来，我和郭君很是投缘。1986年郭君专门来京找我，问我是否有兴趣去他们省农研中心工作，并可以做一个副职。作为一个刚刚被《人民日报》农村部主任姚力文先生以住房和“专家”弄进《人民日报》农村部的年轻人，我很感激他的信任，但我问他山西有那么多熟悉农村的干部为何要我这种人去，他说山西旧东西旧思维多了些，需要有些有力量的新人新东西去冲击一下。信任是一种温暖，被信任更是一种责任。我很是感激郭君的信任，我虽从未去过山西，但直觉告诉我，那不是适合我这种生来喜好自由自在的人生存和学习的地方。我真诚地谢绝了他的好意，并表示我在北京可能更好地支持和帮助他这个实干者。

不久，我就开始了在郭君邀请和支持下去山西调研的历程。每一次，都似有收获。现在翻开《人民日报》80年代下半期相关报道还依稀可见。其中最有意思的经历有两次。

一次是我拉着高以诺兄，重点调研山西农业的出路，跑了一圈下来，结论很是悲观：山西虽然是华夏农耕文明的发祥地之一，但几千年尤其是近几十年折腾下来，山西农业可以说已没有大的未来，核心的问题是，山西严重被老天爷警告：缺水。我们回京后在《人民日报》上连续发了几篇诸如“山西之长在于煤，山西之短在于水”的系列文章，据说影响不小。这也是后来万家寨水利工程上马的最早的舆论造势。当然，主导这个造势的是郭裕怀君。

另一次是对郭君知人善任的印象。在郭裕怀君旁边，总有一些各路人才，尤其是年轻人。一次他推荐我去与一个他认为思路开阔的年轻县委书记聊天，这是 1988 年的事情。这个县委书记聊到县里面各类国企和集体企业已濒临破产，毫无竞争力，浪费了大量的资源，在那个民营经济仅仅是个体户、万元户的时代，这位书记认为民营经济才是我们国家和国民经济的出路。我很感激郭君的识人和这位书记的见识。回京后我在《人民日报》的内参《情况汇编》上发了一个这样标题的内参“建议县一级不再办国有企业”。此文被时任国务院常务副总理姚依林先生批赏。此事也让我对姚依林先生刮目相看。后来，我们写的建议在山西上万家寨水利工程的意见也得到了姚依林先生的支持。当时社会盛传姚依林先生属思想偏保守主义，可从他老先生对我的两篇小文的批示看，姚先生应是一个服从真理的理性人物。那位年轻的县委书记后来也成为山西省里的一个公认的人才。

至于万家寨水利工程，可以说早期的造势、推动、启动过程我都大致了解。虽然是旁观者，但在我看来，在那时国家财政与山西省财政均很困难的情况下，这个工程上马完全是无中生有。按常规说也可能是天方夜谭。工程没人反对，但说到钱，却谁也拿不出来，最后才创造性地从晋煤外卖中抽专项，并被逼着山西这个不太开放的省去向世界银行借款。而山西当时根本就没有可以流畅与世界银行对话的人，在申请和使用世界银行贷款过程中世界银行老爷们的颐指气使只是此工程艰辛的一个小插曲。一次在北京与郭裕怀君见面，正好遇见刚到北京大学的周其仁教授，郭君说这是杜闰生老人推荐的人才，我真心恭喜周教授和郭君算相得益彰，其仁的参与大大提高了万家寨团队的水准。但此工程过程中郭君所受的煎熬和委屈又有多少人记得住呢？

我是记得住的。

1992 年，我从国务院研究室下海创建中国乡镇企业投资开发有限公司，郭裕怀先生已从农业副省长转为常务副省长。看我创业艰辛，经当时的省长同意，山西省政府也对我的创业进行了支持。郭君是 30 年代生人，长我二十多岁，但几十年交往下来，真是亦兄亦友，更是君子之交，颇有儒者和长兄风范。我工作中的长辈与师长们如陈俊生、杜闰生、杨雍哲、翁永曦、谢世杰、陈锡文、周其仁等，均对郭裕怀先生赞赏有加。在我早年工作的农口圈子里，真可用白居易先生一句诗来形容郭裕怀君的公共形象“莫愁前路无知己，天下谁人不识君”。

在八九十那个改革开放的年代，农口都记住了那个人：山西的郭裕怀君。

（作者曾任中国农业科学院农经所编辑、《人民日报》农村部记者、中国扶贫基金会副秘书长等职）

◇

# 黄河编年史的重要篇章："引黄入晋"

朱嘉明

"水者何也，万物之本原也，诸生之宗室也。"

——《管子·水地篇》

黄河是中国的第二大河流，是哺育中华民族、润泽万物的生命之河，是国家地标，是国河、圣河，也是中华民族的基本文化符号。《汉书·沟洫志》曰："中国川原以百数，莫著于四渎，而河为宗。"黄河就是"百川之首""四渎唯宗"。黄河流域是中国最大平原，即华北大平原的主要塑造者，是灌溉农业最早的发源地。从公元前 21 世纪夏朝开始，黄河流域建都的王朝延绵 3000 余年。北宋以后，全国的经济重心逐渐向南方转移，但是，黄河流域在中国政治、经济、文化发展进程中的地位，始终举足轻重。在中国，历史记载的主要形式是"通史"或者"断代史"，其实还有一部基于治理和开发黄河浩瀚文献和典籍的黄河编年史。没有黄河编年史的中国历史都是残缺和失真的。

郭裕怀先生以亲历者身份记录了"引黄入晋"工程的最重要阶段。他撰写的《引黄入晋工程纪实》再现了无法被时间掩盖的岁月，无疑是黄河编年史的重要篇章。

## “引黄入晋”背景：山西缺水的由来、发展和恶化

山西长期全年缺水，降水量年均只有534mm，而可能蒸发量却达到1100mm。这根源于山西的地理位置、地形地貌、水文和地质构造：（1）地处中纬、距海较远。（2）周围高山环境，中间为一系列盆地，地形起伏大、南北延伸、东西狭窄，山丘平原交错分布，山丘面积占总土地面积的80%。东侧为太行山脉，南北延伸，阻碍夏季东南季风进入，降水少，季节分配不均，地区差异大；西侧为吕梁山，属于黄土高原与内蒙古高原的边缘部分，冬春季节，极地冷空气频繁南下，风力强劲，寒冷干燥。（3）外省地表径流不能流入山西，只有黄河沿岸而流；本省大小1000多条河流则均属外流河，穿山越岭，坡陡流急，冲刷严重，导致水资源缺乏和水土流失。同时，这些河流，流域面积小、流程短，泄洪蓄水能力差，雨季洪水成灾，雨过天晴河川干涸干旱严重。（4）地表覆盖物，主要以第3系、第4系的松散堆积物、黄土和石灰岩、砂岩等为主，石灰岩的覆盖面积达23%，分布在东部地区。石灰岩性脆硬，节理裂隙发育，地下岩溶广布，上下沟通，降雨后很快渗入到深部。黄土占土地面积60%，疏松多孔，遇水湿陷，加之地形破碎，地面坡度大，造成了雨时山洪暴发，旱时地干河涸，“有水干旱，无水冒烟”成为一种常态。

山西缺水还与人为的环境破坏有着极大的关系。远古时代的山西疆域，原始森林覆盖东西两侧山地，盆地分布广阔草原。自秦汉以后，人口增加，庶民边疆，战争割据，破坏森林植被，水源锐减，水土流失。但是，在很长历史时期，汾河清澈，可以行船。有资料显示，1700年，山西森林面积降到18.8%；1937年，森林面积下降到6%，坡地失去植被保护，蓄水保土拦截径流的能力大为削弱，缺水日趋严重。据历史统计，16世纪的山西旱灾年数为47年次，17世纪为52年次，18世纪为67年次，19世纪为69年次，20世纪后已是十年九旱，且范围大、持续时间长。

1949年后，山西水源紧缺状况不断加剧，直接原因包括：（1）至少

五六次大规模开荒和几乎持续不断的小规模开荒，晋西黄土丘陵沟壑区，黄土残塬沟壑区开荒陡坡，已达 30 度以上，致使悬殖度超过突破生态环境极限，植被破坏，水土流失，泥沙淤积河床，地表截流蓄水能力下降，暴雨直泻河谷，地下水得不到补充，形成系统性干旱。（2）煤炭开采失序，破坏地下水层，发生突水，吸纳外围水源，外围水源衰减，排出的矿井水污染严重。（3）相当多的水利工程项目，主要是水库建设，缺乏对地基构造和后果综合分析，施工技术差，库基渗漏，库岸周围地下水位提高，造成盐渍化；上游水库筑坝截流，致使河道长时间断流，只在排洪放水时才有水流。（4）地下水过度开采，造成大面积地下水位下降，地面下沉，大量机井报废，泉水衰减。（5）河道成为城市生活污水的纳污道，污水排放的主要通道。进入河道的污水，污染农田、土壤植被和地下水。

总之，山西的缺水是自然与人为因素共同作用的结果。进入 20 世纪 80 年代之后，山西省境界真正能够控制利用的水量最多只有 70 多亿立方米，干旱年仅有 60 多亿立方米，距离当时估算 2000 年所需的 136.79 亿立方米相差甚远。根据山西省水利资料，2010 年，山西人均用水量仅有 180 立方米，全国倒数第一。山西人均占有水资源量为 466 立方米，仅为全国人均占有水量的 17%，是世界人均占有水量的 4%。不仅如此，山西 2/3 的供水必须依赖地下水，直接导致地下水位大幅下降。山西水资源匮乏的恶化，已经影响到民众的基本生活和维系经济发展的地步。1986 年，因为缺水，太原钢铁公司冷却水就已经减到警戒水位；一些化工企业常常中断生产。

## “引黄入晋”决策：地方政府和中央政府的唯一选择

进入 20 世纪 80 年代以后，山西水资源短缺的压力迅速增大。1982 年，山西省成立水资源委员会。中央政府有关部门也开始日益关注山西的缺水问题。摆在山西政府和中央政府面前的解决方案无非是：（1）开辟新水源；（2）提高蓄水能力；（3）节约用水；（4）保护水源。由于对水资源需求的增长过快，唯有通过“引黄入晋”开辟新水源是相对现实的出路。但是，中央政府最终接受山西政府“引黄入晋”方案，则取决于三个基本前提。

第一，否决开采“地下水”的思路。在山西，一度有“集中开发地下水”的方案，并称具有科学根据，且得到中央一级的报刊转载，造成从地方到中央关于如何“开辟新水源”思路的混乱。事实上，这样的方案并没有科学基础。为此，山西政府于1987年1月召开“山西省水资源紧缺综合对策讨论会”，中国科学院水利专家，清华大学副校长张光斗教授对开采地下水的方案予以否定：山西地下水资源如何评价取决于地下水的供给量，而不是以地下水蕴藏量来估算。目前地下水位下降，表明浅层、中层地下水已经超采。至于深层地下水肯定是有的。据省水利厅研究地下水的同志介绍，深层地下水补给来源有限，而且大量深层地下水外流，也缺少条件，所以大量开采深层地下水的可能性不大。事实证明了张光斗教授的判断：山西地下水可利用率不到50%，大部分河流属源短流急的山区季节性河道，难于开发利用。1992年，山西缺水状况进一步恶化。太原日超采地下水20万吨，仍缺水10万吨，不得不实行低压供水、间断供水。长期大量抽采地下水，导致地下水位大幅度下降，地面下沉。

第二，形成山西“缺水”最终制约实施国家发展战略的共识。在20世纪80年代初，国民经济翻两番的目标成为国策，经济发展需要能源，而中国的石油储备和开采能力都不足，煤炭地位凸显。中央政府基于山西的煤炭优势和地理位置，决定将山西建设成为能源重化工基地。按照当时规划：至20世纪末，山西煤产量将达4亿吨，约占全国总产量的1/3，占全国商品煤的3/4。山西煤炭生产供应全国20多个省市，并远销海外。所以，“引黄就不再是一个山西省内部的问题，而是一个关系全国全局的大问题”。当时的水利电力部部长钱正英说：山西省水资源的供求矛盾目前已极端尖锐，如不及时采取措施，不仅将影响当前山西能源重化工基地的建设，而且潜伏着更大的危机，因此，必须提到国家的议事日程上来。1987 年 10 月 28 日，钱正英给时任国务院总理李鹏和副总理姚依林写信，其中第二点写道："山西之长在于煤，山西之短在于水。建设山西能源重化工基地，水资源是无法回避的问题。因此必须贯彻煤、电、运、水同步建设的指导思想，将水源工程列为基地的基础工程设施安排建设，以逐步扭转比例严重失调的局面。"钱正英的上述意见，最终影响了 20 世纪 90 年代中央决策集团的主要成员，包括江泽民、李鹏、乔石、李瑞环、万里、姚依林、田纪云、邹家华。

第三，得到从地方到中央的相关部门的理解、支持和协调。"引黄入晋"涉及的部门林立，至少包括国家计委、经委、科委、水利电力部、煤炭部、国土资源部、环保部，还有财政部、人民银行，有关科研和工程技术单位、高校，以及省内对口单位。20 世纪 90 年代的中国，计划经济体制还有相当的影响力，国家计委的权力是不可超越的。书中提及，因为国家计委的一名副主任的偏见，"引黄入晋"利用世界银行贷款的全部努力险些毁于一旦；因为"引黄入晋"工程所联系的山西省和中央政府各部门的有关人名，达几十人之多。其中，有两个关键人物："20 世纪 50 年代山西省提出引黄入境设想的第一人是陶鲁笳，20 世纪 80 年代北京高层倡议将引黄设想付诸实践的第一人是钱正英。"此外，国务院副总理邹家华，头脑清醒，人情练达，作风干练，具有卓越的协调和落实能力，有效地推动了"引黄入晋"决策过程。最终，1993 年 2 月 22 日，国务院批准国家计委正式下达文件批准工程立项。实现了地方政府和中央政府利益，条条块块的各种利益"双赢"和"多赢"。

## "引黄入晋"工程：世界级的跨流域引水项目

自古以来，黄河上的各种工程没有间断过，无非是两大类：一类是"除黄河之害"，即治理：黄河多沙，善淤、善决、善徙，特别是黄河下游有过多次改道，是典型的地上河，需要治理黄河，简称“治河”，“治黄”。历代提出的治黄方略，主要是防洪、堤防、河防。另一类是“兴黄河之利”，即开发：开发和利用黄河丰富的水资源，主要形式是灌溉、航运、农田水利，渠系工程。例如，据《山西通志》记载，明代时汾河以及其他支流的小水利星罗棋布。

中华人民共和国成立后，中央政府成立黄河水利委员会（以下简称“黄委会”）为流域性机构，统一规划和管理黄河的治理与开发。1955 年，全国人民代表大会通过《关于根治黄河水害和开发黄河水利的综合规划的决议》，明确“根治黄河水害”和“开发黄河水利”的并重关系。1984 年，经国务院批准《关于黄河治理开发规划修订任务书》，系统修订黄河规划，推进黄河的治理与开发。1996 年，“黄委会”会同国务院有关部门完成《黄河治理开发规划纲要》的编制工作，提出今后进一步治理开发黄河的方向和重大措施。其间，自 1957 年开工兴建黄河第一坝——三门峡大坝，黄河流域内已建成大中小型水库 3147 座，总库容 574 亿立方米，引水工程 4500 处，黄河流域及下游引黄灌区的灌溉面积，由 1950 年的 1200 万亩发展到 1995 年的 10700 万亩，流域内河谷川地基本实现水利化，黄河供水范围还扩展到海河、淮河平原地区。

毫无疑义，“引黄入晋”不仅是山西省有史以来最大的水利工程，也属于一项世界级的跨流域引水工程。

“引黄入晋”工程由万家寨水利枢纽、总干线、南干线、联接段和北干线组成。万家寨水利枢纽及引黄工程的主要功能是供水、发电、防洪、防凌。大坝为混凝土重力坝，坝顶高程 982 米。水库总库容 8.96 亿立方米，调节库容 4.45 亿立方米，设计年供水量 14 亿立方米。坝后式厂房内装设 6 台单机容量 18 万千瓦的发电机组，总装机容量 108 万千瓦，多年平均发电量 27.5 亿千瓦·时。引黄工程，首先需要经五级泵站提升，实现高达 636 米黄河水扬程，并建设总长 452.4 公里的输水线路。输水线路多次穿过高山峻岭，通过涵洞、埋涵埋管、渡槽、调节水库等工程实现。

隧道地质条件复杂，所输送的水，无孔不入，技术难度极大。在第一期工程中，最长隧洞42.57公里，比英吉利海峡的海底铁道长7.57公里，被称为“世界第一引水隧洞”。工程分两期实施，一期工程建设总干线、南干线和联接段，设计引水量每年6.4亿立方米，解决制约太原市可持续发展的水资源紧缺问题。二期工程建设向朔州市和大同市输水的北干线，设计引水量每年5.6亿立方米。工程设计年供水量为12亿立方米。供水的运行、调度、监控采取全线自动化控制。

1992年7月1日，“引黄入晋”工程在大梁水库的工地上开挖了预备性开工的第一锹土。这时，距省政府于1984年3月9日向国务院上报《万家镇引黄入晋济京工程预可行性研究报告》已经过去了8年，距1982年7月山西省第一次水资源评价会得出“引黄入境势在必行”的结论已经过去了10年，距1958年山西省委第一书记陶鲁笳提出“引黄入晋”的设想已经过去了34年。1993年5月22日，“引黄入晋”奠基典礼，地点是朔州市平鲁区黄河东岸的大梁水库工地。当时场地荒凉、简陋，所能容纳最多六七千人。但是，那天一大早，大约15000名农民，没人组织，完全自发，从四面八方赶了过来，占满工地周围的山丘。也就是说，周围几十里内的群众能来的都来了。“现场的情况出乎我们的意料，也使我们深为感动。在山西，在黄土高坡上，一个‘水’字的力量竟是那么巨大。”1997年，全线开工。2002年10月18日，在南干线7号隧洞的出口处，头马营举行了隆重的通水仪式。2003年10月26日，投入试运行，向太原供水，历时整整10年。2011年9月，北干线建成通水。这样计算，历时18年。

## “引黄入晋”体制：改革、开放和制度创新

“引黄入晋”是复杂的技术过程，也是复杂的经济和社会工程，原有制度难以适应，需要制度和体制创新。值得肯定的有：

第一，赋予“引黄工程总指挥部”全方位的行政权力。山西省委和

省政府相当清楚“引黄工程”涉及方方面面，需要全面授权。1996年，省政府专门发布138号文：“为了使万家寨引黄工程建设顺利进行，省人民政府决定山西省万家寨引黄工程总指挥部为政府行政机构，具有相应的行政职能，并授权引黄工程总指挥部代表省人民政府承担有关引黄事务的组织、领导和协调工作，其主要职能是：代表省人民政府研究、制定涉及万家寨引黄工程的有关政策；代表省人民政府与国务院、国家有关部门、邻省（区）联系办理有关引黄工程的事宜；协调省内各个相关利益机构及政府行政部门之间实施有关工程建设、移民的行政事务；设计、组织并推动水市场和水资源机构改革。”这种安排，历史上没有，全国也没有，是特事特办。历史证明，如果没有对“引黄工程总指挥部”如此授权，迅速决断，“引黄入晋”势必难以进行。

第二，引进市场机制，征收水资源补偿费。山西政府在20世纪80年代后期已经发现：（1）采煤对水资源造成的破坏严重。遍布全省各地的煤矿，使得整个山西的地下水系遭到严重破坏和浪费，导致人畜吃水困难，涉及区域范围大，人口众多，大面积水田因此变成了旱地。煤层所含地下水的疏干、渗漏还导致了雨水地表渗水加速，河流径流量大为减少。采煤排放的污水，所到之处，地下水和地表水受到污染，加剧山西有限的净水资源紧张。（2）发电的耗水量也是可观的。从全省范围来看，每发1度电用水12升。全省的火电装机将近900万千瓦，每年外送电将近800亿度，也就是耗水达9600亿升，相当于9.6亿吨水，即9.6亿立方米的水。所以，“以煤补水”具有充分理由，天经地义。1988年6月，山西省政府发布《关于从销售煤炭中收取水资源补偿费的通知》，每吨煤加1元，实现了从发现问题、提出设想、形成思路到政策落实。征收水资源补偿费，在很大程度上减缓了“引黄入晋”工程的投资压力。2003年，山西省率先发布了用水定额的专门文件，大幅提高水费征收标准，通过经济和价格杠杆推动全社会节约用水。以取水许可管理为中心，通过关井压采，逐步关闭自备水源井，保护深层水，建设一批应急水源工程实行地表水对地下水的置换，科学配置和利用水资源。

第三，争取世界银行贷款，接受国际承包商参与。1995 年，万家寨枢纽工程动态投资 39.5 亿元，山西分摊 14 亿元；引黄工程动态投资 106 亿元，总计 120 亿元。而在 20 世纪 80 年代，山西省年预算内收入 30 多亿元，省可动用不过 10 亿元。那时的中央政府财力同样拮据。所以，“引黄入晋”需要利用外资，世界银行贷款是首选。1993 年 6 月，“引黄工程总指挥部”向国家计委上报《山西万家寨引黄工程利用外资项目建议书》，利用外资 5 亿美元，国家计委列入 1994—1996 年备选项目。利用外资贷款的过程，需要全方位配合，需要学习，促进改革。1994 年 5 月—1996 年 10 月，世界银行以古纳为团长的工作团队 6 次来山西考察，设计方案不断完善，在枢纽工程和输水工程的基础上，补充移民、联接段、自来水厂、输水网和污水处理，达到了世界银行项目整体化的要求和标准。特别是，“引黄指挥部”在与世界银行的合作中，实现了对于水资源的全面认知——水资源涉及所有权、管理权和经营权；水价包括资源水价、工程水价和环境水价。因为这样的认知，加速了将水视作一种“福利品”的时代完结。1997 年 4 月，中国和世界银行在华盛顿举行“引黄入晋”贷款的正式会议。6 月，世界银行董事会批准第一期工程 4 亿美元贷款。11 月，项目协定生效。争取世界银行贷款，前后 4 年 5 个月。之后，国际承包商全面参与工程建设。“引黄入晋”与国际接轨，实现了向国际化、专业化、正规化的全面转型。

第四，“引黄入晋”管理体制改革。1996 年 11 月，经济学家周其仁主持的《山西引黄工程体制改革大纲》出台，1997 年完成《山西引黄工程体制改革方案》。这个改革方案 9 章 59 条，其精髓是：组建“黄河基金”。“黄河基金”产权本质是国有资产、人民财产。“黄河基金”需要从政府的日常财政开支中划出，变成一个可以在资本市场上运作的、跟政府的换届任期没有直接联系的，不完全受政府直接调节的独立主体，且成为山西引黄工程具有独立法人地位的投资主体。设立“黄河基金”的前提是首先确定其独立法人地位，这本身就代表委托人。1997 年 6 月，山西省委、省政府批复《山西引黄工程体制改革方案》。此时，“黄河基金”呼之欲出。1997 年 4 月，“引黄入晋”内部体制改革进入实施阶段，新的结构包括“引黄工程建设总公司”和“黄河水利工程咨询有限责任公司”。与此同时，在用人制度上引进竞争机制，在分配制度上引进激励约束机制。遗憾的是，因内部匿名信举报，1999 年初夏，国家计委调查组进驻“引黄工程总指挥部”，经过 20 多天调研提出调查报告，几乎对所有的改革举措都进行指摘，特别是否定监理公司的独立法人地位，否定用人制度和分配制度改革。虽然放在引黄工程建设的全过程中看，国家计委调查组的这次调查，不过是一个小的插曲，没有造成逆转性后果，但是，毕竟中断了“引黄入晋”管理体制改革的进程。

第五，产权机制和省际合作。万家寨水利枢纽工程，位于黄河北干流上游托克托至龙口峡谷河段内。坝北左岸为山西省偏关县，右岸为内蒙古自治区准格尔旗。也就是说，这个工程涉及水利部、山西省、内蒙古自治区。从 1990 年至 1997 年，水利部、山西省、内蒙古自治区就投资规模、管理方式和效益分配原则多次协商。1993 年成立“水利部万家寨工程建设管理局”，1996 年 7 月签署《联合建设万家寨水利枢纽协议书》。1997 年按现代企业制度改制为“黄河万家寨水利枢纽有限公司”。该公司由水利部、山西省、内蒙古自治区三方出资组建，出资方委派的股东单位分别为新华水利控股集团公司、山西省黄河万家寨水务集团有限公司、内蒙古能源发电投资集团公司。公司主要经营范围为供水、发电、水利水电工程开发与运营管理、代建管理技术服务、建设咨询等。引进产权机制是省际合作，包括基础设施方面合作的基础。

## “引黄入晋”的历史地位：奠定山西和中国经济起飞的关键一步

“引黄入晋”对山西的意义，几乎一目了然。因为“引黄入晋”：(1) 山西水资源紧缺的局面得到根本性改观。解决山西省太原市、大同市、朔州市的工业及生活用水，这些城市成为最大的受益者。（2）偏关县万家寨一举成名，社会经济条件全面改善。偏关县原本高寒缺水，自然条件恶劣，人口稀少，10万人左右，交通条件差，属于经济落后的贫困县；万家寨是坐落在几个山坡的落后山村，几十户人家居住在分散的窑洞里，蓄饮水、土地耕作依赖天然降水。不足10年，偏关县和万家寨，实现基础设施现代化，增加就业，居民收入水平大幅度提高。（3）山西大水网规划成为可能。山西大水网规划包括“两纵”“十横”。“两纵”第一纵是黄河北干流线，北起忻州偏关县，经万家寨水利枢纽，南至运城市垣曲县，全长965公里，向境内供水；第二纵是汾河—涑水河线，以汾河为主干，通过黄河古贤供水工程将汾河与涑水河连通，形成815公里的又一水道。“十横”是指横跨东西的太原市和朔同盆地、忻定盆地、运城涑水河等十大供水体系，供水区总面积可达7.66万平方公里，占有山西全省总面积的49%，受益人口2400万。同时，通过相关调水工程的建设，实现黄河干流、汾河、沁河、桑干河、滹沱河、漳河等六大主要河流的连通。

但是，“引黄入晋”在黄河编年史上的真正历史地位，对整个国家的长程贡献至今并没有被充分认识。可以肯定的是：如果没有“引黄入晋”，山西难以建设成为国家的重化工煤炭基地，整个国家能源体系可能失衡，直接影响山西，甚至华北地区的加工工业发展，最终会制约中国21世纪前10~20年的国民经济发展。更重要的是，如果没有“引黄入晋”，山西持续缺水，危及民众的生活质量和生命健康，很可能导致社会危机。还有，“引黄入晋”可以随时缓解北京水资源困境，或者说为首都提供了必要的应急储备水源。

在中国的漫长历史中，黄河治理，需要强有力的政权的组织、协调才能完成，对人力、物力、财力的占用、消耗巨大，要求大区域的统一协调，促成了大一统与中央集权制的形成和演变。黄河的治理和开发的成败，与众多王朝的兴衰存在着深刻的历史渊源。秦国兴建与黄河相连的“郑国渠”，引泾河水灌溉 4 万多顷“泽卤之地”，之后“秦以富强，卒并诸侯”。可以说，有没有“郑国渠”，中国历史会大相径庭。毛泽东在 1958 年成都会议上，针对陶鲁笳提出的“引黄入晋”的构想，提到西汉河东太守番系，上书建议武帝修渠引汾水灌溉皮氏、汾阴两地农田，又引黄河水灌溉汾阴、蒲坂农田，可使原黄河岸边素不耕垦的土地 5000 顷变为可耕农田，每年增收 200 万石粮食，以减少关东漕运的困难。汉武帝采纳番系的建议，发卒数万人修建渠田。其后河道移徙，田者不能偿种。河东渠田遂废。纵观西汉历史，汉武帝兴修水利为“昭宣中兴”提供了重要的基础结构；西汉后期，国家无力解决水灾、河患等自然灾害，天灾和人祸互为因果，恶性循环，将西汉王朝推入全方位危机。

由此就不难理解：为什么 1952 年 10 月，毛泽东第一次离京外出巡视，首先就是视察黄河，并提出：“要把黄河的事情办好。”为什么毛泽东在 1958 年成都会议上就“引黄入晋”，谈古论今，旁征博引，滔滔不绝。[1]

如今，通过“引黄”解决陕西、山西、河南、河北、北京、天津，以及山东的水资源不足的工程众多，具有全国影响的有：“引黄济青”工程、“引黄济津”工程、“引黄济石”工程、“引黄入冀补淀”工程、“淄博引黄供水”工程、“引黄入洛”工程；“郑州市牛口峪引黄”工程；“济南引黄保泉供水”工程；河南“水调、供水、灌区三位一体”引黄工程；

[1] 1958 年 3 月，中国共产党召开了著名的“成都会议”。其间，陶鲁笳向毛泽东汇报：山西和北京商量，准备引黄河水，最大引水流量为每秒 200 立方米（现在引黄设计的最大引水流量是每秒 48 立方米），每秒 100 立方米的流量流入汾河，100 立方米的流量经桑干河流入官厅水库。毛泽东听后说，你们的设想算什么雄心大志，不过是继承古人的遗志而已。班固《汉书·沟恤志》记载：汉武帝时，就有人建议从包头附近引黄入燕。引黄入燕，燕就是北京。可以设想，把桑干河修成一条运河，是轮船可以开到京师；还可以设想，把山西的汾河变成一条运河；还可以设想，用黄河的水在内蒙古改造沙漠。那才叫雄心壮志呢。毛泽东还说，当年汉武帝乘龙舟到了闻喜县一带，正好传来在越南打了胜仗的捷报，汉武帝就给这个地方改名闻喜县。汉武帝能在汾河上坐龙舟，可见当时汾河水量很大。现在汾河水干了，我们愧对晋民啊！

"引汉济渭"工程。"引黄入晋"为其后的各类"引黄"工程，提供了丰富的经验和教训。

## "引黄入晋"事业：没有休止符

作为一个工程，是有时间和空间边界的。但是，"引黄入晋"，作为一个事业，是没有时间和空间边界的，没有休止符。严格意义上说，"引黄入晋"工程不过是"引黄入晋"事业的一个组成部分。

在"引黄入晋"的历史事业中，有一个长长的名单。在20世纪上半叶，阎锡山是代表。1917年，山西地方政府发布《山西引黄入汾预测报告》。1933年成立山西水利工程委员会。在20世纪下半叶，包括了历届的山西省委书记和省长，陶鲁笳、罗贵波、胡富国是代表，还有曾任副省长的贾冲之。其中，胡富国自1992年至1999年主政山西，以"宁可丢掉乌纱帽，不能不引黄河水"的担当精神，集全省之力，保证了"引黄入晋"工程度过了从立项到实施的关键时期。在北京，杜润生、金熙英，都是山西人，对"引黄入晋"的决策和工程进展发挥了独特的影响力。

"引黄入晋"成败决定于"引黄工程总指挥部"，作为"总指挥"的郭裕怀先生功不可没。1983年3月，刚刚上任山西省副省长的郭裕怀，即接手引黄工程。1991年2月，山西省政府决定将万家寨引黄工程列为省重点前期工程。同年9月，省政府决定郭裕怀先生由山西省引黄工程副总指挥改任为总指挥。1999年10月，郭裕怀辞去总指挥职务。郭裕怀先生在"引黄工程总指挥部"前后工作整整16个年头，覆盖了他担任8年副省长、5年常务副省长的岁月。

这16年，是"引黄入晋"最为关键的16年。郭裕怀先生的领导作用体现在：与省委、省政府和中央各部委的沟通，参与决策，对外谈判，工程管理，财物管理，内部体制改革。郭裕怀先生对"引黄入晋"工程的全局认知完整，他在1994年8月所作的《万家寨"引黄入晋"工程的情况通报》中，系统阐述了引黄工程的必要性、紧迫性和重大意义，提出“引黄入晋”是解决山西水资源紧缺的唯一出路，不仅是为了山西，也是为了全国，势在必行，刻不容缓。在这 16 年间，郭裕怀先生不知度过了多少不眠之夜，付出了多少心血，顶住了多少“命悬一线”的压力。其背后则是郭裕怀先生对自己乡土的那份深情厚谊，对“溪流里的水少了，山梁上的树少了，植被萎缩了，土壤沙化了”痛心疾首，不能忍心父老兄弟生存在水资源匮乏之下。

郭裕怀先生的最后一章的题目是“山川满目泪沾衣”，出自唐朝诗人李峤（645 ？ —714 ）的长诗《汾阴行》。该诗最后四句是 :“山川满目泪沾衣，富贵荣华能几时？不见只今汾水上，唯有年年秋雁飞。”这四句，总结了汾阴的古今盛衰，从中可以看到，直到唐朝，汾河还是一条大河。而 1000 多年后，汾河已经没有多少水了。 对此，郭裕怀先生有着深深的历史遗憾。

说到底，“引黄入晋”工程终究是人民的工程，从始至终，数千名工程技术人员，数万、数十万名工人、农民、民工，酷暑严寒，风餐露宿，辛苦劳动。他们的名字可能少有记载，却不可磨灭。

“引黄是流动的，引黄这个概念的内涵是在不断变化的。它的目的、规模、线路和技术手段都在变化。”经过 20 余年艰苦建设，“引黄入晋”的主干线已基本建成，支线及配套工程正在完善，已进入以运营为主的新阶段。2016 年 12 月，山西省政府发布《山西省万家寨引黄工程体制改革方案》，撤销事业建制的山西省万家寨引黄工程管理局及其所属事业单位，撤销核定的事业编制组建山西省黄河万家寨水务集团有限公司。山西省万家寨引黄工程总公司整体转制为国有独资公司，为省管重要骨干企业。这意味着 : 广义的“引黄入晋”事业，不仅没有结束，还会继续，水资源的管理成为重心，改革目前粗放的引水经营体制，以独立的市场主体参与市场竞争。同时，需要继续处理整体与局部的关系、除害与兴利的关系、预防和抢险的关系、开源与节流的关系，以及利用与保护的关系。最终，实现主营业务突出、资本结构合理、公司治理完善、经营管理先进的大型全产业链水务现代企业。写到这里，还是要说一句：1997 年，周其仁主持起草的《山西引黄工程体制改革方案》是超前的，当时“引黄工程总指挥部”所做的改革实验的方向是正确的。

最后，我想表达：作为晚辈和局外人接受郭裕怀先生写序邀请，诚惶诚恐。写作的过程，也是我学习、思考、理解的过程。在此，向郭裕怀先生表示感谢。

2017 年 2 月 8 日　北京

（作者系经济学博士，曾任职于国务院技术经济研究中心、联合国工业发展组织等，任教于奥地利维也纳大学、台湾大学，并先后在美国哥伦比亚大学、哈佛大学、麻省理工学院、英国曼彻斯特大学做访问研究。主要研究领域：国际金融、货币理论、货币史、空间经济学和当代中国经济。）

◇

# 牵着黄河上太行

储仲君

本书讲的是“引黄入晋”的故事。书名似乎也可以叫作“牵着黄河上太行”。牵的不是黄牛，而是桀骜不驯、奔腾咆哮的黄河；走的不是平地，而是高峻挺拔、千沟万壑的山脉，——其困难可想而知。这是一个跨流域、高扬程、长隧道、大流量的引水工程，不仅地跨山西、内蒙古两省区，而且处在高寒地带，地质条件十分复杂。就技术难度而言，原水利部长钱正英当时认为是“中国第一，世界罕见”。

不过，最大的困难还不在技术层面。在统一认识、争取立项、筹集资金、引进世界银行贷款、引进国外先进技术和管理经验、改革工程的管理体制和运行机制等方面，无不困难重重，经常会遇到意想不到的曲折、障碍甚至陷阱。当时国家正处在由计划经济体制向社会主义市场经济体制转换的时间节点上，新旧体制间的摩擦、碰撞，决定了工程的运作必定是跌跌撞撞的。一次次山穷水尽，又一次次化险为夷，终于将源源不断的黄河水引到了山西的心脏地带，引到了太原。可以想见，这期间引黄人付出了多么巨大的努力！他们需要有多么坚忍不拔的意志！这是一群“不到黄河心不死”的人，准确地说，是一群到了黄河也心不死的人，即使是“摸着石头”，也一定要踏过黄河去！他们的努力没有白费。引黄工程不仅为山西引来了一泓清水，还为山西的改革引来了习习春风。

作者长期担任引黄工程总指挥，参与了工程自筹划到通水的全过程，自然备尝其间的艰难困苦，但他不以为意。这是一个愿意迎接挑战的人。为这片生他养他的土地做一件实实在在的事，一件利在当代、泽被后世的事，是他毕生的愿望。引黄工程终于使他得偿所愿。付出有了回报，夫复何求！

本书与一般回忆录性质的书不同，它不是碎片化的，而是集中叙述了一件事。它的前因后果，它的曲折发展和它的深层底蕴，一一道来，形象生动而又发人深省。这应该也是它得以重印的原因。我相信，这样的书，会使读者从中得到不一样的阅读体验和收获。

（作者系原太原师范学院副院长、教授、文史学者）

◇

# 献身引黄事业

郑友三、姜凯等

万家寨引黄入晋工程是迄今为止国内扬程最高的大型调水工程，也是国内最早引进国际施工队伍、使用 TBM（双护盾全断面隧洞掘进机）进行长距离隧洞掘进施工的引水项目。在国内引水项目中，万家寨引黄入晋工程还首次采用大功率变频技术，有效解决了长距离无压隧洞系统的流量平衡问题。此外，先进的自动化系统，实现了遥测、遥控的模式，为工程可靠运行提供了保证。可以说，引黄干线堪称国内第一地下长河。

面对庞大的资金，关于花钱与采购的事，引黄有新的理念：把一切人视为金钱面前不可靠。在引黄事业中，还有多项严以修身的做法和预先全面设防的制度，其中“四铁”仍在人们心中记忆着。指挥部印发了《对财会工作人员的几点要求》，工作人员要做到“四铁”：一是“铁算盘”，该算回来的钱一分不能少；二是“铁公鸡”，不该花的钱一毛不拔；三是“铁鞋帮”，常在河边站，就是不湿鞋；四是“铁门槛”，想拉关系、占便宜、捞油水的人就是进不来。执行后很有效，廉洁自律成风。

——原山西省万家寨引黄工程管理局局长 郑友三

万家寨引黄工程因其引水流量之大、提水扬程之高、输水线路之长、工程地质条件之恶劣、设计施工难度之大，以及建成后调度、运行之复杂，被认为是国内外输水工程建设项目中之首例。在总指挥部的领导下，引黄全体参建人员锲而不舍地工作，在预定的日期圆满建成引黄一期工程，实现了向太原地区供水。

引黄一期工程投入运行后，国内许多省市的大中型引调水工程的建设和设计单位纷纷来山西调研、取经，如广州西江引水、新疆引额济乌、安徽淮水北调、陕西石头河向咸阳供水、哈尔滨磨盘山供水、辽宁大伙房供水、辽西北供水、吉林中部引松、河南河北南水北调配套工程等。国务院南水北调建设委员会办公室主任曾率团调研引黄工程，他认为引黄工程是“南水北调工程的预演”。

——原山西省万家寨引黄工程管理局副局长 姜凯

投资、质量、工期是工程建设中相互协调、互相制约的三要素。不适当地突出工期就不得不放松质量要求，不得不过度投入施工资源，增加建设投资。引黄工程指挥部明确指出：“进度必须服从质量，否则再快也没有意义”。这样说了，也这样做了。施工过程中不可避免出现的质量缺陷经过认真处理，最终都达到了设计要求，满足了通水条件。在各阶段施工验收中，引黄工程也得到国内外专家的充分肯定，甚至认为这是一个“奇迹”。

——原山西省万家寨引黄工程管理局总工程师 赵廷式

宏伟的引黄工程，是山西省前所未有的大型水利工程。论规模，在世界水利史上堪称地下引水工程之最；论难度，几乎把水利工程要遇到的难题都集于一身；论意义，为山西开辟了新水源，是功在当代、利在千秋的一项基础性战略性工程。

——山西省黄河万家寨水务集团有限公司董事长 樊安顺

2009 年，我从引黄工程副局长的岗位退休。在引黄工程任职的 12 年期间，我主要分管财务工作，从自身的体会看，我认为引黄一期工程能够在国家单一投资主体的情况下节约投资，能够在工程长期安全稳定运行的同时保证资金的透明化，主要有四点原因：决策的民主化、制度先行、制度的坚决执行、领导层以上率下。

——原山西省万家寨引黄工程管理局副局长 卫亚林

作为90年代一个以传统能源重化工产业为支撑、物力财力人力智力资源都很匮乏的一个内陆省份，如何能在短的时间内调动起、驾驭好庞大而又错综繁杂的巨系统，来做成一件具有“世界级难度”的工程，不能不说是一个巨大的挑战。尤其是能够顺利如期建成，并且工程质量经过15年的考验仍在健康运行。毫不夸张地说，这就是一个奇迹，一个传奇。

——原万家寨引黄工程咨询公司总经理助理 温文驰

引黄工程线路全长441.8公里。自1993年5月开始建设以来，这一事关山西经济发展的“生命工程”，受到了沿线地方政府、百姓的衷心拥护。引黄工程在多年的建设中，始终以“立党为公，执政为民”为根本出发点和落脚点，在建设主体工程的同时，以人为本，以实现可持续发展的目的，注重生态文明建设。

——原山西省万家寨引黄工程管理局副局长 雷天才

引黄工程在设计和建设中始终坚持采用先进的施工设备和技术，确保工程建设的进度和质量。在引黄工程施工中，单洞较长的隧洞采用了硬岩双护盾全断面掘进机（即TBM）进行掘进，管线采用了PCCP管这两项新技术，对引黄工程能够如期完工按时通水起到了非常重要的作用。

——原山西省引黄工程咨询公司总经理 孙旭敏

万家寨引黄工程是目前我国已建或在建跨流域引水工程中线路最长、

扬程最高、引水流量最大的工程之一。引黄工程引进外资、先进设备和技术，又有国外承包商参与施工，开我国大型跨流域引水工程之先河，是一个名符其实的世界级国际工程。

——原山西省万家寨引黄工程管理局项目经理 梁晋平

引黄工程建设的成功，不仅给山西百姓带来实实在在的好处，还为后世留下了一笔宝贵的文化与精神财富。工程实施与国际惯例接轨的思路，使山西水利工程建设水平得以大幅提升，为长期计划经济体制下的管理方式，带来了全新的理念，至今仍在发挥着积极作用。

——山西出版传媒集团党委委员、纪委书记 李文芳

“黄河浩荡兮九曲回肠，牵龙入晋兮泽被四方。”引黄路，是一条坎坷曲折之路，是一条上下求索之路，更是一条泽及后世之路。那些“摸着石头过黄河”的人们，值得后辈永远记取；他们的创新拼搏精神，更值得后辈传承弘扬。

——山西省太原市万柏林区委书记 常青

转眼之间，距参加引黄事业已整整20年。回望在引黄走过的时光，深深怀念起那段增长见识、磨练意志的岁月。引黄工程调水线路总长400多公里，最长的引水隧洞就达到40多公里。工程建设沿线地质情况十分复杂，掘进施工要经受土洞段、高水压段、煤层段的严峻挑战，工程难度和强度都很大。但一大批不畏艰辛、不辞劳苦、呕心沥血的引黄人支撑起了这项伟大的工程！

——原山西省万家寨引黄工程管理局计财处处长 朱晓东

为了解决引黄工程建设资金短缺问题，1994年省委省政府决心向世界银行贷款4亿美元，折合人民币32亿元，1996年正式签订《贷款协

定》。引黄工程世界银行贷款，不仅解决了引黄工程资金短缺的大难题，而且还对引黄工程建设起到了“中医式”调理的作用。

——原山西省万家寨引黄工程管理局分局局长 田永清

我亲历了引黄工程从立项、筹资，到工程招投标，再到工程全面开工，最后顺利实现通水到太原的全过程。引黄工程紧跟时代的步伐，勇于开放，走在了当时山西的前列，给山西的经济社会发展带来了一股春风，一抹生机和活力，这是引黄工程得以成功的时代前提。

——原山西省万家寨引黄工程管理局审计处处长 赵治安

作为工作秘书，我有幸接触周其仁教授多一点，他正直的人格、脚踏实地的工作作风、一丝不苟的工作态度、科学的工作方法、吃苦耐劳的精神和理性的思维，值得我们学习。我想这也许就是郭裕怀总指挥信其人听其言的原因吧。

——原山西省万家寨引黄工程管理局办公室干部 戴建刚

◇ **引言**

# 天大的好事，天大的难事

郭裕怀

“引黄入晋”是一项长距离、大流量、高扬程的引水工程，是跨越崇山峻岭、深沟大壑的引水工程。不要说在山西，即使在中国乃至全世界，也是罕见的。

引黄工程每年要从黄河引 12 亿立方米的水，其中有 6.4 亿立方米向南送往太原一带，5.6 亿立方米向北送往朔州、大同一带。

这就等于在山西的中南部再造了一条汾河，在山西的中北部再造了相当于滹沱河和桑干河水量的另一条河。

在我国和全世界水资源日趋紧缺的今天，在水资源占有量排在全国倒数第二位的山西，这是一件天大的好事！有了水，才能有经济的可持续发展，才能保护环境，才能为子孙后代造福。

但这也是一件天大的难事！

如果不是国家实行改革开放的方针政策，要想把这样一个宏伟的理想变成现实，是完全不可能的。改革开放鼓励大胆实践、不断探索，提倡“摸着石头过河”，这就使“引黄入晋”这个极富挑战性的工程有了付诸实践的可能，也使我们有了巨大的勇气和胆魄，使我们在“摸着石头过河”时不怕深一脚浅一脚，不怕“失足落水”，不怕四处碰壁，甚至碰得头破血流。

从这个意义上说，“引黄入晋”付诸实践的过程正是“摸着石头过河”的过程。这里过的不是一般的小江小河，而是“奔流到海不复回”的黄河。况且不是“过”河，而是“引”河。其实这个“引”字也不确切，它带有顺势而为的意味，“引黄入晋”却是要把黄河水强行送上五六百米高的山冈，然后迫使它通过无数的隧洞和渡槽在崇山峻岭间穿行，这或许更像牵着一头力大无比、脾气倔强的黄牛上山。

这里记录的是我参与这一过程的亲身经历和一些思考。

◇ 第一部

# 斯人斯任，我无可推托

◇ 第一章

# 山西最缺什么

从老一辈人手里接过水利事业接力棒，我们必须发扬他们的精神，继承他们的传统。现在的条件与从前是大不相同了，要求我们创新；但是，没有继承，也就没有创新。不管情况发生多大的变化，基本原则和基本精神是不能变的。这种精神，第一是忘我，不怕担风险，不计较个人得失；第二是务实，保证工程质量，不搞那些华而不实、形式主义的东西；第三是敢于讲真话，讲硬话，不怕得罪人。

## 从县委书记“直升”副省长

1983 年 3 月 9 日，我接到中共山西省委通知，说工作有变动，要我把县里的工作安排一下，11 日到省委报到。

11 日中午，我到了太原。省委书记、常务副省长武光汤和副省长兼秘书长卫逢祺同志接待了我，安排我住在迎泽宾馆 9 楼。一阵寒暄之后，武书记对我说：“下午 3 点，罗贵波省长要找你谈话。”

不到 3 点，罗省长就来了。他说：“经中央批准，你调回省人民政府担任副省长。王森浩同志任省长，闫武宏、白清才、张维庆和你任副省长。”他又关照说：“明天你可以去看看霍士廉书记。他对你比较熟悉，看他有什么嘱咐和交代。你对分工有什么要求和意见也可以谈谈。”

这以前我在吕梁地区离石县任县委书记，一下子调任副省长，使我诚惶诚恐，深恐力不胜任。我向罗省长说了自己的担心，表示在分工方面服从组织安排，努力边干边学，尽快熟悉工作。

罗省长话题一转，说到了水。他说：“山西是中央确定的能源重化工基地，责任重大。山西有煤，但是缺水。能源重化工基地建设能否取得成功，水是制约因素，是瓶颈。”接着他介绍了不久前召开的水资源评价会的情况。他说，这次会议是山西省和国务院水利电力部共同召开的，钱正英部长十分重视。经过充分的准备，把山西水资源的家底基本搞清了，水资源的人均占有量在全国排在倒数第二位。会议的结论是：引黄入晋，势在必行。

罗省长神情严肃地说：“从现在起，要抓紧做好‘引黄入晋’的前期准备工作，同时要抓紧做好节水工作。省水利厅有一批很好的专家，像许四复、刘锡田，要依靠他们，把水资源评价会议的精神贯彻落实好！”

这就是说，我到省里后，省长向我交代的第一件具体工作就是“引黄入晋”。

3 月 12 日上午 9 点，我去拜见中共山西省委第一书记霍士廉。霍士廉书记在我任离石县委书记时到过离石三次，比较熟悉，我们的谈话很快进入主题。

在谈到分工时，霍书记说：“你受过正规高等教育，思想比较敏锐。农村改革推行大包干，在当时那么困难的情况下，你们离石县带了个头，这事很有影响。你的长处是比较熟悉农村，分工时可能让你分管农业。”

讲到今后的工作时，他强调了两点：第一是要把大包干这种农民乐于接受的体制推广开来，要点是解决上上下下干部的思想观念问题。第二是水。山西缺水，历届省委省政府都很重视山西缺水的问题，从陶鲁笳开始，卫恒、王谦，还有刘开基、贾冲之等同志都非常重视。他们做了大量的工作，有很好的设想，那就是要把黄河的水引进山西来。这是山西几代人的理想和追求。你们这一代人有条件了，要把这个任务接过来，把“引黄入晋”这件事办成办好！水电部钱正英部长（有一段时间水电合成一个部，后来又分成两个部，钱正英任水利部部长）对此很关心。她熟悉情况，而且是有威望的专家，你要多找她，请她出主意。

这就是说，省委主要负责同志跟我首次谈话交代了两大任务，其中之一也是“引黄入晋”。

在和霍士廉书记和罗贵波省长谈话后，我拜访了刘开基、贾冲之，他们是引黄工程的元老级人物。

刘开基是山西水利建设的开拓者，他先后领导修建了汾河水库和文峪河水库。汾河水库至今仍是山西最大的水库，库容 7 亿立方米，供应着太原和周边地区的工业用水和几百万居民的生活用水，还有近 150 万亩农田的灌溉用水；说它是太原的“生命库”，这句话一点也不夸张。

1975 年 7 月，中共吕梁地委书记王铭三曾经带我去向刘开基做过一次汇报，当时他是省革委会副主任和省委组织部长。那时我们正在修建离石县的吴城水库，有许多事情要向他请教，其间我就听到了好些刘开基的故事。

那时候修水库，哪里有什么机械设备，靠的是铁锹挖、板车推，靠的是精神和汗水。刘开基总是和大家一起吃住、一起干活。修汾河水库时，刘开基提出了“一平二照顾”的口号。“一平”，是指从工程领导到工人，生活上一律平等；“二照顾”，就是只对病人和客人给予适当照顾。施工期间，他和民工一样，住的是半拉子窑洞，蹲在地上吃窝头、汤面。在修建文峪河水库的时候，有一次出了塌方事故，他坚持在最危险的地方指挥抢险，一辆平车从坝顶冲下来，他闪避不及，被撞倒在地，一下子撞断了三根肋骨。

刘开基的干劲令人赞叹，他的倔劲更令人钦佩。为了水的问题，他曾经不止一次地跟省委第一书记争论、跟省长争论，拍桌子，痛哭流涕，挡住常委会不让散会，不解决问题就不行，哪怕事后再请求处分。其实，这种倔劲就是对事业对人民的强烈的责任心。这种责任心使他敢作敢当，敢于说实话、说真话，敢于坚持真理。

“文化大革命”后，刘开基说的一句话流传甚广。他说：“运动中批判我不突出政治。我认为，把山西的水治好，让山西的老百姓得到好处，山西的面貌改变了，人民富起来了，这就是最大的政治。我认的就是这个理，我的理没错，我认什么罪？！”

这次我见到他时，他已经很消瘦了，但一说到水马上就来了精神。他一再叮嘱我说，解决山西缺水的问题，没有别的办法，只有把黄河水引进来。后来，他病重住院，每次我去看他，他总是口口声声地说："水，一定要把黄河水引进来！"

1985 年 6 月，引黄工程的立项遇到极大困难，我们正准备到郑州向在那里主持会议的钱正英部长请教解决办法。行前我心里一阵冲动，觉得一定要先看一看久病在床的刘开基。这时他已经不能说话了，但听力还好，我说得对他就点头，说得不对他就摇头。我对他说要到郑州去找钱正英，他连连点头，不光是点头，眼神里还闪现出急切的神色，可以体会到他对此寄予了十分殷切的期望。一个为水奋斗了一生的老人，已经不能说话了，但对解决水的问题还是那么急切、那么执着，那种情景实在令我感动，让我久久不能忘怀。

贾冲之也是一位为了水可以奋不顾身的老领导。

"文革"结束后，我曾听说过贾冲之被关在"牛棚"里时的一件趣事。"造反派"不停地要他写检查，他就不停地要纸。看守他的人心里奇怪，这人的检查怎么写得那么长？谁知他写的根本就不是什么检查，而是书稿，其中有一本就是关于引黄的！

贾冲之从"牛棚"出来后，第一件事就是夹着这本书稿去找水利厅的总工程师刘锡田，向他请教如何解决泥沙的问题。他那时还没有被重新起用，不久，又被下放到阳曲县农村劳动。他又特地带了一张山西省的地形图，准备在阳曲安顿好以后，就到偏关一带去考察引黄的路线。

"文革"结束后，山西省委恢复了引黄领导组。从 1977 年到 1983 年，引黄的事主要是贾冲之在抓。也正是在这期间，引黄的前期筹备工作取得了实质性的进展。1981 年 11 月，贾冲之在北京向水电部部长钱正英汇报了引黄工作的基本情况，钱正英很高兴。就是在这次汇报会上，钱正英说："山西煤多是长，水少是短。谈煤的开发利用，不讲解决水资源的问题，怎么能扬长避短？"她建议山西省人民政府专门召开一次关于水资源评价的学术讨论会，组织各方面的专家共聚一堂，各抒己见，在这个问题上统一思想。这使贾冲之备受鼓舞，回来以后，他便组织力量，积极筹备。1982 年 7 月，省政府和水电部在太原联合召开了山西省水资源评价会议，得出了“引黄入晋”势在必行的结论。

也正是在这一期间，贾冲之承受了巨大的压力。当时有一种不赞成搞引黄的声音，也影响到了山西领导层的内部。1980 年 8 月 12 日，省委决定撤销山西省人民政府引黄领导小组，领导小组的办公室划归水利厅，成了一个厅属小单位。听到这个决定，贾冲之悲不自禁，老泪纵横，但他很快冷静下来。他知道，他不能乱，他乱了就会动摇军心。8 月 26 日，他把参与引黄工作的全体同志召集到一起，纵论引黄诸问题，给大家释疑解惑，鼓劲打气。他说：“要正确看待意见不一致的问题。像引黄这样大的事，意见不一致是很正常的。不一致是一件好事，可以促使我们多考虑一些问题，少碰一些钉子。这几年来我们的工作有很大成绩，我们决不能放弃，要坚持不懈地干下去。即使在我们手里干不完这件事，也要给后人打一个好基础。”他的这番话，既切合实际，又富有哲理，使人不得不服，军心很快稳定了下来。

我到省里以后去看望贾冲之，他正在查阅有关引黄的资料。见到我他很高兴，对我说：“中央让我当省里的顾问，我的主要任务一是协助森浩抓煤炭，二是协助你搞引黄。这两件事搞不好我是不会瞑目的。我熟悉情况，考虑到工作的连续性，可以担任一段引黄领导组组长，作为交接工作的过渡。”他的坦诚令人感动，有他继续参与工作我也感到放心。

贾冲之患有脉管炎，医生嘱咐他要注意休息，不可以多走动。但他成天为引黄的工作奔忙，以致脉管炎越来越严重，不得不两次截肢，先后锯掉了两条腿。即使这样，只要是与引黄有关的会议，他就是坐着轮椅也要参加。可以说，引黄已经成了他的人生追求，他的心在随着引黄一起跳动。

每当想起这些老同志为了山西，为了山西人民，为了山西的子孙后代，不懈地为水资源而奋斗的时候，每当想起刘开基被撞断的三根肋骨、贾冲之被锯掉的两条腿的时候，我就为之感动，从中受到鼓舞。两位老人给引黄人留下了一笔宝贵的精神财富。

从老一辈人手里接过水利事业接力棒，我们必须发扬他们的精神，继承他们的传统。现在的条件与从前是大不相同了，要求我们创新；但是，没有继承，也就没有创新。不管情况发生多大的变化，基本原则和基本精神是不能变的。这种精神，第一是忘我，不怕担风险，不计较个人得失；第二是务实，保证工程质量，不搞那些华而不实、形式主义的东西；第三是敢于讲真话、讲硬话，不怕得罪人。在这些方面，刘开基、贾冲之等老一辈已经为我们树立了榜样。

此后，我又陆续看望了水利专家许四复、刘锡田和在已经降格的引黄办公室任职的朱映、王东科等人，从他们那里全面了解关于引黄的情况。

3 月下旬，罗贵波主持了新班子见面会，王森浩省长正式宣布了分工。我协助省长分管农业，包括农、林、水、农机、气象等，其中水就包含原来的引黄办公室。这样，我就正式进入了“引黄入晋”工程。

## 宁可丢掉乌纱帽，不能不引黄河水

初回省城的那段时间，有关引黄的信息不断地向我涌来，不断地敲击着我的神经。我好像突然跳进了一条河，它像黄河一样汹涌奔腾，时而使我震惊、使我激动，时而又让我迷茫、让我感慨。

我静下心来，梳理自己的思路，希望从关于引黄的五光十色的信息中理出一个头绪来。我感到，以下几点给我的印象尤为深刻：

引黄寄托着几代人的希望。自 1958 年中共山西省委第一书记陶鲁笳在“成都会议”上提出“引黄入晋”的设想以后，可以说，引黄成了历届省委一块放不下、割不断的心病。

陶鲁笳从成都回来以后，就和省委一班人认真研究实施引黄的问题。1958 年 10 月，山西省和国务院水电部联合组织的引黄查勘队在太原成立，共有各种专业技术人员34人。从1958年10月18日到1959年2月17日，查勘队从内蒙古清水河县开始，进行了为期4个月、行程2000余公里的考察，编制了《关于“引黄入晋”工程的报告（初稿）》。1959年1月，省委决定成立引黄领导组，由省委书记处常务书记王谦任组长，副省长刘开基任副组长。同年12月，经过认真勘察后编制的《山西省引黄工程设计任务书》上报到了国务院。1960年2月，水电部批复同意进行“引黄入晋”的规划编制工作，并指定规划工作由北京勘察设计院在技术方面负责。

接下来是三年困难时期，填饱肚子成了头等大事，引黄工程不得不搁置起来。紧接着又是十年动乱，人们都无法正常生活，哪里还顾得上引黄呢！

即使在这种情况下，形势稍稍平静以后，引黄还是立即被提到了领导层的议事日程上。

1972年8月24日，新上任的省委第一书记谢振华主持召开常委会，研究水的问题，重新提出“要下决心把黄河水引进来”。会议还专门讨论了从偏关引水的问题，认为建设万家寨水电站是一个好主意，1958年已经做过许多工作，要下决心把这件事重新抓起来。1973年3月，省委书记王庭栋到偏关县考察了万家寨水库坝址的情况。

谢振华并不是山西人。但是，不管你是什么地方的人，只要你在山西主政，你就不能不面对引黄，不能不为引黄而努力。

1977年王谦担任省委第一书记，他立即着手研究引黄的问题，再一次成立了引黄领导组，由王庭栋任组长，省计划委员会主任贾冲之任副组长。王谦指出，过去搞“南引黄”和“北引黄”汇合，工程太大。现在我们主要规划“北引黄”，解决太原、晋中、吕梁地区用水的问题，适当补充忻县地区和雁北地区的用水。同年8月，王庭栋和贾冲之到北京向国家计委和水电部汇报了关于“北引黄”的设想。从此，引黄工程的筹备工作落到了一个比较符合实际的基础上。

王谦一直关注着引黄工程的进展。1992 年 7 月，王谦听到引黄工程已经实施预备性开工的消息，十分高兴，又不无几分担心。他对到北京探望他的省政府秘书长李玉明说："历届省委、省政府和山西人民的梦想，你们真能实现了吧？将来搞成了，我就是爬也要爬到那里去看一看。"

历届省委为"引黄入晋"工程所做的努力是巨大的，他们的努力提供了一个基础，留下了一笔精神财富，始终激励着从事引黄工程的人奋发前进。

后来，水利厅的同志告诉我，"引黄入晋"的设想，其实并不始于陶鲁笳。最早提出引黄的是西汉时的河东太守番系，后来是阎锡山。水利厅档案室里至今还保留着 1917 年有关"引黄入晋"设想的文件——《山西黄河入汾预测报告》。当时主政山西的阎锡山采纳幕僚引黄入晋的建议，派出田普林、张绍颜等 10 人，分两路考察"引黄入汾"路线：一路"溯忻、崞、宁武、五寨而北"，一路"由静乐、岢岚、五寨、河曲而至偏关"，"互相论证，叠为研究"，历经四月而成其事。报告写得激情满纸，意气飞扬。其结论部分说：

> 中华之运河开于前，外洋之苏伊士开于后。有不世之伟人，即有不世之奇功，安有黄河无穷之水，不能分其流，以入于汾，大其灌溉乎？其利之普也，不待言矣！昔人有言曰："黄河之水天上来。"使黄水入汾，生等敢从而断之曰："黄河之利天上来也。禹王治水有功而庙焉，享其后血食千秋。而配禹王庙享者，必今使黄水归汾者也！"

可以想见，限于当时的财力和技术条件，这样宏伟的设想不能不束之高阁。

到了 1933 年，引黄济汾又旧事重提，并为此成立了山西水利工程委员会。当时的设想是从偏关老牛湾一带"择地开渠，沟通山洞，引黄入汾"，"以汾河干线，准地之势，依其能力所及，地势所直，尽量沟通各河流水线之联络，以资全省各主要河流盈枯之挹注”（《山西考察报告》）。水利工程委员会甚至开始了勘察设计的工作，但不久因为国内战争、社会动荡、民生凋敝而作罢。尽管如此，直到抗日战争期间，当时在南京的国民政府经济委员会仍在考察报告中将“引黄河水入省”作为山西的一项重要工程，而且认为此项工程对整个华北的经济建设“大有裨益”。

关于引黄的设想在不同的年代里被一而再、再而三地提出，显然不能把它看作是某些人的突发奇想了，其中必定有着它的合理性。同样，也不能把它简单地看作是地方官的意志了，在这个问题上，他们实际上代表着一方水土一方人。因此，说这是山西人千百年来的一个梦是一点也不过分的。我们还可以说，这是山西人必定会做的一个梦，山西人迟早会使它变为现实。

居住在黄土高原上的山西人世世代代守着贫瘠的、十年九旱的土地，庄稼因为干旱而枯萎，人畜因为饮水困难而奔忙，一个“水”字经常使他们处于忧心如焚中。与此同时，黄河却在他们身边奔腾而过。令人气恼的是，直泻千里滔滔而东的黄河，到了山西边界偏偏转而向南，不是横穿东西狭窄的省境，而是沿着南北漫长的省界急流而下，流进了一条两岸峭壁陡立的大峡谷，直至省境的最南端，才又重新折而向东，不慌不忙地流入河南，就像存心跟山西开了一个玩笑。水就在你的眼皮底下，汹涌奔腾，流淌不息，但你就是够不着、喝不上，真是“近在眼前，远在天边”！唐代的山西诗人王之涣站在山西南端永济的鹳雀楼上说：“白日依山尽，黄河入海流。”在我们听来，那真是山西人世世代代的一声浩叹！“一生辛苦东流去，千里河声入梦来！”这是山西人民心情自然的写照。

与飞天的梦想、奔月的梦想相比，引黄的梦想毕竟容易实现得多。实现这一梦想，应该是我们这一代人的责任，是省级领导义不容辞的岗位责任！

与引黄联系在一起的是水作为一种资源的观念。按照以往的习惯，我们会把引黄称作水利工程。对于水，人们考虑的是开发水利、防止水患。人们习惯于把煤炭、石油等看作资源，而把水和空气看作是大自然的赐予，是人人有份的，而且似乎是取之不尽、用之不竭的。即使在缺水的地区这种观念也同样存在，因为不论多寡，水这种东西，大自然每年都会有所补充。但是现在，在我听到的关于引黄的谈论中，这种观念有了根本的变化。大家认为，之所以要搞引黄，主要是为了给山西补充水资源，保护水资源。在这里，水是作为一种渐趋枯竭的资源、一种不可再生的资源来考虑的。从这一层面来观察，与其说引黄着眼的是当前的用水紧张，不如说着眼的是长远，是可持续发展，是未来人们生存的生态环境，尤其是要制止一些重要地区对地下水的掠夺性开采和疯狂破坏。我意识到，这里面的含义是十分深刻的。

1983 年 4 月 4 日，罗贵波在省政府常务会议上有一次重要讲话，题目是《高度重视水资源的开发利用》。他说：

“山西省地处黄土高原，气候干旱，水资源十分贫乏，是全国最缺水的省份之一。由于供水紧张，地下水过量开采，水资源遭到严重破坏。

“山西省水资源不足的问题、水的浪费问题、水源污染问题、水土流失问题，都是十分严重的。还有，采煤漏水以及矿井水下排的问题也很大。

“面对这一关乎国计民生的重大问题，麻木不仁是错误的；悲观失望、无所作为也是错误的。我们各级领导机关和各有关部门都应该树立高度的责任感和紧迫感，把水的问题列入议事日程，提到重要的位置，抓紧抓好。否则，我们就可能犯历史性的错误，甚至给子孙后代造成不可挽回的后患。

“解决山西省的缺水问题，要采取‘两条腿走路’的办法，一是开辟新的水源，二是狠抓节约用水。从长远考虑，引黄河水补充山西省水源之不足势在必行。这是解决山西省缺水问题的一条根本出路。”

上面已经说到，新一届省政府领导班子已于 3 月下旬就职，罗贵波 4 月 4 日的讲话应该看作是他的临别赠言，是他的最后嘱托。在这样重要的时刻所作的重要讲话，主题只有一个，那就是水资源；而解决山西省水资源不足的根本出路，他认为只有一条，那就是引黄。

罗贵波的这个讲话，把“水资源”三个字深深地刻进了我的脑海里。他的讲话，还使我明白了什么叫“把握全局”，什么叫“站在高处”，什么叫“着眼未来”。

早在1982年2月，山西省就成立了水资源委员会，由罗贵波省长亲自任主任，分管农业的副省长赵力之与分管计划的副省长贾冲之分任副主任。这是全国各省（市、自治区）中首家水资源委员会。

引黄是流动的，引黄这个概念的内涵是在不断变化的。它的目的、规模、线路和技术手段都在变化。

引黄的目的起初是为了灌溉。西汉时河东太守番系向汉武帝建议，引用黄河水灌溉当时的汾阴、蒲坂一带，估计可以增加良田5000顷，增产粮食200万石以上。汉武帝采纳了他的建议，但是没有做到。也就是说，早在2000多年以前，山西的地方官就想到要用黄河水来灌溉农田以增产粮食了。阎锡山时代曾重提此议，仍然是为了灌溉。不过那时的设想规模很大，就当时的条件而论，空想的色彩太浓重了，远不如汉代番系主张在山西南端近距离、小规模引水来得实际。

陶鲁笳重提引黄是在1958年。那是一个“大跃进”的年代，是一个把想象力发挥到了不可思议程度的年代。全国农村都在放农业高产“卫星”，这无疑对山西省当时的领导形成了巨大的压力。尽管山西当时也在“跃进”，但显然“步子不够大”。怎样才能改变被动局面呢？省委领导还是老老实实地从改善农业的基本条件上着想，自然想到了水，想到了从身边流过的黄河水。

为农业引水，所需的水量自然就大。按照当时的设想，需要年引水60亿立方米——这是一个庞大的数字，相当于后来引黄设计总量的5倍。

这真是一个气势宏伟的设想！但我们也不能不说，这个设想富有浪漫主义的色彩，带有那个特殊年代的时代特征。山西的物产主要是煤炭，煤炭很丰富，但那时是计划经济年代，煤炭是由国家调拨的物资，价格是管制的，是低价的。山西几千万人还是要靠盆地和高寒山坡产的粮食来养活。这就使得在山西主政的人不能不为了灌溉用水而发挥他们的想象力。毋庸讳言，这样宏伟的计划要付诸实施，几率是很低的。

再后来，国家实行改革开放、以经济建设为中心的方针，给引黄工程带来了转机。这时关于引黄的设想发生了很大的变化，其中最重要的是引水的目的变了，主要不再是考虑农业用水，而是着重考虑城市用水，包括工业用水和生活用水。应该说，这是一个带有根本性的变化，也是一个明智的选择。依靠引用黄河水来解决所有的农业用水问题，不仅不经济，也是不现实的。发展农业必须要有新的思路。

为什么会发生这样的变化呢？主要是因为国家当时确定山西为能源重化工基地。搞经济建设必须要有能源。从长远看，我国的石油储备和开采能力都不足，这就不能不考虑煤炭，而山西的优势也就凸显了出来。把山西当作能源重化工基地来加以建设，首先遇到的问题就是缺水。于是，引黄就不再是一个山西省内部的问题，而是一个关系全国全局的大问题。正像新华社记者冯东书一篇文章的标题所说："（引黄是）为了山西，也是为了全国。"在计划经济体制尚未松动的当时来说，这一点是十分重要的，是决定性的。像引黄这样规模浩大的工程，没有国家的支持是根本不可能上马的。第一，它需要国家同意立项；第二，它需要国家大量投资。可以说，是国家确定的能源重化工基地建设，为引黄带来了付诸实施的契机，使它从天上落到了地上、从理想变成了现实。

引水目的的变化必然带来其他一系列的变化，其中最主要的有两点：一是重心北移，确定万家寨为引水口，不再考虑"中引黄"和"南引黄"。这里固然有技术方面的原因，但主要还是因为准备新建的煤炭能源基地重心在山西北半部——比如我国最早与国外合作开采的露天煤矿安太堡煤矿就在朔州，向京津唐电网供电的大型坑口电站也大都要建在这里。二是引水量小了，原来曾经考虑引 50 亿立方米，后来压缩到 12

亿立方米，不足原来的 1/4。引水量的压缩也就意味着工程量的压缩和投资的减少，这对于工程能否上马是有重要意义的。

俗话说，机不可失，时不再来。新形势给了山西这么一个大好机会，就应该毫不犹豫、手疾眼快地紧紧抓住。不趁热打铁、赶快下手，那是不行的。“过了这个村，就没有这个店了”，这就使得我的心中升起了一种强烈的紧迫感。

从另一个方面说，改革开放给引黄工程带来的机遇确实是前所未有的。首先是思路打开了。对于大型水利工程来说，当时高度集中、统一管理的计划经济的束缚就像一个瓶颈，现在有了冲破这个瓶颈的可能，前面有了广阔的天地，不用担心左右碰壁、动辄得咎。其次是为资金的筹措提供了多种选择，不必担心只靠国家拨款，在“一棵树上吊死”。这一条很重要，后面再讲。第三是可以自行引进国外先进的技术和设备，一些原来认为难以逾越的技术难题有望迎刃而解。第四是为改善管理提供了可能，过去那种投资的不管兴建、兴建的不管经营的状况有望改变，工程的效益可以得到真正的发挥。对于一个大型工程来说，这些都是十分重要的。

引黄工程是有争议的，或者说是有不同意见的。我还觉得，争议可能会伴随工程的始终，即使工程竣工以后争议也未必会停息。有些重大的事情，它的正确与否，是需要时间、需要历史来作出评判的。

我对当年贾冲之谈到解决引黄争议的卓见一直记忆犹新，很是赞成他的话，尤其欣赏他对待不同意见的态度。正确对待不同意见，是一个关系到决策民主化的问题，也是一个关系到决策科学化的问题。贾冲之的那番话意味着，当时引黄的领导层已经重视在决策的过程中引入民主化、科学化的原则。关于引黄的设想、方案不断发生变动和调整，实际上与听取和接受不同意见是直接相关的。

在当时来说，不同意见主要是对该不该搞引黄的质疑。

早在 1958 年引黄的设想提出之初，水电部征求意见时，苏联专家萨哈罗维奇便表示，引黄工程量很大，投资大，是否合算，是否需要办，如何分期搞，这些应周密研究。他还提出，“目前地质地形资料缺乏，得出的结论是值得怀疑的”，“全省地下水能开发 40 亿立方米是否准确，需要进一步研究”。显然，萨哈罗维奇对此持怀疑的态度，认为即使要搞也应该分阶段搞，不宜仓促上马。以当时的条件论，他的意见显然是对的。

进入 20 世纪 80 年代，当引黄工程开始紧张筹备时，不同意见也开始具体化。有的同志，特别是有些专家、学者，对引黄涉及的种种问题进行了具体的研究，提出了不同的意见。概括地说，主要的观点有以下几种：（1）水利部门对山西水资源总量特别是地下水的蕴藏量估算低了。缺水的问题，在近期内可以依靠加大地下水开采的力度来解决。（2）山西水资源利用率低，浪费严重。农业盛行大水漫灌，工业每万元产值耗水量超过京津地区 1–1.6 倍。解决水的问题首先应采取节水措施。用巨额投资引来黄河水浇灌山区农田不合算，而且会导致盆地盐碱化，加剧下游水资源紧张。（3）在沟壑纵横、地质复杂的山区开挖长距离、高扬程渠道，工程量巨大，技术难题难以解决。

应该说，这些都是重要的、需要严肃对待的问题。后来的事实说明，在引黄的构想越来越趋于合理的过程中，这些意见起到了十分有益的作用。

由于我分管农业，关于引黄灌溉的意见尤其引起我的注意。有一句老话说：“千里黄河，富在一套。”意思是说，黄河给它流经的各地带来的大都是灾难，只有给河套地区带来了富裕。引黄灌溉在河套是成功的，但并不意味着同样适用于其他地区。20 世纪 50 年代末，河南等地引用黄河水灌溉，造成了大面积的土地盐碱化，带来了无穷的后患。即使在河套，土地也在沙化，不过是进展较缓罢了。而大水漫灌的另一个问题就是水资源的大量浪费。在计划经济年代，大家都在吃国家的“大锅饭”，可以不考虑成本；而眼光放长远一些，成本是决不可以小看的。从实际出发，山西农业显然应该另谋出路，走节水、有机、旱作的道路。

山西应该下大力气治理水土流失，这个意见也是完全正确的。据有的学者估算，山西地面径流量的80%流出了省界。如果在这方面做好文章，缺水的问题就可以解决，至少也可以缓解了。但是，这是一个很复杂的问题。地面水主要依靠降水来补给，而山西的降水在时空分布上是很不均匀的。几十年来，山西兴修了800多个大大小小的水库，目的就是要把尽量多的水留下来，但这样做并不能完全解决问题。近年来开展的退耕还林、植树种草、封山禁牧、涵养水源，以及生态畜牧区建设，具有更加深远的意义，但这是一项长期的工作，指望它解决城市眼前的缺水问题显然是不现实的。

估算地下水的蕴藏量是一个科学问题，我说不清楚；但我有一个很简单的办法，那就是看水井。据了解，20世纪50年代初，太原市的水井只有几十眼，到20世纪80年代增加到了4000多眼。采水量增加了将近500倍。井深原来只要十几米、几十米，后来越打越深，打到了几百米。也就是说，随着采水量的增加，地下水的水位在急剧下降，补充的速度远远跟不上消耗的速度。太原主要的地下水源上兰村泉水早已枯竭，著名的晋祠难老泉也已枯竭，太原南部地区已出现大面积漏斗，地表也开始沉降。可以想见，随着城市的扩大、人口的增加、生产的发展，用水只会越来越多。全指望地下水来供给，显然是不现实的。还有人提到深层地下水，也就是古老岩层例如花岗岩的“岩溶水”的问题。其实此类岩层中的水只能称为裂隙水。花岗岩不同于石灰岩，石灰岩经过酸性腐蚀会形成溶洞，花岗岩等古老岩层只会出现裂隙。裂隙水是有限的，而且是难以补充的，可以说用完就完了。难道我们真的准备吃光用尽，什么也不给子孙留下吗?

用发展的眼光看，山西地下水的蕴藏量有多少是不值得争论的。华北地区，特别是黄土高原，本来就是一个贫水区，这是一个众所周知的事实。

总的来说，有争议是一件好事，可以使人保持清醒的头脑，考虑得更周密、更完善。只有耐心听取不同意见，吸取其合理的成分，才能把引黄的事办好。

对我来说，引黄本来是一件遥远的事，突然变成了摆在面前的巨大任务，就好像是横在面前的一条大河，必须渡过去。我真是一则喜，一则惧：喜的是我有幸参加这么一项伟大的工程，功在当代，泽被后世，必将载诸史册；惧的是自己能力有限、经验不足，担心工程因此而受到影响。但是，从接受任务的那一刻起我就铁了心，为了山西的这桩千秋大业，我要全身心地投入，不计荣辱，生死以之，肝脑涂地，在所不惜！

最初的几个年头，由于工程的立项困难重重，进展缓慢，各项筹备工作因此受到影响，甚至陷于停顿，坦率地说，我的心情是沉重的，有时不得不感到气馁。但是，随着改革开放的深入，决策环境有所变化，经验也慢慢积累起来，心里渐渐踏实了。

1992 年，胡富国来到山西后，情况又有了变化。他是一个爱干实事的人，挖煤、修路、发电、引水，只要他看准了就会下大力气去干。引黄正是他看准了的一件事。关于引黄，胡富国有两句话给人留下了十分深刻的印象。一句是对该不该上引黄工程议论纷纷的情况下他说的："宁可丢掉乌纱帽，不能不引黄河水！"他知道有争论，他也尊重不同意见，但他认为，反反复复的争论只会丧失有利的时机，既然看准了，既然省委已经拍了板，那就不用再费口舌，挽起袖子干就是了。另一句是后来他在"保枢纽，促引黄"誓师大会上说的，他说："如果工程的质量出了问题，漏了水，水送不到太原，我就投河而死！"这句话充分表明了他要搞出一个高质量的引黄工程的决心。此后，在胡富国主持省委工作期间，省委为引黄创造了宽松的决策环境，提供了良好的工作条件。省委的支持是有力的，是实在的，是不含糊的。在这种情况下，我感到，不管遇到多大的困难，我们也能够依靠集体的力量和智慧，依靠彼此的支持和鼓励，去加以克服，去争取胜利！

◇ 第二章

# 新华社的“假”新闻

引黄工程的立项，经历了一个长期的、十分艰难曲折的过程。我们一次又一次地碰壁，甚至遭遇到几乎是难以逾越的障碍，但我们终于坚持了下来，“逢山开路，遇水架桥”，克服了种种意想不到的困难。召开关于水资源的重要会议，就是争取立项的重要准备工作之一。在20世纪80年代，山西省政府和水电部曾先后两次联合召开这样的会议。同类的会议为什么要开两次？说来就话长了。

## 眼见得顺风顺水

从当时的情况看，像“引黄入晋”这样特大型的调水工程，单凭省里的那点财力是根本办不成的，必须由国家拨款，列为国家投资建设的项目。因此，第一大要务就是争取国家批准立项。

引黄工程的立项，经历了一个长期的、十分艰难曲折的过程。我们一次又一次地碰壁，甚至遭遇到几乎是难以逾越的障碍，但我们终于坚持了下来，“逢山开路，遇水架桥”，克服了种种意想不到的困难。

召开关于水资源的重要会议就是争取立项的重要准备工作之一。在20世纪80年代，山西省政府和水电部曾先后两次联合召开这样的会议。

同类的会议为什么要开两次？说来就话长了。

第一次会议叫作“山西省水资源评价会”。召开这次会议，从北京的高层说，是钱正英部长的建议；从山西当时的情况看，是贾冲之副省长坚持不懈推动的结果。

1980年前后，引黄工作在省内处于一个低潮，不同意见的声音很高，领导层中也有人持保留态度。这一年的8月，省人民政府的引黄领导小组被撤销，原来属于引黄领导小组的办公室下放到了水利厅，成了一个处级单位。引黄工程那么大的事，一个处级单位管得了吗？也就是“聋子的耳朵摆摆样子”罢了。

关心引黄的人自然都很失望，最着急的还是贾冲之。着急归着急，还不能慌了神，以免动摇军心。他把引黄的人召集起来，讲了一通话。他说：“机构变动是正常情况，不要看得太重，该做的事还要做。引黄该不该搞，不决定于哪个人的主观意志。山西优势是煤，劣势是水。金银铜铁锡，金木水火土，别的都有，就是缺水！没有水，那就什么优势都谈不上，所以引黄不能不搞！”

贾冲之组织水利厅的同志加快步伐，更加努力地推进引黄工程的前期准备工作，同时积极寻求中央有关部门的支持。贾冲之找到了水电部，找到了钱正英部长。

1981 年 11 月，贾冲之带领水利厅许四复、引黄办主任朱映向钱正英部长汇报了引黄工作的基本情况。

钱正英部长的态度很明朗。她说，山西煤多是长，水少是短，不解决水资源的问题，怎么能够扬长避短？

接着，她提了两条建议：第一，建议山西省人民政府专门召开一次山西水资源评价的学术讨论会，组织水利、地质、煤炭、电力、城建等部门的专家共聚一堂，各抒己见，作出科学的评价。第二，水资源是国家的资源，要统一管理，不能乱开乱用。山西省也到了该下决心的时候了，要成立水资源管理委员会，把地面水、地下水统一管起来。

至于引黄坝址的选择，钱正英部长当时便决定，由水电部组织黄河水利委员会、内蒙古自治区、山西省及有关方面讨论研究一次，定下来以后继续做工作。

可以想见，这次汇报使山西的同志得到了多大的鼓舞！

到 1981 年年底，水利厅引黄办完成了北引黄野外地质测绘工作 300 平方公里，完成了神头泉域地质调查等一系列工作。他们又邀请日本地质专家组来山西考察，研究长隧洞开凿的技术问题。引黄线路经过的是山西北部山区，崇山峻岭、沟壑纵横，不得不大量开凿隧洞，架设渡槽，有些隧洞估计得有几十公里长。开凿这样的长隧洞，技术上是否可行，当时大家心里还没有底。日本专家考察后认为技术上没有问题，建议由他们与我方实行技术合作，并表示回国后会积极争取将这一合作工程列为日本无偿援助项目。1982 年 3 月，省政府上报了《关于北引黄长大隧洞可行性研究和日本进行技术合作的报告》，请国务院审批。

在这一年里，引黄工程的各项准备工作都在紧锣密鼓而又有序地进行着。

1982 年 5 月 14 日，钱正英部长在听取贾冲之、许四复的汇报后说："水资源问题是制约山西煤炭能源基地建设的最大制约因素，万里同志也是这样认识。目前，全国各省市水资源短缺情况，山西数第一，辽宁第二。召开水资源评价会，是希望通过各方面的讨论得出统一的结论。这个会不是一般的学术讨论会，而是要把各方面的，包括持不同意见的代表人物请到，根据实际资料讨论、交锋，最后由会议领导组科学地分析意见，得出结论。至于北引黄的渠首位置定在哪里，只要明确了原则就好办，这件事由天津设计院研究后提出报告。"

1982 年 7 月 20 日至 26 日，山西省水资源评价会议在太原正式召开，会议由钱正英部长和罗贵波省长共同主持。参加会议的有国务院有关部门的领导，科研院所、高等学校的专家教授，山西省有关厅局和各地、市的人员，共 88 个单位 152 位代表。会议对山西省的天然水资源、可利用水资源、用水发展趋势、解决水资源不足的途径，以及水资源保护工作等 5 个方面的问题进行了深入的探讨，得出了一致的结论，形成了对山西省水利、水电、水土保持等方面有重要指导意义的会议纪要。会议认为，为了解决水资源不足的问题，从长远看，引黄入晋，势在必行！

"引黄入晋，势在必行"，这是一个具有关键意义的结论，这句话精辟地概括了山西的实际，斩钉截铁地说到了山西人的心坎上。

水电部是中央政府掌管全国水利电力事务的最高职能部门，由水电部和山西省人民政府共同召开的会议得出的结论，自然意味着上下取得了一致。可以说，在正常情况下，这一结论为引黄的立项铺平了道路。

紧接着，1983 年 2 月 18 日至 23 日，水电部在北京召开了万家寨引黄入晋济京工程座谈会，由钱正英部长主持，山西、河北、北京、黄河水利委员会、水利水电规划设计院、天津勘察设计院的代表参加了会议。会议要求山西省于 1983 年 5 月提出由万家寨扬水至雁北和晋中能源基地的选线报告，年底前提出引黄供水可行性研究报告；同时要求天津勘察设计院于年底提出枢纽工程（大坝、水库、甩站）可行性研究报告。

一个更大的喜讯是：同月，国家计委计资字〔1983〕117 号文将万家寨枢纽工程列入了“六五”计划前期重点项目。这使得从事引黄的人们感到了莫大的鼓舞。万家寨枢纽是“引黄入晋”的龙头工程，列入了“六五”计划，引黄主体工程的立项显然也不成问题了。于是，立项的准备工作也就进一步加快了节奏。

这就是我刚刚接手引黄时的情况，真是万里无云、阳光朗照，形势一片大好！

《山西日报》闯祸了？

就在这节骨眼上，一件意想不到的事使形势发生了逆转，产生了几乎是毁灭性的影响。如果把引黄工程比做一株幼苗，那么，在它刚刚破土而出、显出勃勃生机的时候，就遇到了迎面刮来的一阵狂风，飞沙走石，拔树掀屋，使这株幼苗差一点被生生折断。

事情的经过是这样的：

1983 年 5 月 18 日，《山西日报》头版刊登了新华社的通稿，标题是“地质学家张文佑对山西省水资源问题提出建议——集中开发地下水”。报道说：“著名地质学家、中国科学院地质研究所所长张文佑，不顾 73 岁高龄，最近实地考察了阳泉、太原、大同等地区的地质情况，对开发利用山西水资源问题提出重要建议。他的建议受到中央有关部门和山西省的重视。”“经过大量的调查研究，张文佑教授认为，山西省目前用的主要是河流的水和浅层地下水，对质量好的深层地下水还缺乏确切的评价。为了缓和工业和农业争水的矛盾，保证重点建设，需要集中力量开发中深层地下水。他还认为，过去多认为太原盆地的地下水主要来自西山，这种看法是不全面的，实际上东山也是它潜在的供水区。对这些地区的水资源应该深入研究，以利于尽快开发利用。”报道接着说：“山西能源重化工基地建设是国家重点的建设项目，而这项建设的一个关键是解决山西水资源缺乏的问题。所以，当张文佑教授的这些建议提出后，煤炭部高扬文部长很快派人到地质研究所，商讨两家在这方面协作攻关的问题。山西省采煤勘探系统从建议中也受到鼓舞，他们开始调动勘探队伍，着手太原、大同等地的找水工作。同时，地质研究所已经派出水文地质专家赴山西协助开展工作。”

《人民日报》和《光明日报》等一些有重大影响的报纸也纷纷刊登了新华社的这条电讯。可以想见，这将在省内外造成何等的影响啊！

事情到此并没有完。就像要用一种具有轰动效应的方式来证明上述意见的正确似的，地质勘探队伍在太原西山地区找到了水，而且是自喷井，喷出的水头高达23米，日涌水量达6000余吨，场面煞是壮观。《山西日报》于8月25日刊登了新华社的电讯，标题是“科技攻关传喜讯，缺水的太原西山地区打出丰富的地下水”。报道说：

“中国科学院参加的山西水资源开发科技攻关传来喜讯，根据中国科学院专家们提出的勘探方案，由煤炭工业部山西二二九煤田地质水文队负责钻井，最近在长期缺水的太原西山地区打出了丰富的优质地下水。”（作者按，西山地区自古以来就是太原的供水区）

既然地下有的是水，还要搞什么引黄工程，那还有什么必要、有什么意义呢！

这时，我回到省里工作的时间不长，正在集中精力熟悉各方面的工作，虽然看到了上述两份报道，但老实说，我并没有立即意识到它的严重性。这是因为我有两点基本的判断：第一，张文佑是我国地质学方面有威望的专家，但他是地质构造专家，不是水文地质专家。俗话说，隔行如隔山，他对地下水的赋存状况是并不熟悉的，何况他谈的是个人意见，是个人的一种判断，他本人也并不认为这就是结论。一般来说，科学家个人的意见，不足以推翻由山西省人民政府和水电部联合召开的水资源评价会议的结论——这个结论依据的是各职能部门组织专业技术人员长期勘察和观测所积累的翔实资料，而且有众多著名科学家参与研讨。第二，西山地区的自喷井一时间固然壮观，但只是一个孤证。从科学研究和学术研究的观点看，孤证不能说明任何问题。后来，这眼自喷井水头日降，涌水量日减；再过一段时间，即使用水泵抽水，几小时后也就断流了。有关专家研究后指出，这种现象是地层中锅底积聚水的表现，属局部赋存，不代表水文地质单元富水条件，是地下水存在的一种特殊形态，不具备开采价值。报道所说的将于 1984 年上半年完成的其余 11 口探井后来也没有了下文。基于这样的考虑，我并没有担心这件事情会影响到引黄工程立项的进程。

后来的事实说明，我的想法是过于简单了。

1984 年 3 月 9 日，山西省人民政府向国务院上报了《万家寨引黄入晋济京工程预可行性研究报告》（当时计划先建流入大同的北干线，这样就可以分出一部分水经桑干河流入缺水的北京，这样安排也可以使工程的立项更容易批准一些），要求将此工程列为国家重点工程前期工作的重点项目，并安排前期工作费用。得到的答复却是："关于山西省人民政府报请国务院审批的《万家寨引黄入晋济京工程预可行性研究报告》，其成果还比较粗浅，线路不尽落实，需要进一步补充工作，目前尚不具备预审条件。"

1985 年 2 月 7 日，省政府又向国务院报送了《关于将万家寨引黄入晋济京工程前期工作列为 1985 年重点项目的报告》，报告申述了这一工程应列为重点项目的几大理由。与此同时，水电部也向国家计委报送了要求恢复“引黄入晋”前期工作的报告。

我们焦急地等待答复，但迟迟没有下文。直到这一年的 12 月 23 日，国家计委办公厅才致函水电部说：“你部关于要求恢复‘引黄入晋’前期工作的报告收悉……因投资很大，供水成本高，应考虑采用其他更经济的办法。特别是‘七五’期间投资很紧，前期费用只能安排少数急需项目，‘引黄入晋’的前期工作费用难以安排。”

这时我意识到问题的严重性远远超出了原来的想象。张文佑教授的意见经各大报刊登载后产生了放大效应，显然已经影响到高层决策者，使他们改变了对山西水资源状况的看法。如果是这样，“引黄入晋”工程的命运就岌岌危乎殆哉了。

那一段时间，我的日子真是不好过，忧心忡忡，食不甘味。引黄交接时前景十分光明，我刚接手不久，一切都变了，变得风雨飘摇、危乎殆哉了。这叫我怎么交代？我暗自告诫自己、鼓励自己，决不能气馁，不能自己乱了阵脚，不能就此罢休，只要有一线希望也要抓住，紧紧抓住，直到使它逐渐变为现实。

看来，现在如果还是按原来的计划走，按原来的方案报，显然是走不通的。显然需要变通一下。国家计委认为引黄工程量大、投资额大，难以安排，那么，可不可以把工程量压缩一下，或者分几步走呢？我们特意请示了钱正英部长。她说，不妨先搞一个应急方案试试，先上北干线，济京可以暂不考虑。原来的方案是南干线、北干线一起上的：南干线向太原送水，北干线向朔州、大同送水。国家有几个大型的能源重化工项目准备放在朔州、大同一带，因此北干线的兴建就显得更为迫切。南干线路长、隧洞多，需要的投资也大。缓上南干线，可以大幅度减轻资金的压力。不考虑济京，也可以节省一部分投资。

我向省政府的领导同志汇报了这一设想后，大家都认为这个方案值得一试。于是我们抓紧工作，尽快编制出《山西省万家寨引黄工程应急方案可行性研究报告》。1986 年 2 月 17 日，山西省人民政府向国务院上报了这份报告。

没有料到的是这一次答复来得很快。3 月 19 日，国家计委办公厅《关于先不组织审查〈山西省万家寨引黄工程应急方案可行性研究报告〉的复函》下发到山西省计委。复函称："以'引黄入晋'来解决山西新增能源工程用水问题，因工程投资很大，在'七五'能源基建计划中难以安排。决定先不组织审查引黄工程的可行性研究报告。"

为了尽最大努力争取，省政府又向国务院上报了《关于请审批〈山西省万家寨引黄工程应急方案可行性研究报告〉的请示》。8 月 13 日，国家计委办公厅向山西省人民政府办公厅复函，说："经研究，鉴于该项投资很大，并涉及整个黄河水量使用分配的平衡，需慎重研究。按现行规定，大型项目在审批前需先进行评估。经与中国国际工程咨询公司联系，该公司 1986 年计划已安排满。因此，此项工程需待该公司安排论证后再予审批。"

总之，一路红灯。原来认为"引黄入晋"工程立项的困难主要在经费紧张，现在看来，领导层对山西水资源紧缺的状况确实有了一些新的看法。问题复杂起来了。

## 钱部长的锦囊计

由于引黄工程的可行性报告没有得到批复，国家计划没有安排 1985 年的前期工作费用，天津勘察设计院的技术人员也相继撤出，引黄已经面临停顿的局面。

这时候我就想，要尽快找到一条出路。我想到了水电部，想到了钱正英部长。对，就去找钱正英部长！

为什么要找钱正英？因为钱正英和她领导的水电部最了解山西水资源紧缺的情况，也最了解引黄工程的必要性和进展情况。我们许多工作都是在她和水电部的帮助下取得进展的，他们事业心极强，已经为此付出了很大努力，绝不会就这样罢手。钱正英是个学者型的部长，有丰富的行政工作经验，遇到问题很快就能找到症结所在，找到解决的办法。引黄的重心向北倾斜、召开水资源评价会等意见都是她提出来的。可以说，正是钱正英部长提出的这几个意见使引黄工程从空中落到地上。

陶鲁笳是20世纪50年代山西省内提出“引黄入晋”设想的第一人，钱正英则是20世纪80年代北京高层倡议将引黄设想付诸实施的第一人。在这样的关键时刻，得到她的理解和支持是非常重要的。

1985年6月下旬，水电部在郑州召开黄河防汛工作会议。6月28日，我和水利厅副厅长李建国、“引黄办”的王东科一起到了郑州。

当天晚上，钱正英部长在小会议室接见了我们。大家坐定后寒暄了几句，我们刚说要汇报引黄，她的脸就沉下来了。

她说：“我们部省联合给党中央国务院打了报告，正在努力争取，已经得到了总理的初步认可。现在，中央每年拿两个亿支持青岛的引黄工程，几年后就可以把这笔资金转移过来，支持山西引黄。报告的墨迹未干，事情好不容易有了眉目，你们倒好，你们的《山西日报》说山西有充足的中深层地下水，而且取之不尽、用之不竭！那还需要引黄干什么！”

我们只能支支吾吾说，那是个别专家的一家之言，不是我们的意思。

她说：“《山西日报》是你们省委的机关报，它的声音应该是得到省委和省政府认可的。而且《人民日报》也转载了，总理看到后，曾让秘书给我挂电话，说：‘山西有水，你们怎么说要出现危机？’还让我看看《山西日报》。你叫我说什么？我现在是没有办法了，你们自己去想办法吧！”

话说不下去了，我们只好告辞，当时的心情真是沉重到了极点。

开会期间，我们几个人反复商量，觉得尽管受了批评，硬着头皮也还是要去找钱正英部长，求她想办法。

会议结束的那天晚上，我们又去找她。没有想到的是，她很痛快地答应了我们的要求，而且还请杨振怀副部长和有关司局的负责人一起参加座谈。看来，这几天钱正英部长心里也一直没有放下这件事。

她说：“你们山西的水资源危机一直是我的一块心病。我作为水利部部长，确实有责任，确实很着急。北京一旦缺水，只要给钱，我们两三年里就可以把水调来。山西就不一样了，山西如果出现水危机，即使有钱，两三年内也解决不了问题。你们对此一定要有一个深刻的认识。事到如今，只能从头再来了。真可惜，错过了一次机遇。”

这次座谈用了很长时间。一开始是商议“应急方案”的问题，但钱正英部长显然对“应急方案”不抱多大希望，她考虑的重点是“从头再来”，也就是重新召开一次水资源评价会。在这方面她说得很具体：

“现在的办法只能由水利部、山西省人民政府联合再开一次关于水资源的会议。要请更多、更权威的专家来，更加慎重地对山西水资源的情况作出评价，而不是像有些人那样轻率地下结论。还可以再请一些经济学家，请一些在国务院有影响的从事政策研究的同志。请你们考虑一下，认真准备，然后再重新给党中央国务院写报告，继续争取立项，争取资金。”

我们回来时，她又嘱咐说：“你们好好准备吧！开会时要把‘水利泰斗’张光斗请来，不要忘了！”

回家的路上，我们有一种峰回路转的感觉，心情轻松了一些。

这一件事给了我们很深刻的教训：由于政出多门，互不沟通，耽误了 4 年多的宝贵时间。

## 新闻战，舆论逆转

1986 年 8 月，省委、省政府决定尽早与水利部联合召开第二次关于水资源的会议，要求我们抓紧时间，做好充分的准备，并将准备情况向钱正英部长汇报，以争取她的指导，征得她的同意。会议正式定名为“山西省水资源短缺综合对策讨论会”。

准备工作分 4 个方面进行：

（1）引黄办公室负责协助天津设计院进行的勘探规划设计工作要加紧进行，不能有丝毫松懈，争取早日报批立项，这件事由贾冲之顾问总抓。

（2）由省水利厅厅长许四复牵头，组织水利厅、水资源办的专家学者及工作人员作进一步的实地调查研究，核实、分析资料，做好会议文件的起草准备工作。要用事实说话、用数据说话，要有针对性，能回答问题，能说服人。

水资源短缺综合对策讨论会与一般的会议不同，与其说它是讨论会，不如说它更像科研成果鉴定会。成果在会上，功夫在会外。会议能否成功，全要看向会议提供的这份报告是不是科学，是不是翔实可靠，是不是能够得到与会者的认可。许四复、刘锡田和水资源办的同志们都是有经验、有学养的水利专家，他们在山西的水利战线上摸爬滚打了几十年，对山西水资源的情况可以说了如指掌，又有第一次水资源评价会的翔实资料，在这方面应该是有把握的。但是，考虑到这次会议的特殊性，我还是再三嘱咐他们，千万不可掉以轻心。

写到这里，我要特别强调，对于引黄工程来说，省水利厅所起的作用是多方面的，而且是至关重要的。在引黄工程总指挥部成立以前，工程的筹备和前期准备工作都是由水利厅具体组织实施的。总指挥部作为一个实体实施领导后，许多具体工作仍然要依靠水利厅来做。总指挥部、引黄工程管理局的成员，特别是专业技术人员，也有相当一部分来自水利厅。可以说，省水利厅是一个科学技术力量很强、勇于干大事、善于干大事的部门。1983 年我接手引黄工程时，水利厅厅长是许四复，总工程师是姜凯。1988 年许四复到了退休年龄，由党委书记郝永和接任厅长。他们周围聚集了一批专业技术人才，像资深老总刘锡田、李建国、孙建轩，像引黄办的朱映、王东科，等等。山西省水利战线所取得的巨大成就，与水利厅同志们的不懈努力是密切相关的。

除了由水利厅主持起草的主要文件，我们又要求省计委、地质矿产局以及太原市、大同市分别从不同侧面提出有关水资源的研究报告。

（3）省政府办公厅配合水电部，联系邀请参加会议的专家学者及有关部委的领导，同时根据准备情况，协商开会的时间和地点。

（4）由省政府的分管领导配合水电部的领导，做有关部门的疏通工作，争取理解和支持。钱正英部长表示，她将争取国务院有关领导的理解和支持。

我们通过努力，向中央农村政策研究室主任杜润生、国务院发展研究中心主任马洪作了汇报，得到了他们的理解和支持，他们答应到会讲话。

除了以上 4 个方面的准备工作以外，我们还特别注意做好新闻报道方面的工作。

我们从郑州回来后，就曾召集《山西日报》等新闻单位的负责人，向他们通报了有关山西富有中深层地下水这篇报道对引黄工程立项所造成的严重负面影响，并宣布了一条纪律：今后凡是涉及山西水资源方面的报道必须征得省政府的同意。

当时我们总觉得是《山西日报》惹下了麻烦，细想一下，其实这件事怨不得《山西日报》。新华社发的通稿，省报是用不着再向省委有关部门请示就可以发表的。再说，即使《山西日报》不发，《人民日报》《光明日报》等全国性报纸也照样要发的。如果说有什么问题，那就是对标题做了一点改动，改成“地质学家张文佑对山西省水资源问题提出建议——集中开发地下水”。明确标出“山西省”，这就不是新华社的话，而是山西省的话了。这是容易引起误解的。

那么，是不是新华社的报道有问题呢？也不能那么说。发现新闻并迅速加以报道是新闻通讯社的天职。一向被认为严重缺水的山西突然发现了丰富的地下水，这自然是一件新鲜事、一件大喜事，而且可能具有轰动效应。对这样的事加以报道不但无可非议，而且应加以提倡。这比连篇累牍地报道那些不是新闻的“新闻”有意义得多了。如果说有什么不足，那就是这位记者对山西水资源的状况缺乏基本的了解，譬如他在第二篇追踪报道中说“最近在长期缺水的太原西山地区打出了丰富的优质地下水”，西山地区历来是太原的供水区，不能说“长期缺水”。连张文佑也说，太原地区不仅西山有水，东山也有水。可见这位记者不仅没有向有关部门核实，而且连张文佑本人的话也没仔细读。不过从大处说，这些也可以不必深究。

那么，问题是不是出在张文佑教授身上，是不是他本就不应该发表这样的见解呢？这也说不过去。学术上应提倡百家争鸣，允许发表不同意见。有了不同意见，真理才会越辩越明。再说，新华社的那篇报道也未必全面、准确地反映了张文佑教授的意见。有一点是明白无误的，那就是张文佑表示这只是他的个人看法，是一家之言；而且，他只是从地质学的角度，而不是从涵盖水资源各个方面的更全面的角度来谈的。

这样看来，这个问题就颇有些值得玩味了。俗话说，不能听到风就是雨，人们在决策时是不是有时也会有这样的情形呢？

至于我们宣布的那条纪律，事后看来也实在值得商榷；应该让不同意见都摆到桌面上，经过比较、争辩，去伪存真，达到认识的统一。这一点，我们后来就越来越明白了。

这一次也使我们充分认识到了舆论的力量，认识到必须充分发挥这种力量的积极作用。此后，我们十分注意及时向新闻界通报有关山西水资源和引黄工作的情况，邀请国内一些有影响的新闻单位的记者、编辑到山西来做实地考察研究。我们请来了新华社的冯东书，《人民日报》农村部的陈建、蒋亚平、闫晓民，《经济日报》农村部的高以诺。他们来省内做了一段调查研究后，先后在新华社、《人民日报》《经济日报》连续发表了一些有影响的文章，如《山西之长在于煤、山西之短在于水》《为了山西，也是为了全国》《改革带来了引黄，引黄离不开改革》《三十年后看引黄》，等等。这些文章重新引起了人们对山西水资源严重短缺的关注，逐步冲淡了新华社原来那篇报道的影响。

经过认真、细致的准备，山西省水资源紧缺综合对策讨论会于 1987 年 1 月 22 日在太原召开。国家计委、经委、科委、水利电力部、煤炭部等有关部门，科研单位、高等院校和省内的有关单位，共 200 多人参加了会议。尤其引人注目的是，其中有许多在地质、水文等领域享有盛誉的专家学者。

这时已担任中共中央顾问委员会委员的罗贵波也来了。之前他作为山西省省长主持了第一次水资源评价会，得出了“引黄入晋”势在必行的结论，原以为问题已经解决，没想到又出现这么大的变故。他人虽已离开了山西，心还在山西，最放不下的还是引黄。他不无伤感地对人说：“抓水抓晚了，我很后悔！”再后来，山西电视台的记者到北京采访罗贵波时，他已患骨癌住院，他抓住记者的手说：“我在山西没弄成引黄，一辈子的遗憾啊！1979年我去山西当省长，张稼夫就找我，叫我支持上引黄。当年我和他一起在山西沁水工作，他一直惦记着山西缺水……”

中顾委常务委员张稼夫也来了，只要有机会，他就要为引黄呼吁。1985年5月，他受李鹏副总理的委托，在西安召开黄河中游水土保持工作座谈会，在讲话时特别强调了“引黄入晋”的重要性。他说：“万家寨引黄工程刻不容缓，必须加紧做好前期工作，力争早日付诸实施。”现在引黄遇到波折，他当然要到会，有话要说。

中国科学院院士、水利专家、清华大学副校长张光斗教授来了。作为一个全面研究我国水资源状况的权威专家，他早就关注山西水资源短缺的情况，很高兴有机会了解和研究山西同行长期积累的资料和数据，并据以作出客观的判断。

会议由山西省省长王森浩和水利电力部部长钱正英共同主持。

王森浩省长致了开幕词。

王森浩就任山西省省长后，十分重视“引黄入晋”工程，多次参加研究引黄工程的会议。1984年4月，当社会上因张文佑教授的意见而对引黄说三道四时，他特意出席水资源管理委员会的办公会议并发表讲话。他说“引用黄河水，是弥补山西省水资源不足的根本出路。50年代末，山西省就提出了这个问题，由于学术界有争论，省里一直久拖未决。学术界的研究争论是好的，可以继续进行，也可以进行试验、论证，我们支持。但是，搞经济建设必须从实际出发，在万家寨引黄工程的问题上，再不能优柔寡断了，必须统一认识，果断决策，争取尽快上马！”在开幕词中，王森浩又重申了他的观点。

山西省水资源管理委员会向大会提交了《山西省水资源紧缺状况及综合对策意见》。这是一份综合性的研究报告，其中指出："山西位于华北黄土高原的东部，全省人均水资源占有量仅为全国人均占有量的 19%，亩均水资源占有量仅为全国亩均占有量的 13.40%，为全国严重缺水省份之一。"针对会议的一个焦点，即地下水资源的蕴藏量和它开发前景的评价，报告给出了翔实的调查研究数据和分析。

会上，多位专家学者谈了自己的看法。作为水利界的权威专家，中国科学院院士张光斗的意见受到广泛关注。他说："30 余年来水资源的情况说明，1982 年水资源的评价是符合实际的。难于评价的是地下水，地下水资源是以年补给量计，而不是以地下水蕴藏量来估算的。目前地下水位下降，表明浅层、中层地下水已超采。至于深层地下水，肯定是有的。据省水利厅研究地下水的同志介绍，深层地下水补给来源有限，而且大量深层地下水外流，也缺少条件，所以大量开采深层地下水的可能性不大。"

他的话说得很温和、很婉转，但意思是明确的。"至于深层地下水，肯定是有的"，这是常识，不需要有多么高深的学问也知道，但是，它的"补给来源有限"，而山西遍地采煤又导致了深层地下水的大量外流，其不具备开采价值是显而易见的。

地质矿产部副部长张宏仁的话也是耐人寻味的。他说："地表水资源虽也有争论，但毕竟比较直观，分歧不大。争论大的主要是地下水这部分，再就是地表水和地下水重复的这一部分。但经过多年工作，在这个问题上认识已经逐步趋于一致，不仅在山西，在全国也是这样。"

"趋于一致"，一致在哪里呢？一致在地下水的超采已经成了严重问题，不仅华北如此，全国也是如此。当然，山西就更不例外。解决水的问题，不能寄希望于进一步开采地下水。也就是说，这已经成为一种共识，用不着花费时间来讨论了。

一些曾经在山西长期工作的老同志在谈到这个问题时就没有那么心平气和了。中顾委常委张稼夫说："'引黄入晋'是彻底解决山西缺水的战略措施，但是这项工程呼唤了几十年仍然是纸上谈兵，未见实际行动。山西提了个小引黄方案，到1992年才能解决大同、平朔的问题，还引不到太原。全国一些缺水城市，天津、青岛，都能陆续解决，为什么山西这样缺水就解决不了？我看就是山西的同志工作没有做到家，向中央反映问题不够深入透彻。去年我和高扬文争执了一次，他说：'山西岩溶地下水很多，要相信科学家，相信张文佑。'我说应该面对现实，实践是检验真理的标准。"听得出来，张稼夫的话里有气，既对我们工作不力有气，又对有些人偏听偏信有气，侧重点明显在后面。

也不能怪张稼夫想不通。尊重知识、尊重科学当然是对的，但尊重科学并不是一定要相信某一位科学家，哪怕是权威科学家。权威科学家的意见也不一定就是科学结论，也需要实践来检验。再说，山西首次水资源评价会议作出的结论不是也有众多科学家参与吗？为什么不尊重？看来这里还有别的因素，譬如说经费的考虑。当时的经费实在太紧缺了，所以当一个意见可以少花钱的时候就比较容易得到重视和认可，这也是可以理解的。

当然，这是一次研究综合对策的会议，地下水紧缺只是讨论的一个方面，与会代表还就解决水资源紧缺的对策进行了多方面的探讨，在节约用水、水源保护、防治污染、统一管理、依法治水等方面都提出了很好的意见。大家一致认为，对山西来说，引用黄河水是开辟新水源的唯一可行途径，不仅势在必行，而且刻不容缓。中共中央农村政策研究室主任杜润生、国务院经济技术社会发展研究中心总干事马洪在会上做了书面发言，也都明确表示支持"引黄入晋"工程。

钱正英部长作了会议总结，她说："山西省水资源的供求矛盾目前已极端尖锐，如不及时采取措施，不仅将影响当前山西能源重化工基地的建设，而且潜伏着更大的危机，因此，必须提到国家的议事日程。""从长远和全局考虑，万家寨引黄是一项重大战略措施，势在必行。当前首先是做好前期工作，提出总规模和分期实施的步骤。”

会议通过了《关于山西省水资源紧缺及综合对策的报告》，以山西省人民政府和水利电力部的名义联合上报国务院。

报告说：“山西之长在于煤，山西之短在于水。1982年山西省水资源评价会议的主要结论基本上是正确的。会后，有些单位的专家虽在某些方面提出过一些不同看法，但5年来的实践证明，山西水资源紧缺的态势比1982年的估计更为严峻。……从长远和全局考虑，万家寨引黄是一项重大的战略措施，势在必行。鉴于大同、平朔的需水紧迫，拟先研究兴建万家寨引黄一期工程。由于工程艰巨、施工期长，需要扎实细致地做好前期工作，尽快编制设计任务书，报国家计委审批，力争列入‘七五’计划，从‘七五’后期开始建设。”

这次会议开过以后，关于山西水资源紧缺状况的争议暂时告一段落。

10月23日，钱正英作为水电部部长，约请城建部、国家计委国土局、煤炭部、水资委、能源办和农村发展研究中心的负责同志，一起开会研究山西省水资源紧缺的问题，王森浩和我汇报了情况。山西参加会议的还有省科协主席刘锡田、水利厅厅长许四复和引黄办公室副主任王东科。与会的同志一致认为，兴建引黄工程确实已经刻不容缓了。

会后，钱正英部长向国务院打了报告。这是一份很珍贵的文件，现引用如下：

李鹏同志并报依林同志：

遵照您对《关于山西省水资源问题的报告》的批示，我于10月23日约请了国家计委、国务院能源办公室、农村发展研究中心、煤炭部、建设部等有关负责同志，共同听取山西省的汇报。山西省省长王森浩、副省长郭裕怀和省有关同志参加了会议。大家对山西水资源问题进行研究，现报告如下：

1. 大家认为，山西省反映的水资源紧缺情况属实。全省10个大中城市缺水，40多个县城发生水荒，工农业用水矛盾加剧，既制约工业发展，也严重影响农业生产，同时造成生态环境恶化，城乡人民对此意见很多。应当说，山西省这几年的干旱还不是最严重的，历史上山西有过多次持续多年的大旱。如不及早采取措施，不仅影响山西省的经济发展，还将潜伏更大的社会危机。

2. 山西水资源日趋紧张的基本原因是供需极不平衡，在煤、电、运大力发展的同时，水源建设严重落后。“六五”期间，煤、电、运建设投资61亿元，没有水源建设投资；“七五”期间，前三项投资146亿元，水源建设投资只有0.4亿元。建设比例严重失调，必然导致地下水的持续过量开采，地表径流不断衰竭，以及水源污染加剧，陷入采补失调的恶性循环之中。山西之长在于煤，山西之短在于水。建设山西能源重化工基地，水资源是无法回避的问题。因此必须贯彻煤、电、运、水同步建设的指导思想，将水源工程列为基地的基础工程设施安排建设，以逐步扭转比例严重失调的局面。

3. 山西省针对当前水危机已相当严重的形势，采取全面节流、合理利用、积极开源和加强对水源保护与管理的综合对策是符合实际的。有两项应急措施，其中从册田水库到大同的引水工程缓解电厂和城市用水矛盾，将由水电部研究安排；从汾河水库向太原市工业和城市适当调节水源的工程，将由山西省向国家计委报告。

4. 以上两项措施，只是对山西省现有水资源进行的再分配，带有应急性质。要缓和山西省水资源的危机，兴办万家寨引黄一期工程势在必行。山西省对该工程已进行了多年的前期工作，经水电部两次组织专家讨论，认为是可行的。大家建议，尽快按照基建程序，由国家计委组织对设计任务书（或项目建议书）审查后，报国务院审批。

特此报告。

钱正英

一九八七年十月二十八日

我们当时也估计到，虽然召开了第二次关于水资源的会议并取得了重大成果，但是这并不意味着问题会很快解决。一般来说，一个趋势形成以后，加以扭转是很不容易的，是需要时间的。但是，召开这样一次提供科学决策依据的会议是必不可少的，是基础性的。

◇ 第三章

# 向国家伸手，再讨个公道

没有想到的是，奠基典礼举行的那一天，周围农民一大早就从四面八方赶过来了。没有人组织，完全是自发的，有些人甚至是从五六十里以外赶来的。原来，“要把黄河里的水引到山上来了！”“听说要把黄河水送到太原和大同呢！”这样的消息就像长了翅膀似的，在这黄沙漫漫、沟壑纵横的七沟八坎、七村八落里迅速传开了。

## 碰钉子

1992年7月1日，“引黄入晋”工程在大梁水库的工地上开挖了预备性开工的第一锹土。

这时，距省政府于1984年3月9日向国务院上报《万家寨引黄入晋济京工程可行性研究报告》已经过去了8年；距1982年7月山西省第一次水资源评价会得出“引黄入晋势在必行”的结论已经过去了10年；距1958年山西省委第一书记陶鲁笳提出“引黄入晋”的设想则已经过去了34年。

这期间，山西缺水的状况进一步恶化。以太原为例，太原日超采地下水20万吨，仍缺水10万吨，不得不实行低压供水、间断供水。有些街道的居民只能在晚上接水，公用自来水龙头前接水的队伍往往可以排出几十米远。最紧张的地方是东山一带，那里的地势高，水压低了水根本上不去，一个星期里只有一天能接到水是经常的事。工厂则不得不限产，甚至停产。1986年7月，太原钢铁公司的冷却水就已经减到了警戒水位，面临停产威胁。一些化工企业常常因为突然停水中断生产，造成产品报废，带来安全隐患。由于长期大量超采地下水，使得地下水位大幅度下降，漏斗区域越来越大，有些地方地面下沉达1.38米。缺水引起的生态环境的恶化随处可见，触目惊心。

这8年，山西人是在焦躁不安中度过的。引黄人像热锅上的蚂蚁一样，来回奔跑于北京与太原之间，奔跑于希望与失望之间，是扳指头数着日子度过的。

冷静想来，引黄工程的立项之所以那么困难，在当时的条件下，应该说也是有原因的。

一是改革开放之初，百废待兴，百事待举，而国家的财力是有限的，领导人的精力也是有限的，加上信息不对称带来的信息失真，领导人难以准确清楚地了解下面的情况。当时像引黄工程这样耗资巨大的项目，在我们没有找到自已筹资的出路以前，都得靠国家拿钱来干，自然不容易得到批准。

二是山西省第二次关于水资源的会议开过以后，尽管对山西水资源贫乏的问题取得了一致的认识，但是，张文佑教授关于山西地下水开发前景的估计的影响并没有完全消除。这也是可以理解的。第一，因为张文佑是中国科学院地质研究所所长，他的职务有权威性。第二，因为他的见解是新华社发表的，新华社是国家通讯社，也有权威性，发的又是全国性的通稿，《人民日报》《光明日报》等权威性报纸都曾全文登载，影响自然很大。而《山西日报》作为山西省委的机关报，可以经请示省委后不予刊登，也可以同时发表不同意见的稿子，他们没有这样做，很容易使人误以为山西省委也认可张文佑的意见。

三是这一阶段领导人的更迭很频繁，换了一届又一届，求了一届又一届，好不容易把情况介绍清楚了，领导人终于理解了，接受了，开始支持了，也就该换届换人了。国家计委从姚依林到宋平，到邹家华，又到陈锦华；水利部从钱正英，到杨振怀，又到钮茂生。换届期间，立项的事不得不暂时搁置，我们也不得不准备下一轮的奔波。有一年，我本人就往返北京22次，最长的一次达24天，向省委书记胡富国和省长孙文盛电话请示汇报达42次之多。说实话，我的心情是很沉重的。有时候，尤其是碰了钉子的时候，我感到自己简直就像“文革”年代吕梁山上沿门乞讨的乞丐，那种滋味实在是不好受。不过，经过长期的交流和沟通，我与这些领导同志在上下级工作关系的基础上建立了良好的个人关系，建立了友谊。

四是计划经济体制本身存在的一些弊端，层次过多，容易引起推诿、扯皮、不讲效率。这也是毋庸讳言的。

但是，对山西来说，引黄确实不能再等了，已经是箭在弦上不得不发了，更确切地说，箭不是不得不发，而是早已经发出去了，早已是开弓没有回头箭了。

为了选线和为设计提供地质资料，山西的地质工作者踏遍了黄河沿线，其勘察和钻探的工作时间已达 50 年之久。

天津设计院的工程师们经过数年的奋斗，已于 1989 年 3 月完成了万家寨水利电力枢纽和“引黄入晋”工程的设计任务书。

“三通一平”的前期工作（通路、通电、通水，平整施工场地）早已于 1990 年全面展开，包括由平鲁至偏关的 114.5 公里的公路工程、施工电源、施工供水工程以及通信工程都已经投入了大量的人力物力，而且取得了阶段性成果。

委托山西省环境科学学会组织有关专家和工程技术人员研究制订的《引黄工程对环境影响的报告》已经完成。报告提供的种种数据表明，引水工程不会对环境造成不利影响。委托南京水文水资源研究所和河海大学进行的模拟模型研究也已经完成，形象而真实地反映了汾河中上游地区和雁北、大同地区水资源系统的运行情况，并提供了不同水平年、不同保证率和不同工程措施条件下各地区的可供水量和缺水量。

水利部、山西省和内蒙古自治区《关于联合建设万家寨水利枢纽和引黄入晋引水工程的意向书》也于 1990 年签订（枢纽工程在山西、内蒙古之间）。各方本着团结协作、互惠互利的原则，达成了共同建设枢纽工程的意向，明确了投资来源、领导体制、产权占有、利润分配等重大问题。

山西省已尽其所能，对引黄工程投入了财力、物力、人力、智力、精力，前期工作已经全面展开，各方面的协调工作也已经基本到位，万事俱备，只欠东风了。

但是，这东风却偏偏不来，工程就是迟迟不能立项。

## 争取，再争取

《易经》上有句话说："穷则变，变则通。"老百姓的话说得更通俗，叫作"不能在一棵树上吊死"，就是要另想他法。

1990 年 7 月 14 日，山西省七届人大常委会第十七次会议在王庭栋主任主持下通过了《关于兴建万家寨引黄工程的决议》，决议说："万家寨引黄工程是一项造福子孙后代的大事，规模宏大，建设周期长，不是一届政府所能完成的。为此，省人大常委会要求本届政府和以后的各届政府，都要把万家寨引黄工程作为振兴山西经济的重点项目，全力以赴、毫不动摇、坚持不懈地工作，把这项工程胜利建成。"

这份决议具有特别重要的意义，它充分表达了山西人民的决心和意志，同时也以地方立法的形式，规定了不论在何种条件下，本届政府和以后历届政府，都必须为建成此项工程而不懈努力。政府的权力是人民代表大会授予的，享有权力的同时也意味着承担责任。现在，山西省人民代表大会的常设机构已经以决议的形式，要求本届和以后历届政府尽一切可能，完成"引黄入晋"工程这一关乎山西国计民生和可持续发展的壮举。这是授予权力，也是压担子、加责任。这样一来，我们当然要争取上级的支持，如果一时争取不到这种支持，我们自己也要动手做起来——义无反顾、一往直前地先做起来，不能没完没了地等下去。

原来，这份议案是省人大代表、引黄工程总指挥部顾问、原水利厅厅长许四复倡议的。他长期以来在山西从事水利工程建设，很清楚在现行制度下，领导的不同认识往往对工程产生重大影响。他深恐引黄工程也遭遇厄运。引黄工程规模浩大、耗资多，不是一届政府所能完成的，不能不考虑由于领导人员更迭对工程可能产生的影响。因此，他提议由省人大通过一项决议，使之对现政府和今后历届政府具有约束力，以保证引黄工程顺利完成。许四复的提议得到了王庭栋主任和常委们的积极支持，关于引黄工程的决议由此产生。

对于引黄工程来说，省人大常委会的支持是特别重要的。这以后，八届省人大一如既往地关注和支持着引黄工程。第八届省人大常委会主任卢功勋多次参加引黄工程的现场办公会。1995 年 7 月，他带领八届人大常委会组成人员实地考察了引黄工程工地，在随后举行的常委会第 16 次会议上通过了《关于加强领导保证质量按期完成方案引黄工程决议》。这一决议，使从事引黄工程的人员又一次受到了巨大的鼓舞。

1991 年 2 月 20 日，山西省政府决定，将万家寨引黄工程列为省重点前期工程。此时国务院已批准山西省收取水资源补偿费作为引黄工程建设资金，国家计委也同意每年将引黄工程列入山西省基本建设计划中。作为省重点工程，所有条件都已具备，那就可以先干起来再说。

1991 年 9 月 10 日，省委书记王茂林主持召开中共山西省委常委会，研究引黄工程建设问题。会议决定："抓紧调整充实引黄工程总指挥部领导成员，组建一个强有力的指挥班子。尽快制定出总体施工方案，组织有关地、市和驻省各施工单位，采用招标的办法承包工程。""争取今年年底前一切准备工作就绪，明年正式开工。"

对于引黄工程来说，这是一次重要的会议，会议正式下达了预备性开工的开工令。

同月，经省政府任命，我由山西省引黄工程总指挥部常务副总指挥改任总指挥，乔贵江、姜凯、王必胜任副总指挥。省机构编制委员会给了编制，组织人事部门配备了人员，偏关、平鲁、宁武、山阴分指挥部也依次核准成立。用通俗的话说，即组建了班子、搭起了架子、铺开了摊子，议论了数十年的一件大事终于要付诸实施了。

就这样，在副总指挥乔贵江的主持下，1992 年 7 月 1 日大梁水库工地开挖了引黄工程预备性开工的第一锹土。

列入预备性开工计划的有从万家寨水库引水的1号、2号隧洞，总干9号隧洞、10号隧洞进口段等工程，到1992年年底，上述工程都已经先后开工。施工队伍是经过招标后确定下来的，我们特别强调要重视施工队伍的资质，要求尽可能用水工队伍——因为引黄工程的隧道与铁路、公路的隧道不同，它是输水的，不是打通后不塌陷就行，还要防渗漏。在这方面，水工队伍有经验，也就有优势。

选定这些工程是经过认真考量的。它们有一定的难度，但相对来说，困难是国内工程队所能够克服的。与此同时，它们的工程量又是相当可观的，可观到足以证明我们已经到了“吃了秤砣铁了心”的程度。

说实在的，实际上这也就是正式开工了。说“预备性开工”是为了继续争取国家立项和投资。预备性开工并不排斥今后的正式开工，它恰恰是为了迎接正式开工的早日到来。从另一个方面说，我们毕竟没有搞过这样大型的工程，没有经验，只能“摸着石头过河”，开工是带有试验性质的，叫预备性开工更恰当一些。

在预备性开工前后，我们始终没有放弃争取国家批准立项的努力。省人大常委会《关于兴建万家寨引黄工程的决议》特别提出，在做好各项准备工作的同时，要求政府“尽快完成评估立项”，以争取国家的投资。

要求国家投资，并不是一个简单的“向国家伸手”的问题，里面还含有“讨个公道”的意思。早在1986年1月，省长王森浩在听取引黄工程情况汇报的会议上就曾经说过：“为了促使工程早日上马，省里可以拿一部分投资，但工程所引的水是为煤电服务的，是支援全国的，因此国家应该拿大头，我们拿小头，这个问题要向国家讲清楚。”可以说，王森浩的这番话说出了山西人的心声。我们认为自己有充分的理由，因此也就有充分的把握，知道国家迟早会支持我们的要求，这也是我们能够始终百折不回、锲而不舍的原因。

我们按照程序不断地向国家计委、水利部、能源部（原煤炭部、电力部、石油部合成的部，后来又分开了）、国际工程咨询公司等有关部门提出申请，汇报情况。与此同时，我们还不断向高层领导同志介绍山西水资源缺乏的情况和引黄工程的进展，争取他们的理解和支持。

其中首要的问题就是尽快消除张文佑教授的见解在高层领导同志中产生的广泛影响。我们想方设法向总理澄清地下水的问题，向前来视察的领导详细汇报引黄工程的情况，争取他们的理解和支持。

1989 年 8 月 15 日，来山西视察工作的中共中央政治局常委李瑞环认真听取了关于“引黄入晋”的汇报，察看了“引黄入晋”的线路图。他说：“水和阳光、空气一样重要，一时一刻也离不开。如果断了水，城市里的人就无法生活，建设和发展也都是空谈。”

李瑞环任职天津期间，正是天津闹水荒的时候。他深知缺水对生活和生产的严重影响，果断地搞了引滦入津工程，缓解了天津水资源紧缺的状况。因此，他特别能理解山西迫切希望“引黄入晋”工程上马的心情，对此明确表示支持。他说：“没有水，山西的经济发展就会受到限制；有了水，煤炭就可以深加工，就可以提高煤炭工业的效益，有了水，还可以给外商创造投资环境，吸引外资。”而且他也很清楚立项过程中可能会遇到种种困难。他说，北京部门林立，官僚主义者甚多，哪个单位有点分歧意见，哪个人手里有点权力，说几句闲话，就可能把事情搁置起来，甚至叫你办不成。因此，他希望我们要坚定信心，坚持不懈地抓下去。

1989 年 8 月，我突然接到国务委员陈俊生的一个电话，说他从报纸上看到一条消息：山西运城地区在黄河滩里种芦笋，种了 30 万亩，很成功，经济效益也很好，他想来看一看。我说，那你就赶快来吧。心想，这正是让陈俊生了解引黄工程的好机会！

那一段时间，他在研究耕地问题。我国的土地资源是十分有限的，随着经济建设的展开，占用耕地的情况越来越严重。他考虑可以采取哪些措施来抑制这种情况，其中的一个办法是补充耕地，寻求占补平衡，所以当他得知运城永济县新增滩地30万亩的消息后就急着要到实地看一看。

他来得很快，是坐公务车来的。到太原后，我上了他的车，陪他一起南下永济。一路上，我向他汇报控制乱占耕地、努力实现占补平衡的情况，粮食生产的情况，农民收入和开发式扶贫的情况。在谈这些情况的时候，自然离不开水，所以缺水也成了我们谈话的主题。

南同蒲线是沿着汾河走的。向车窗外看，时时可以看到汾河——宽阔的河床里只有细细的水流。这显然给陈俊生留下了深刻的印象。他问我："汾河不是山西最大的河流吗？怎么只有这么一点水呢？"

我说，山西缺水是普遍的。运城地区有个万荣县，是原来的万泉、荣河两个县合并成的。万泉县根本就没有泉水，打井也打不出水，人畜喝水都很困难。为什么要叫万泉呢？这就反映了当地人渴望水的心愿。就像人穷怕了，要给孩子起个好听的名字，什么富贵呀、满屯呀等等，道理是一样的。

我对他说，晋南的情况还算好的，这里的雨量毕竟要多一些。最糟糕的是晋西北一带，保德、兴县，除了石头就是黄沙，有些地方真是寸草不生、滴水如油啊！

接着，我对他说到了几年前我在平顺的一次经历。我说："晋东南虽然在南边，但也有缺水很厉害的地方，像壶关，像平顺。有一次我到了平顺的隔河岩，附近小庄上的老百姓吃水困难极了。听说省里来了干部，村里的人老老少少来了一大群。村干部汇报缺水的情况，说着说着掉了泪，扑通一声就跪下了，老百姓也跟着跪下了，跪了一地的人。一下子把我搞了个手足无措，心扑通扑通地跳，不知道脸往哪里搁！老百姓过的是这样的日子，我们这些人还算什么公仆啊！"

尽管事情已经过去了好几年，但一说到这里我还是忍不住激动起来。陈俊生显然也受到了感染，他不住地点头，说："是啊，是该抓紧解决这些问题啦！那里还都是老区的人民啊！"

陈俊生在永济看了芦笋后，下一步还要去内蒙古。他把公务车打发回了北京，对我说："还是坐汽车吧，就算走马看花吧，坐汽车也可以看得清楚些，还可以随时停车。"我又陪他坐车北上，在太原稍作停留后，到了朔州、平鲁、右玉，从右玉出杀虎口，送他去了内蒙古。

北上途中，我集中向他介绍了太原、大同、朔州等城市缺水的情况，介绍了能源重化工基地建设和水资源紧缺之间的矛盾，介绍了引黄工程的必要性和目前遇到的困难，希望他在工程的立项问题上给予帮助。陈俊生十分痛快地答应了，说回到北京后他就和田纪云副总理商量，要向李鹏总理和姚依林副总理作一个书面报告，争取引黄工程早日批准立项。

9月6日，陈俊生的书面报告就由姚依林转交到了李鹏总理手里。

这是一份长达2000多字的经过认真斟酌的报告。

依林并报李鹏同志：

最近，我在山西调查农业工作时，顺便了解了反响较大的山西水资源的情况，现报告如下：

水资源缺乏，供需矛盾突出，已经成为制约山西省国民经济发展的关键性问题。

如果山西水的问题不解决，工农业生产和人民群众生活都将受到严重影响，必将影响全国经济的发展，后果将十分严重。解决山西水的问题已经迫在眉睫，刻不容缓。

接着，他提出了几项建议，其中的第三条建议是他这篇报告的重心所在，"从长远看，解决山西用水问题，还是要靠引黄济晋"。

这一问题，山西省政府1984年7月已正式向国务院报告提出建设"万家寨引黄工程"，此工程包括一个水电站和引黄总干渠以及一个附属输水管道，主要解决山西北部煤矿、电厂及城市工业和生活用水问题。由于国家财力紧张，该项目至今未得到解决。1988

年5月，山西省政府又向国务院报告，提出从该省销售省内外的煤炭中，每吨向用户收一元钱水资源补偿费，作为万家寨引黄工程建设资金的主要来源，按全省现在的生产规模，每年可收取2.5亿元。依林同志当时批示："从长远考虑，解决山西水资源是很有必要的，在目前情况下，是否可以考虑先行一步，从万家寨引黄开始，每吨煤加收一元，包括外调和省内使用的，作为这个工程的基金，请计委议。"他们认为依林同志的意见是比较现实的，但由于一些原因，至今也未能解决。现在，该项目可行性研究报告和计划设计书以及工程前期的一些准备工作都已完成，而且资金的主要来源省里已有具体意见，因此建议责成计委和有关部门立即进行评估立项，提出意见报国务院审批。

第二天，也就是1989年9月7日，李鹏总理加了批语："请计委研究。"

从字面上看，这是一个中性的批语，似乎没有倾向性；但是，应该说，如果不是倾向于支持，领导同志是不会这样批到有关部门去的，更不会抓得如此紧，一天也不耽搁。

李鹏总理很关心山西的能源重化工基地建设，早在1983年他考察平朔露天煤矿期间就要求尽快解决水的问题，以加快开发雁北地区的煤炭电力。根据他的意见，水电部还提出了一个从天桥引水的方案。后来经过进一步的考察研究，认为天桥水电站库容小，且含沙量高、保证率低，从经济技术总体上看，远不如万家寨优越，这一设想便放下了。

这些情况李鹏总理当然都很清楚，也就是说，他知道解决山西水资源短缺的问题只有从万家寨引黄，舍此别无选择。因此，他毫不迟疑下了批语。后来，1994年3月，李鹏总理在看望参加全国人大、全国政协会议的山西代表时明确地说："山西是一个缺水的省，这个问题中央很关心。我们大家要共同努力，把万家寨引黄工程建设好！"1995年4月，李鹏总理在山西视察工作时又说："我赞成你们引水。山西省水资源很缺，不引水没有别的出路。要发展煤，发展电，就要引水，因此引黄是一条出路。我支持你们！不仅向北引，而且向南引！"

在李鹏总理作出批示的次日，即9月8日，姚依林副总理也作了批示："送请计委研究。万家寨引黄可能是条可行之路，可否在今后计划中加以考虑。"姚依林副总理态度鲜明，明确支持万家寨引黄工程。

1990年1月18日至24日，江泽民总书记在山西考察工作。他在仔细听取了关于"引黄入晋"的汇报后，一再强调："一定要把引黄入晋的事情办好！"山西的这件大事他始终记在心上，几年以后，他在看望出席全国八届人大和八届政协第一次会议的山西代表和委员时，高兴地说："最近中央和国务院已批准引黄工程啦！"接着，他又叮嘱大家说："引黄入晋，这件事一定要高标准、高质量地搞好！"

稍后一些，全国人大常委会委员长乔石和中共中央政治局常委宋平也相继视察了引黄工程。乔石说："引黄工程是从山西实际出发的，也是符合国家发展需要的。"宋平说："山西别的水源不多，主要靠黄河水。万家寨引黄工程是山西的重大工程，你们叫生命工程，符合实际。"他们还分别为引黄工程题词，乔石的题词是"艰苦奋斗，引黄入晋"，宋平的题词是"引黄入晋，造福人民"。

这里还要提到一件事，就是1992年12月刘江的山西之行。当时刘江是国家计委主管水利建设的副主任，而国家计委又是引黄工程立项必须经过的最难的一个关口，争取国家计委领导同志的理解和支持是十分重要的。刘江到来后，我和引黄工程管理局局长郑友三向他作了汇报，使他详细了解了引水的必要性和可行性，也看到了山西人那种破釜沉舟般的决心和付出的巨大努力。这一切给他留下了极其深刻的印象。后来国家计委审议引黄工程时，刘江副主任的态度发挥了重要的影响。

老一辈领导人中，彭真和薄一波是山西籍人，他们对山西缺水的情况有切身的了解，也特别关心引黄工程的进展。我们每次看望彭老和薄老，第一件事就是要详细汇报引黄的情况。彭老在他 93 岁高龄时欣然命笔，为引黄工程题词："万家寨引黄工程是山西人民治水事业新的里程碑！"他说："我如果能行，也要为山西引水修路搬一块砖。"薄老听了引水和修路的情况后，高兴地对别人说："山西是在塌下心来干实事哩！"彭老、薄老都是德高望重的老革命家，他们对引黄工程的关切，决策层是会加以重视的。

功夫不负有心人。我们多年的努力、多方的努力，终于在 1993 年 2 月有了结果。2 月 22 日，国家计委以计农经字〔1993〕250 号文件发出通知，通知说："我委《关于审批万家寨水利枢纽和引黄入晋可行性研究报告的请示》，业经国务院批准，现印发给你们，请按此办理。"通知对投资、工期、引水线路、枢纽厂房和管理机构的安排等问题作了规定，最后要求"水利部根据批复意见组织编制初步设计"。

## 把动静弄大些

万家寨引黄工程（包括枢纽、总干、北干）的批准立项，意味着这个工程已经被列入国家计划。对于引黄工程来说，这是具有里程碑意义的。

可行性报告被批准以后，大家都大大地松了一口气，这下好了，用不着打"擦边球"了，可以放开手脚干了！这时大家想得最多的一件事就是赶快举行一个隆重的奠基典礼，以向世人宣告："引黄入晋"工程，在经历了种种磨难以后，经过了多年的不懈努力以后，终于正式开工了！

我和郑友三等几个一直跑程序的人自然也很兴奋，但心里明白，事情并没有那么简单。计委批的是"可行性研究报告"，明确要求水利部根据批复意见组织编制初步设计，初步设计编制好了以后还要经过批准。其实，在水利部和山西省政府的组织下，经过天津设计院和省水利设计院的努力，初步设计已经完成，但是批准的过程却需要时间。即使一切都很顺利，正式开工以前还要有一个开工报告，自然也要经过批准。这样，来回报批的过程又需要多长的时间呢？一想到这里，不由得人不发愁。

国家计委对可行性研究报告的批复是一个很好的契机，抓住这个契机，趁热打铁，把各方面的积极性调动起来，就可以很快打开局面，创造一个良好的开局。如果再按部就班地继续坐等下面的报批过程，那么，用老百姓的话说，“黄花菜就凉了”，就做不到“一鼓作气”，只能“再而衰，三而竭”了。

怎么办？我不由自主地又一次想起了金熙英点拨我们的话。

金熙英曾经长期担任国家计委常务副主任，后来又调任中国国际工程咨询公司董事长。这两处都是引黄工程审批立项必须经过的关键部门。我和引黄管理局局长郑友三经常登门拜访，一是向他汇报情况，二是向他讨主意。

金熙英是山西河曲县人，河曲就在黄河边，距离万家寨不足百里。他深知山西缺水的痛苦，对选万家寨作为坝址的优越性也很了解。早在1979年7月底至8月初，他就曾随当时任国务院副总理的薄一波到偏关县万家寨一带考察。当时他就表示，万家寨作为坝址的地质条件好，从这里“引黄入晋”是可行的，应该争取尽快上马。这对于发展山西经济、加快能源重化工基地建设都有很重要的意义。

金熙英虽然身处关键岗位，但像引黄工程这样重大的事牵涉面很广，不是他一个人能够说了算的。尽管如此，由于他熟知决策过程中的种种问题和解决问题的通道，因此常常可以在关键时刻为我们指明出路。他还说，过去山西人是等投资、等项目，不叫不到、不给不要、不吵不闹、苦盼苦熬，结果错失了良机，消耗了干劲。如今你们不再等了，总算认识到苦熬不如苦干了。只要精神不滑坡，办法总比困难多。这就叫要转变观念求发展。

金熙英的话涉及许多方面，最重要、也是对我们帮助最大的，是他讲的两个层面：

一个是技术层面。这样大的跨流域引水工程，技术方面的问题是非常复杂的，难度是非常大的。在这方面，钱正英是内行，她是老水利部部长，也是权威专家，她的话很有分量，党中央、国务院也很相信她。她手下的一大批专家，像冯寅、陈庚仪、罗西北，还有规划院、设计院的专家，都有很高的水平，也有丰富的实践经验，只要他们在技术方面说了肯定的话，国际咨询公司和国家计委方面就不会有大的问题了。你们要紧紧依靠钱正英和水利部，他们动起来、急起来，我们这里就好办了。

另一个是行政层面。这里的问题更复杂，也更敏感，既关系到立项，也关系到资金筹措。在资金筹措方面，要资金投入也好，要政策支持也好，要国内外的信贷支持也好，现在的程序都很烦琐、很复杂，要靠你们争取，关键是要有分管的主要领导实实在在的支持，遇到问题能及时解决，遇到麻烦能帮着化解，不推托、不拖拉。依我看，只要邹家华副总理真正了解山西水危机的严重性，了解解决的办法只有引黄一条路，他就会实心实意地帮你们想办法，站出来说话，开协调会，解决问题。

只要你们把两位重要领导人的工作做好了，能站出来说话，即使程序不完善也是可以试开工的。这方面的先例很多，你们不妨试一试，估计是可以行得通的。这样就可以争取宝贵的时间，使工程尽快开工。

金熙英的话，有些和我们的想法、做法不谋而合，有些则是我们没有想到的。就好像拨云见日，他的话使我们看到了一条省时省力的路。我们决定不再徒费精力，尽快举行奠基典礼，邀请邹家华副总理和全国政协钱正英副主席到会讲话。

应该说明的是，金熙英在谈到这个设想的同时也提出了警告。他说，这样做固然可以节省时间，但如果遇到领导人更迭或领导人之间有意见分歧，那么风险和损失也可能很大。这也是要认真考虑的。

这一点被金老不幸而言中了，不过这是后话。

我们当时已经顾不了许多了。钱正英副主席没有问题，可以说，引黄工程的前期准备工作就是在她的关照下一步步走过来的；她总觉得担任水利部部长期间没有从根本上为山西解决水的问题是她内心的一大遗憾，因此特别关心引黄工程，肯定会接受我们的邀请。邹家华副总理呢？如果他参加他就要负主要责任，他能来吗？

我对时任省长的胡富国说了我的顾虑，老胡说："不怕，这件事我来办！我来山西任职，家华副总理对我说过，发展经济要先集中力量抓水、电、路等基础设施。他一直全力支持引黄，请他没有问题，还可以带动有关部门的领导一起来。"

这时我们正在北京。当天，胡富国便亲自给邹家华打电话，向他发出邀请。放下电话，就和我一起驱车去面见邹家华。见了面，就不说邀请了，似乎邀请的事已经解决了，而是请示奠基典礼的议程如何安排，商量应该请哪些单位参加这些问题了。

正像金熙英所说，邹家华已经十分清楚山西水危机的严重情况，除了"引黄入晋"没有第二条路来解决这个问题。他考虑的是工作，是一方人民的福祉，而不是什么需要承担的责任。因此，他爽快地接受了我们的邀请。

我第一次接触邹家华还是他任国家计委主任时的事。当时为的是要求国际工程咨询公司尽快对引黄工程进行评估，但议程排满了，要想挤进去必须有国家计委主任说话。一打听，邹家华下乡了。

我便去找金熙英，从他那里了解到第二天清晨邹家华就可能回来。第二天一早，我和郑友三便在金老的带领下见到了邹家华。邹家华热情地接待了我们，认真听了我们的汇报，当即表态说："可以。"拿起笔来就在我们的报告上批了一句话："请安排今年评估。"

再一次见到邹家华已经是1993年3月的事了。这一年，全国人代会开过以后，胡富国在北京组织山西的人大代表开了一次会，请了国家计委等有关部委参加，主题是研究讨论山西经济建设的发展思路，引水、修路、发电，等等。我们把邹家华也请来了。会前，老胡和我向他作了汇报，特别汇报了引黄的情况，使他对引黄有了更深入的了解。他在会上发表了讲话，他说："山西的基础设施比较薄弱。只有把基础设施抓紧搞好，才能创造改革开放的条件，才能创造赶超的条件。"他重点谈了水的问题，对"引黄入晋"表示坚决支持。

这以后，每当引黄遇到难以逾越的障碍，遇到国务院下属部门难以解决的困难或者相关部门之间产生了分歧，我们都是去找他，都是他下力气协调、疏通或拍板解决的。

两位主要领导请到以后，我们就开始紧张地筹备奠基典礼。

奠基典礼的时间定在 1993 年 5 月 22 日，地点定在朔州市平鲁区内黄河东岸的大梁水库工地。说来可怜，除了大梁水库工地这一块可以容纳几千人的平地以外，沿河数十里内竟再也找不出第二块大一些的平地了，典礼想不在这里举行也不行。

说到奠基典礼，还有一个人特别着急，他就是引黄总指挥部的副总指挥乔贵江。当时他的病已经很重，正躺在医院的病床上打点滴。奠基典礼要举行了，他怎么能躺得住呢？他事先已安排把大梁水库工地平整出来，奠基典礼的日子定下来以后他还是不放心，不顾医护人员的阻拦，带着点滴瓶子赶到了工地上，把平鲁分指挥部副指挥孙旭敏找来，郑重其事地交代他，一定要把用作会场的场地弄好。当时我们一心想把典礼搞得隆重一些，在省内外造成影响，以便进一步引起人们对引黄工程的关注。场面要隆重，到会的人就要多一些，可是工程职工加上平鲁区委、区政府各部门的干部、员工，总共不过 7000 多人。差可自慰的是，工地所能容纳的也就是六七千人，多了也没有地方放。

没有想到的是，奠基典礼举行的那一天，周围农民一大早就从四面八方赶过来了——没有人组织，完全是自发的，有些人甚至是从五六十里以外赶来的。“要把黄河里的水引到山上来了！”“听说要把黄河水送到太原和大同去呢！”这样的消息就像长了翅膀似的，在这黄沙漫漫、沟壑纵横的七沟八坎、七村八落里迅速传开了。这种破天荒的大好事，这种近乎神话的大难事，使大家既兴奋异常又将信将疑。他们听说奠基典礼定了日子，说什么也要赶来看个究竟。有的怀着庄严的心情，有的怀着兴奋的心情，有的怀着好奇的心情，各自以不同的方式来见证这一千载难逢的历史时刻。工地周围的山丘上到处站满了人。据负责会务的人估计，到场的农民大约有15000多人，也就是说，周围几十里内的群众能来的都来了。

现场的情况完全出乎我们的意料，也使我们深为感动。在山西，在黄土高坡上，一个“水”字的力量竟是那么巨大，这也给到会的国务院有关部委的领导留下了十分深刻的印象。

四五月份是当地刮风的季节，就像小曲里唱的“四五月来刮春风”，这种“春风”一刮就是漫天黄沙，有时几十步内看不清人，而在奠基典礼举行的这一天竟然天高云淡，一丝风也没有，好像老天爷也有意呵护引黄工程似的。有意思的是，典礼刚结束，人还没有散尽，风就刮起来了。

这是黄河岸边一次别开生面的盛会，场地的荒凉和简陋更反衬出人们的激动和亢奋，他们都在焦急地等待一个历史时刻的到来。

我主持了典礼，省长胡富国第一个讲话。看得出来，他很兴奋、很激动。他深深地鞠了一躬，向应邀参加奠基仪式的中央领导、各部委和兄弟省市区负责同志，向始终关注引黄工程的老领导、老前辈，表示热烈的欢迎和衷心的感谢！同时向多年来对引黄工程的方案研究、勘察设计、“四通一平”（通路、通电、通水，平整施工场地）等前期准备工作付出了辛勤劳动，作出了重大贡献的水利专家、工程技术人员和广大工人，表示衷心的感谢和亲切的慰问！

接着，他说：“万家寨引黄工程的立项、奠基，是近30年来历届省委、省政府和水利战线的许多领导同志、工程技术人员、广大干部群众不懈努力的结果，是党中央、国务院对山西人民和山西能源重化工基地建设高度关怀和支持的具体体现。早在 1958 年成都会议期间，当时的山西省委第一书记陶鲁笳、北京市委第二书记刘仁同志向毛主席汇报工作时，就提到了引黄入晋同时济京的想法，得到了毛主席的赞同。近年来，党和国家领导人江泽民、李鹏、乔石、李瑞环、万里、田纪云、陈俊生、钱正英等同志先后来山西视察工作，都十分关心这项工程，听取了有关情况的汇报，并作了重要指示。钱正英同志在担任水利部部长期间，曾于 1982 年和 1987 年两次亲自主持了山西省水资源评价会，得出了引黄入晋'势在必行'和'刻不容缓'的结论。此后，水利部又做了大量协调工作。1990 年 9 月 20 日，邹家华副总理亲自主持了两省（区）、两部参加的汇报会，对万家寨水利枢纽和引黄工程建设中的重大问题作出了明确的决策。1993 年 2 月 22 日，经国务院批准，国家计委正式下达文件批准工程立项。这是党中央、国务院对山西人民的巨大关怀和鼓舞，山西人民将永远铭记在心。"

这一段不太长的话，概括了筹备引黄工程和争取立项的艰难曲折的过程。这里面经历了多少次的大起大落、多少次的山穷水尽和峰回路转，包含了多少失望与希望、辛酸与苦涩！在我们这些亲身经历了这一过程的人听来，难免在欣喜之余生出许多感慨。真是"回首崎岖路，甘苦只自知"！

胡富国话锋一转，说到了工程的规模、困难和对建设的要求。

他说："迄今为止，万家寨引黄是山西水利史上最大的工程，从它隧洞长、扬程高、流量大，而且与万家寨水利枢纽作为一个整体来安排等特点看，目前在国内也属于第一家。对这样规模宏大、意义深远的工程，我们山西省委、省政府以及引黄指挥部一定要高度重视，精心组织，坚持高标准、高质量、高效益，创一流水平，如期实现建设目标，以实际行动来回答党中央、国务院的关怀和全省 3000 万人民的信赖，向党中央、国务院和全省人民交出一份满意的答卷。"

他说，我们必须有明确的指导思想，那就是："把引黄工程建设作为山西经济迈上新台阶的重大战略措施，与此同时，使之卓有成效地促进当地经济的发展。近期目标是，坚持总干、南干、北干一起上，以总干和南干为重点，加快步伐，保证质量，力争1998年实现送水到太原，为全省国民经济翻两番、人民生活达小康做出贡献！"

老胡始终把工期看得很重，所以在这里特别提出了一个"力争"的目标。

最后，他又以自己特有的风格讲了一段富有鼓动性的话："同志们！我们这次奠基大会，实际上就是一次动员会、誓师会、进军会。现在，'引黄入晋'的战场在晋西北这块黄土地上已经摆开，战鼓已经擂响，冲锋号已经吹起，让我们万众一心，奋力拼搏，去争取胜利吧！"

接着是邹家华副总理讲话。他的话不长，但都说在关键上。他首先代表党中央、国务院对引黄工程举行奠基典礼表示热烈祝贺，对山西省委、省政府为建设万家寨引黄工程所做的努力给予充分的肯定，认为这是"符合山西实际情况的正确抉择，是具有远见卓识的明智之举"。接下来便都是实打实的在建设和管理过程中必须解决的问题了。

他说："1990年9月20日，我召集有关部门和晋蒙两省区负责同志做过一次研究，明确了建设管理的基本原则。现在我重申明确以下几点：一是万家寨水利枢纽和'引黄入晋'工程主要是解决山西能源基地和城市生活用水，并兼顾华北电力调峰的需要，具有供水、发电、防洪、防凌的综合效益；二是万家寨水利枢纽和'引黄入晋'要作为一个整体工程，进行统一规划建设，并要坚持同步；三是工程建成后，应按一个经济实体统一经营管理，抽水用电和水电站内部用电免交有关税费；四是万家寨枢纽发电要按合同服从电网调度，变电站运行要服从水利防洪、供水、调沙的统一调度，以发挥工程的综合效益；五是将水电站厂房设在内蒙古自治区一侧，枢纽管理机构设在山西省一侧。希望在今后实施过程中，将这些建设管理的基本原则认真落到实处。"

最后，他要求晋蒙两省区和国务院有关部门密切配合、协同工作，要求参与建设的广大科技人员、工人、干部发扬艰苦奋斗、努力拼搏的精神，保质保量地完成建设任务，为支援全国经济建设做出积极贡献。

这一天钱正英副主席显得特别高兴，她在讲话中也流露出由衷的喜悦和欣慰。她说："今天我是再次来到万家寨引黄工程现场。1990 年秋天那次，我是和白清才、郭裕怀一起来的，看了万家寨水利枢纽的坝址，听了省政府领导同志关于'引黄入晋'的设想。时隔不到 3 年，这次又来参加奠基典礼，心里感到十分高兴和欣慰。这说明，山西省委、省人民政府这几年对万家寨引黄工程的准备工作抓得很紧，'三通一平'工作进展很快，为正式开工打下了基础。"

作为一位长期担任水利部部长的水利专家，钱正英十分了解各省市区的水资源情况，对山西的情况她也同样了如指掌。她说："新中国成立后 40 多年，我多次到过山西，跑了大部分地方，对山西水资源严重紧缺的情况，由于缺水对工农业生产的影响，以及广大人民群众盼水心切的心情，都是十分了解的，'引黄入晋'已是刻不容缓。"

钱正英当然十分清楚这项"高扬程、长隧洞、大流量"工程的难度，因此接着便告诫我们一定要有清醒的头脑，准备克服种种困难。她说："工程任务十分艰巨，在全国也是第一家。不仅需要巨额投资，而且在设计、施工和管理上也都有难度。为了确保建成这项工程，做好筹备资金、选择施工队伍、技术培训等工作，承担设计任务的单位要集中精力，精心设计；施工单位要精心施工，要通过工程建设培养起本省的技术队伍，把修建引黄工程和促进当地经济发展结合起来。要制定好施工方案，把引黄工程建成优质工程；要及早制定运行管理的具体方案，以确保高标准地管好这项工程，在山西水利建设史上树立一块丰碑。"

许多负责同志都风尘仆仆而又兴致勃勃地远道赶来参加这次盛典，他们当中有国家计委副主任叶青，山西省原省长、时任煤炭部部长王森浩等。省里以省委书记王茂林和副书记、省长胡富国为首的五大班子领导（中共山西省委、山西省人民代表大会常务委员会、山西省人民政府、中国人民政治协商会议山西省委员会、中共山西省纪律检查委员会的领导人），一个不少全都来了。退下来的老同志王庭栋、李修仁等也出席了典礼仪式。

有些同志因为工作太忙走不开，或者因为年事已高、身体有病，不能亲临现场，便发来了贺电或贺信。他们当中有国务委员陈俊生、农业部部长刘江、水利部部长钮茂生、陕西省省长白清才（山西省原常务副省长），还有山西省的前任老领导陶鲁笳、王谦、霍士廉、罗贵波。

新中国成立以后关于引黄的设想首先是陶鲁笳提出来的，此时他心里的喜悦是可以想见的。后来，1997 年 8 月，陶鲁笳已年过八旬，仍坚持要亲临万家寨工地考察。这时枢纽的大坝正在浇筑，厂房正在兴建，意大利 CMC 公司承建的总干 6 号、7 号、8 号隧洞正在开挖掘进。陶鲁笳见到他当年的理想正在变为现实，不禁兴奋不已，感慨万分。

会后，邹家华、钱正英、王茂林、胡富国等为引黄工程剪彩揭幕，并为工程奠基培土。

对于引黄工程来说，一个新时代开始了。

◇ 第四章

# 引起争议的替代方案

一个好的、有生命力的、造成广泛影响的设想，会刺激人们的想象力，也会激起人们争胜的心理，从而引出许多新的设想来。那些新的设想，可能是更富创造性的，也可能是似是而非的。“引黄入晋”工程的方案提出以后就遇到了这种情况。一些新的方案，包括天桥引水、引滹入并等被相继提了出来。有的是作为补充方案提出来的，有的是作为引申方案提出来的，有的则是作为替代方案提出来的。

## 有水无水的“御前辩论”

一个好的、有生命力的、造成广泛影响的设想，会刺激人们的想象力，也会激起人们争胜的心理，从而引出许多新的设想来。那些新的设想，可能是更富创造性的，也可能是似是而非的。“引黄入晋”工程的方案提出以后就遇到了这种情况。一些新的方案，包括天桥引水、引滹入并等被相继提了出来。有的是作为补充方案提出来的，有的是作为引申方案提出来的，有的则是作为替代方案提出来的。

天桥引水是一个补充方案，这个方案是1983年提出来的。

1983年7月，时任副总理的李鹏到山西雁北大同地区视察。他在听取汇报时说，中央有意在这一带建造几个百万千瓦以上的大电站，这里的煤是没有问题的，担心的是水。

参加汇报的大同市市长说，水没有问题，大同有丰富的地下水。这位市长的本意很清楚，他想争取在当地上大项目，不希望因为水的问题对此产生影响。大同地区真的有丰富的地下水吗？这位市长的依据大概也只有两个月前地质学家张文佑的意见，而张文佑的意见只是一种推测，是未经证实的。

大同市市长的话音未落，山西省水利厅厅长许四复便站了起来，他举出大量的数据，说明大同地区因为超采地下水造成多个漏斗区和大面积地面沉降的严重情况。他说得很激动。显然，在这样严肃的场合他没有想到有人会发表如此轻率的意见，这使他感到很生气。

参加这次汇报的人很多，谁都没有料到会出现这种情况，后来人们戏称之为“御前辩论”。许四复敢于说真话的勇气也给大家留下了深刻的印象。会后，王森浩省长严肃地批评了大同市市长。

这场辩论显然也给李鹏副总理留下了印象，所以他没有寄希望于当地的地下水。大同和平朔地区缺水的问题最终是要靠引黄来解决的，但这已经是若干年以后的事，毕竟远水解不了近渴。在这种情况下，水电部根据李鹏副总理的意见，提出了天桥引水的应急方案。

天桥在山西保德县境内的黄河岸边，是一个小型水电站，有一个小水库，库容 6600 万立方米，距离平朔煤矿 100 余公里，在山西来说，这就是“近水”了。

水电部在给山西省水利勘察设计院下达的《关于安排平朔露天煤矿和电站用水问题初步可行性研究任务的通知》里说，为了贯彻李鹏副总理检查平朔露天煤矿和电站工作期间的意见，加快开发雁北煤炭电力，在研究原有“引黄入晋”方案的同时，请研究从黄河天桥水电站（或开发天桥附近地下水）用压力钢管引水 3~6 立方米 / 秒到平朔地区的初步可行性。

这个通知有些奇怪。它提出了两种选择：或者从天桥水电站的水库里引水，或者开发天桥那里的地下水。如果水库里有水可引，为什么要开发地下水呢？如果要开发地下水，为什么不在当地，而要跑到天桥去开发呢？看来水电部起草通知的同志和部门对这个方案的可行性是有怀疑的。

事实上，天桥电站是一个径流电站，调节能力很低，黄河流到这里的含沙量已经很高，年平均含沙量差不多相当于万家寨的2倍，因此，引用这里的黄河水是不现实的。至于清水，也就是地下水，经勘测评定，可开采量与原来的估计也相差甚远，只能满足当地工农业发展的需要。

但这是上级的通知，山西省水利勘察设计院不敢马虎，设计院的同志经过认真的研究后，于当年12月10日向水电部报送了《天桥引水入平朔工程初步可行性研究报告》。应该说，这是一份有缺陷的可行性研究报告，它只研究了用钢管往平朔输水的可行性，没有说究竟有没有水可输。水利厅和水利勘察设计院的同志认为，后面的这个问题还是口头汇报为好。说白了，是怕伤了领导的面子。

在水利厅的同志向我介绍了有关情况后，我对他们说：口头汇报固然是一种方式，但问题一定要说清楚，要实事求是。实际上天桥电站的库容很小，怎么能保证供水呢？再说，天桥电站水库并不是按照排浑蓄清的方式设计的，泥沙问题怎么解决？输水的钢管本来就不粗，泥沙更容易沉淀、更容易堵塞，这个问题不能不重视。至于说引清水、引地下水，天桥那里的地下水也并不丰富，为什么要舍近求远呢？依我看来，上级领导如此急于解决平朔地区的用水问题，更说明了“引黄入晋”的紧迫性。按照设计院的可研报告，这个工程也要用5年的时间才能完成；而如果抓得紧，引黄工程也该差不多了，何必多此一举呢？你们汇报的时候也要把这个意思说清楚。

后来我想，我的嘱咐可能是多余的，这些意思水利部的同志肯定也清楚。这件事后来也就没有了下文。

## “分三分七”是多是少

天桥引水的设想是仓促间涌现的，还未开始实施就很快消失了，像昙花一现。因此，它并没有造成多大的影响。

引滹入并就完全不同了。引滹入并，指的是把海河流域滹沱河的水引进汾河流域的太原地区。

流经山西北部的著名河流有三条：一是汾河，发源于晋西北的宁武县境内的管涔山，由北向南，几乎流经全省，是山西境内最大、水量最丰沛的河流。但从它的发源地到太原的距离很短，可供太原地区使用的水量并不多。二是桑干（乾）河，在最北部汇集恒山山脉的水，向东流入河北，流进官厅水库，是北京的主要水源之一。年轻时读过唐朝诗人的一首诗，题目是《渡桑乾》，诗云："客舍并州已十霜，归心日夜向咸阳。无端更渡桑乾水，却望并州是故乡。"从这首诗里就可以看出来，桑干河离开太原（并州）是太远了，那里的水救不了太原的急。三是滹沱河，它发源于东北部的五台山，流经繁峙、代县、原平、定襄后，拐了一个大弯，一直向东流去，穿过太行山，流进河北平原，从中部横贯河北全省。滹沱河会合南来的滏阳河后，改称子牙河，向北流入海河，是海河的五大支流之一。

汾河流域和滹沱河流域是接壤的，两条河流一东一西，如果能把它们打通，把它们联结起来，用滹沱河的水来补充汾河流域的水，岂不是很好？这样的主意，乍听之下，恐怕是谁都会动心的。如果与"引黄入晋"工程相比较，它的优越性也是很明显的。它的工程量显然要小得多，难度自然也要小得多，更重要的是，肯定可以节省一大笔投资。这对于因为缺少资金而发愁的山西人来说，自然有很大的吸引力。

早在1985年，就有人想到了这个主意。这一年，全国人大代表田迁奇、马烽等32人联名提出了《要求开展山西永久水源的前期工作》的议案。议案的主要意思是，山西的水资源严重短缺，如不未雨绸缪及早解决，必将影响能源重化工基地的建设和人民群众的生活，要求国家和有关方面给予充分的重视和关切。在谈到解决的途径时，从全省的角度提出了"引黄入晋"，从太原市的角度提出了引滹沱河、引文峪河等方案。

在以后的几年里，引滹的方案并没有得到重视，原因是可以想见的。当时省里正在全力推进"引黄入晋"工作，而引黄又是从根本上改善太原地区的缺水状况的；有了引黄，引滹自然就没有必要了。

再后来，引滹的设想突然加温，具体的原因我不很清楚，只知道引滹已经具体化，有了南庄调水的方案。这个方案的大意是，在定襄南庄一带搞一个水库，把滹沱河的水拦蓄起来，然后用水泵把水提起来，通过隧道穿过石岭关把水送到太原地区，甚至直接送到上兰村，即太原市自来水厂的水源地。

1991 年 5 月 17 日，省委书记王茂林在省委会议厅主持召开有省五大班子领导（含省纪检委）和有关人员参加的会议，听取引滹入并和“引黄入晋”的情况汇报。会议指出，解决太原市的供水问题已刻不容缓，兴建汾河二库和引滹入并的南庄调水两项工程都不能放松。会议同时也要求继续做好“引黄入晋”的前期准备工作。但是，此次会议的重点在引滹，这是可以心领神会的。

当时，我们正在紧锣密鼓地筹备引黄工程的预备性开工工作。坦率地说，引滹入并的提出，对引黄工程来说不能不是一种冲击。这还不仅仅是分散精力的问题，如果引滹入并真的切实可行，又何尝不可以作为“引黄入晋”的替代方案？

我个人始终对引滹入并持保留态度，我认为这个方案是经不起深究的。上面说到，看起来它的工程量要比引黄小得多，难度也要小得多，但这只是看起来如此。从定襄南庄到太原的距离也有 100 多公里，中间还要穿越石岭关，一样要筑坝、一样要移民、一样要打隧道。如果按照所引的水量来计算单位成本，肯定比引黄水的成本高。问题的关键还不在此，而在于滹沱河里是不是真的有足够的水可引。

滹沱河的名气不小，是横贯河北省中部的一条主要河流。但在山西境内流域面积尚小，山西北部的雨量也少，所以它的水量并不大。除了洪水季节，大部分时间它袒露的河床里只有涓涓的细流，可以搴裳而过，枯水季节还会断流。

跨省的河流有一个水量分配的问题。1987 年国务院办公厅转发国家计委和水电部《关于黄河可供水量分配方案报告》，分配给山西省的用水量是 43.1 亿立方米。引黄工程设计的引水量是 12 亿立方米，不足可用水量的 1/3。滹沱河也是一条跨省河流，也有一个水量分配的问题。中央分配给山西的水量是 2 亿立方米，这是留给滹沱河流经山西的地区也就是忻州地区使用的。如果把这一点水引到太原来，忻州地区怎么办呢？岂不是拆东墙补西墙？

那么，可不可以不管分配的水量，尽量把所有的水都留下呢？

那是绝对不行的。滹沱河流入河北界内后有两个相连的大水库，叫岗南水库和黄壁庄水库，石家庄市工农业用水和城市居民生活用水靠的就是这两个水库。割断了这两个水库的水源，等于断了石家庄市的生路，这怎么可以呢？问题还不仅仅是石家庄，下游还有众多的市县和农村。如果减少了子牙河的水量，天津的用水形势也会雪上加霜。

水量的分配是一个十分严肃的问题，处理不当可以引起十分严重的社会问题，历史上因为争水而引起械斗的事是屡见不鲜的。争水如果发生在国与国之间，那就是战争。山西的老人大都知道，洪洞县广胜寺下有一处流量很大的泉水，滋养着洪洞、赵城两个县（后来赵城并入了洪洞）许多村庄的土地。由于没有分配水量，两地的人们经常为了争水而打得头破血流。后来有一位地方官在泉水的出口处修了一条渠道，在渠道中立了 9 个石墩，把流经渠道的泉水分做了 10 份，根据两地距离泉水源头的远近和用水的多寡，让 7 份流向洪洞，3 份流向赵城，人以为平，从此两地相安无事。"分三分七"也成为一段流传甚广的佳话。著名的晋祠难老泉旁有一副对联："溉汾西千顷田，三分南，七分北，浩浩同流数十里，淆之不浊；出瓮山一片石，冷于夏，温于冬，冽冽有本亿万年，与世长清。"看来这种三七分流的办法还曾经得到推广。

村与村之间尚且要谨慎处置，省与省之间岂可鲁莽从事！有一件事给了我重要的启发。沁河是山西省东南部的一条大河，也是黄河的一条重要支流。它发源于山西沁源县，流经安泽、沁水、阳城、晋城等县，到河南省的沁阳县注入黄河。山西省东南部的雨量较大，沁河的水量也大，年平均有 15 亿立方米。中央的分配方案是“七上八下”，也就是山西用 7 亿立方米，河南用 8 亿立方米。其实山西远远没有用够这个数量。沁河从晋城流出省境的地方叫拴驴泉，由于山西是个高高耸起的台地，沁河从这里冲下太行山，落差很大，水势很猛，我们便在这里修建了一座中型水电站，正好缓解当地电力紧缺的矛盾。没有想到的是，下面的人不答应了。在电站修建的过程中，不断有人上来寻衅，阻挠施工。我们一再努力，希望通过各级政府协调解决，都不能奏效，官司最后一直打到了民政部和水电部。官司是我们赢了，但得罪了邻居。事情了结后，我们想请对方一起吃一顿饭，缓和一下关系，联络一下情感，但对方硬是不给面子，没有来。这还只是用了一下水势，流过水轮机的水还是照样流下山去了，尚且如此，如果把分配给下游的水拦截下来，那还了得?

这件事使我明白，涉及邻省的事一定要十分谨慎，一定要抱着与邻为善、与邻为伴的态度，互相合作，共求发展。当时我立即想到了万家寨，想到了内蒙古。内蒙古和山西一样，也是一个不发达地区，又是一个少数民族地区，还是一个边疆地区，更需要照顾对方的利益、尊重对方的意见。万家寨这样的跨省区工程，如果没有内蒙古的全力支持，是肯定不可能成功的。

在引滹入并这件事上，在政府方面工作的人与我有相同看法的并不少。因此，这一设想尽管提上了议事日程，由于并不成熟，实行起来有很大的困难，也很难得到上级的支持。

一次我向钱正英汇报工作时谈到了引滹入并，她皱了皱眉头，说了两个字：“胡闹！”就再也不提这件事了。

1992 年，胡富国从北京回来任山西省省长，他听了这件事的经过后没有说话，但看得出心里有了主意。他是一个有眼光的人，而且反应敏锐，很快就能知道一件事可行不可行、关键在哪里。显然，因为省委常委会讨论过这件事而且有态度，在省里解决就有可能引起争议，引起波折。同年 10 月，邹家华副总理听取山西经济工作发展思路的汇报，胡富国在汇报时顺便提到了关于引滹的设想和它的利弊，邹家华未置可否，没有把它列为需要研究的议题，这件事也就从此放下了。

## 一个神话般的插曲

再来说一说“引黄入晋”的引申方案。最早的引申方案是引黄入晋济京方案。也就是说，把引到山西的水分出一部分来送往北京，以缓解北京用水紧张的状况。早在 1958 年，山西省委第一书记陶鲁笳和北京市委第二书记刘仁就有过这样的想法，作为一个方案则是水电部钱正英部长提出来的。1983 年 2 月，由钱正英部长主持，水电部在北京召开了万家寨引黄入晋济京工程座谈会，水电部领导李鹗鼎、苏哲文、冯寅，山西省水利厅、河北省水利厅、北京市水利局等单位的代表共 54 人参加了会议。会议根据 20 世纪 50 年代以来的工作成果，确定选用万家寨高坝方案，水库正常蓄水位 980 米左右，按混凝土重力坝坝型进行枢纽工程布置。供水线路由万家寨水库扬水至山西雁北地区，一路分流入汾河水库到太原；一路分流入册田水库，经桑干河、永定河到北京。

同年 6 月 26 日到 7 月 5 日，水电部和山西省政府又在太原联合召开引黄入晋济京工程选线会议，省部领导和各方面的专家共 91 人参加了会议。会议对具体的输水线路、隧道、泵站站址、输水规模、蓄清排浑、防冻、防渗漏、防泥沙淤积的措施等等都进行了详细的研究，并得出了相应的结论。

这两次会议研究的济京方案后来虽然没有实施，但会议所取得的研究成果实际上确定了“引黄入晋”工程的轮廓和各个重要方面。对于引黄工程来说，这两次会议是具有重要意义的。

到了 1985 年，在研究召开第二次水资源对策会的时候，钱正英部长提出，“引黄入晋”今后不要再提济京了。其中的原因，据我的理解，一方面是因为工程的规模过大，需要的投资过多，给立项造成了困难；但更重要的应该是因为引黄济京并不能从根本上解决首都水资源紧缺的问题。当时已经在规划南水北调，准备通过中线和东线为北京调来丰沛的长江水。

如果说引黄入晋济京是一个现实的引申方案，那么朔天运河就是一个充满幻想色彩的引申方案。

20 世纪 80 年代末，我们不断接到信件和电话，要求搞朔天运河。1990 年 5 月，从北京来了十几个人，带队的是几位退下来的没有水利工作背景的老同志，他们是专门为考察朔天运河来的。我们请水利等方面的一批专家与他们进行了座谈，认真听取了他们的意见，并就一些重要问题与他们一起进行了研究。

他们所说的朔天运河，大意是要在万家寨筑超高坝，使水位达到 1010 米高程以上，向东经隧道输水到朔县，然后经桑干河、永定河流向北京，至天津入海。运河全长 585 公里，年引水 60 亿立方米左右，从北京到朔县可航行万吨轮船。

这真是一个大胆的设想！这样的设想令我们的专家始而大吃一惊，继而啼笑皆非。

专家们再三说明这个设想是不现实的，技术上不可行，经济上也不合算，劝他们打消这样的念头。他们却固执己见，认为专家们过于保守。他们还说，这样的设想并不是他们自己凭空想出来的，早在 1958 年毛主席就说过这样的意思。

原来，在 1958 年 3 月成都会议期间是说到过运河。陶鲁笳汇报说，我们和北京商量，准备引黄河水，最大引水流量为 200 立方米 / 秒（现在引黄设计的最大引水流量是 48 立方米 / 秒），100 立方米 / 秒的流量流入汾河，100 立方米 / 秒的流量经桑干河流入官厅水库。毛泽东听后说："你们的设想算什么雄心大志，不过是继承古人的遗志而已。你们查查班固《汉书 · 沟洫志》，汉武帝时就有一个人建议从包头附近引黄入燕，东注之海。"他扭过头来对刘仁说："引黄入燕，燕就是你们北京。可以设想，把桑干河修成一条运河，使轮船可以开到京师；也可以设想，把山西的汾河也变成一条运河；还可以设想，用黄河的水在内蒙古改造沙漠，那才叫雄心壮志呢！”接着，毛泽东又问陶鲁笳：“你们山西有个闻喜县，你知道为什么叫闻喜吗？”陶鲁笳回答说不知道。毛泽东说：“当年汉武帝乘龙舟到了这里，正好传来在越南打了大胜仗的捷报，汉武帝就给这个地方改名闻喜。汉武帝能在汾河上坐龙舟，可见当时汾河的水量很大。现在汾河水干了，我们愧对晋民啊！”

这是一段著名的对话，在山西流传甚广。成都会议是给“大跃进”鼓劲的会议，毛泽东说陶鲁笳他们引 200 立方米 / 秒流量的黄河水算不了什么雄心壮志，也有给他们鼓劲的意思。但同时也应该看到，毛泽东的这番话是指点江山、说古道今的即兴之作，并不是在作什么指示，更不是在安排工作。这时的毛泽东显示出来更多的是诗人的气质。如果真按着字眼一板一眼地去理解，那就是刻舟求剑、胶柱鼓瑟了。

但是，这些老同志听不进我们的意见。据我们了解，他们回到北京后还在为这件事在各个部委间奔走和活动，这使我们很担心。上一次张文佑先生关于山西富有中深层地下水的意见给我们的教训太深刻了。这时候引黄立项已经到了关键的时刻，我们生怕因为这件事再生出什么枝节来。

于是，我便根据许四复、刘锡田等专家的意见，以我的名义给时任水利部部长的杨振怀写了一封信，说明我们对所谓朔天运河的看法和意见。信中明确表示朔天运河的设想是不成立的——按照这个设想，大坝要达到 1010 米高程，这是办不到的，980 米已经是一个极限。内蒙古方面长期以来始终不同意 980 米，要求降为 975 米。因为每升高 1 米就意味着淹没区的成倍增加，这是内蒙古所难以承受的。运河要通航万吨轮，需要引多少黄河水？他们的说法是引水流量为 60 立方米 / 秒，这个流量够吗？黄河里有这么多的水可引吗？雁北高原是高寒地区，每年有 5 个多月的封冻期，将会有大量的泥沙淤塞在隧道和河床里，如何清除？运河的线路经过平朔煤田的采空区，在采空区里怎么开凿隧道？雁北地区有将近250万亩下湿盐碱地，运河要求宽100米、水深9米，势必加重这一地区盐碱化的程度，严重影响生态环境。如此等等。信中还特别指出，目前万家寨引黄工程已经具备评估立项的条件，不希望朔天运河之类的设想带来干扰。

这以后，朔天运河的活动稍稍平静了一些，但仍时有所闻。后来，有一些人开始借朔天运河之名搞集资、借贷等活动，具有诈骗的性质。1996年5月17日，国家计委、水利部、交通部联合举行新闻发布会，指出所谓朔天运河在技术、经济等方面均不现实，没有可行性；同时还传达了国务院领导同志的批示：借朔天运河名义借贷、集资者，完全是招摇撞骗，应严肃查处。

朔天运河之说这才偃旗息鼓。

◇ 第五章

# 借力打力的秘密

征收水资源补偿费终于从最初的一个方向，变成了切实可行的办法，而且终于付诸实施。现在看起来，这似乎是一件很简单的事。但在当时，在严格集中管制的计划经济体制还没有突破的情况下，这是一道真正的难题。

## 附加费是养命钱

天下办任何事最怕没有主动性。自己手里没钱，靠要钱来办事，那就永远没有主动权。

立项难，一个深层次的原因是没有钱，国家一时拿不出那么一大笔投资。如果资金有了着落，立项也就不会那么困难了；从另一个方面说，如果工程立了项，也可以为筹资打通渠道。不妨说这是一件事情的两个方面，在实际工作中是同时推进的，现在分开来谈是为了叙述的方便。

筹资难，因为工程太大了，所需的资金量也实在太大了。引黄工程由万家寨水利枢纽、总干线、南干线、北干线等 4 个部分组成，从黄河引水 48 立方米 / 秒，年引水总量 12 亿立方米，其中向太原供水 6.4 亿立方米，向朔州、大同供水 5.6 亿立方米。枢纽建一座 105 米的混凝土重力坝，库容 8.96 亿立方米。坝后建一调峰电站，主要建筑物有：隧洞 192 公里；埋涵 101 公里；渡槽 39 座；倒虹 6 座；扬水站 5 级 6 座，总扬程 648 米，等于要把一条河从峡谷里举到半天上；调节水库 4 座，总库容 2.87 亿立方米。

工程不仅规模大，而且难度也大：314 公里的输水线路，隧洞和埋涵就占了 293 公里；最长的南干 7 号隧洞长 42.57 公里，比英吉利海峡的海底铁道还长 7.5 公里；隧洞要在地质条件十分复杂的山区开凿，又是输水的，水又是无孔不入的，工程的难度可见一斑。

这样一个又大又难的工程究竟需要用多少钱？开始时大家心里都没有底。后来经过设计人员反复测算，经历了预可行性研究、初步设计等几个阶段，到 1995 年，初设报告确定的概算是：枢纽工程动态投资 39.5 亿元，按照协议山西省应分摊投资 14 亿元；引黄工程动态投资 106 亿元。两项合计，山西省共需投资 120 亿元。

对于山西来说，这简直是一个天文数字！20 世纪 80 年代末，山西的财政很困难，预算内的收入一年总共只有 30 多亿元，省里可以动用的只有 10 多亿元，除了人头费后也就所剩无几了，拿什么来搞这么大的工程呢？算起账来真觉得有点异想天开。

答案倒是现成的：只能依靠国家投资。理由也是充分的：在我国，大型的水利设施从来就是由国家投资的。引黄工程是为了适应国家能源重化工基地建设的需要而兴建的，不仅为了山西，也是为了全国，由国家投资理所当然。退一步说，也应该是"国家拿大头，山西拿小头"。

还要补充一个情况。我们习惯于称枢纽为"龙头"，称引水线路为"龙身"，用"龙"来比喻引黄工程，显然还缺一个部分："龙尾"。"龙尾"同样是重要的。只有通过管网把水送进千家万户，一打开水龙头，黄河水就能流出来，引黄工程这才算大功告成。缺了这段"龙尾"就不是一条活龙。但是，当时的方案并没有把"龙尾"包括在内，南干线以 7 号洞在宁武县头马营的出口为终点，水从这里流进汾河，就算告一段落。实际上，从头马营到汾河水库还有 81 公里；除此之外，太原市还需要新建水厂、改造管网，要做的事还很多。为什么不一起做完呢？还是因为钱。总投资已经累计 120 亿元了，不能再加了。

后来的事实说明，全部指望国家投资是不现实的。原来还说引黄济青（青岛）工程结束后，把投向那里的每年若干亿元拿过来支持"引黄入晋"；后来张文佑教授关于山西地下水资源丰富的见解经新华社以通稿的形式发出后，造成很大影响，这笔款项也没有了。我们不得不另想出路。

筹备水资源短缺对策讨论会的时候，《人民日报》记者陈建等人曾到山西考察水资源的情况，他们在文章中对山西煤和水的关系作了很好的概括："山西之长在于煤，山西之短在于水"，"以煤补水，天经地义"。这几句话，可以说为筹资打开了一条新的思路。

没过多久，我到北京开会，住在景山西街山西驻京办事处，与新华社记者冯东书有过一次交谈，这次交谈使我的思路更加清晰了。

冯东书是一位资深记者，在新华社山西分社就工作了20多年。他几乎跑遍了山西大部分县，对山西的省情、民情有细致的了解，对水资源紧缺给生产发展和城乡人民生活造成的影响尤其有深刻的体会，他是"引黄入晋"工程最坚定的宣传者和支持者。关于引黄工程，他先后写过《为了山西，也是为了全国》《改革带来了引黄，引黄离不开改革》等6篇文章。这些文章有很强的说服力，发表后在省内外产生了广泛的影响。文章的一些观点，例如引黄工程是"为了山西，也是为了全国"，一下把这个省办工程提高到"是为全国需要办"的国家级工程的位置上，曾多次为国务院领导同志所引用。

冯东书有胆有识，目光敏锐，善于抓住事物的本质，而且快人快语，从不吞吞吐吐。当我说起筹资的困难时，他立刻说：

"筹资的事我给出个主意！要钱要有个说法，有个叫人心服的道理。这个道理很简单，叫'煤水挂钩，以煤补水'。挖煤用水那么多，还破坏了水资源，水流走了，污染了，所以就应该有补偿。挖一吨煤，出一块钱，名称也是现成的，就叫水利建设基金（后来叫水资源补偿费）。你不是要煤吗？那好，拿钱来，把挖煤损失的水资源补起来！道理就这么简单！越是简单的道理越能说服人，真理从来就是简单的！"

这个道理确实能够说服人，因为我自己立刻就被说服了。在筹资这件事上，我心里一直是茫然的，现在一下子有了豁然开朗的感觉。

他又接着说："山西一年挖多少煤？你算一算，数目是很可观的。而且这不是一次性的，年年挖煤，年年都有钱，这笔钱就专门用来引水。如果有人不愿意这么办，你就告诉他，这是关系到大家共同利益的事，如果不这样干，你等着吧，用不了太久，等到水用完了，大家一起搬家吧！钱正英早就对你们山西的领导说过：‘不把黄河水引进来，你们的省会迟早要搬家。这不是危言耸听！’要不，那就大家一起完蛋！只要省委、省政府下了决心，以后不用国家掏钱了，国务院就有可能批准这条办法。”

以煤补水原来只是一个思路，经冯东书这么一剖析，变成了一个可操作的方案。但是，这是改革开放开始阶段的一个新突破，真要付诸实施，未必那么简单。有人们的认识问题，也有一些实际问题需要进一步论证，例如采煤对水资源造成的影响究竟达到何种程度，这是需要用事实和数据来说话的。开征一种费用是一个利益调整的问题，既涉及企业也涉及部门，既涉及生产者也涉及用户，是需要十分慎重的。那时还在计划经济管理体制的轨道上走，此事要层层上报批准，上面是否能取得一致，下面煤炭企业是否能给予支持，也都是问题。这不是省里决定一下就行的，要有国家的授权。国家物价局、煤炭部等部门持什么态度，国务院能否批准，我们心里都没有底。

在北京的时候，我先后找了钱正英和杜润生。他们听了这个方案后，都认为可行，建议先要把工作做细，在省内取得一致，然后争取国务院批准。

回到太原后，我第一个找的是白清才。

当时白清才是分管财经、税收的常务副省长，得到他的支持是很重要的，此其一。白清才历来重视水资源紧缺的问题，是引黄工程的坚定支持者，先后担任山西省引黄工程建设领导组长和引黄工程总指挥部总指挥，对引黄工程的艰难有切身体会，此其二。

我向白清才说明来意，果然不出所料，他很高兴，认为这个想法很好，可行。我们又一起去找王森浩，森浩也很高兴。三个人兴致勃勃地谈论了好一会儿，就像久困围城，终于找到了突出重围的办法一样高兴、痛快。商议我先着手做准备工作，省委那面由王森浩去报告。

后来，1987 年 1 月，水资源短缺对策讨论会上，许多老领导和专家就引黄的投资问题提出了很有启发性的思路。

中顾委常委张稼夫在会上说："投资的问题，一是从山西煤炭、能源工业上交国家的利税中来解决，以能源工业促能源发展。二是国家和地方集资办理。山西大型工业是国家重点项目，用水大户也是它们。国家多拿一点，地方少拿一点，多方重视，群策群力，问题就不难解决。"

张光斗教授说："防洪是社会福利，应由国家投资。供水是商品，有成本，有水价，原则上谁用水谁负担。用水要收费，水费要大于成本，以便偿还本息，也利于促进节约用水。目前做不到这一点，只能由国家、地方、各产业部门多方面集资。"从长远看，他的意见有十分重要的意义，是与市场经济的要求相适应的。

国务院发展研究中心常务干事李伯溪说："可以多种渠道集资，国家的，省的，地方的，企业的，乡镇的，农民的都要，而且要设法吸收多方投资，包括外资，政府间的贷款。……大家知道，农村的改革，并没有用国家多少资金，却能带来今天农村的生动局面。改革的政策体系中，应该包括水利的改革政策。"她的话很有深意，主张从改革中想办法，特别是要从水利政策的改革中想办法。也就是说，与其向国家要投资，不如向国家要政策。

最后，根据与会代表的意见，在筹资方面提出了政策建议，主张"多渠道、多层次集资，打破一家办水的格局，提倡多家办水、联合办水和合作办水"。在呈送国务院的报告上，还根据我们的意见写了这句话："把水资源建设列入山西能源重化工基地建设规划，并采取按效益分摊费用或实行单位产品（每一度电或每一吨煤）筹集水资源建设资金。"这一条对解决眼前筹资困难具有可操作性。

此次会议发出的"与其向国家要投资，不如向国家要政策"的声音，有很大影响，在我心中引起了强烈的共鸣。在离石工作时，曾下力气积极推行大包干，大包干给农村带来的巨大变化，我是有深切体会的。这使我进一步意识到，走征收水资源补偿费这步棋，肯定是对了，它符合改革开放的大方向。它的意义也不仅仅局限于为引黄筹资，也是为山西的改革开放施展拳脚，争取更为宽松的政策环境。

于是我们便更加抓紧做各种调研和准备工作。研究结果表明，采煤对水资源造成的破坏比想象的还要严重。这些遍布全省各地的煤矿使整个山西的地下水系遭到了严重的破坏和浪费，导致人畜吃水困难的地方已经累计达到30多个县300多个村庄，涉及人口26万，大牲畜2万多头，有30多万亩水田因此变成了旱地。煤层所含地下水的疏干渗漏还直接导致了雨水、地表水的加速下渗，使得河流的径流量大为减少。采煤排放的污水中含有硫、氰化物、砷、六价铬等物质，所到之处，地下水和地表水都受到污染，从而使得山西有限的净水资源更为紧张。从以上两个方面看，以煤补水有充分的、无可置疑的理由。发电的耗水量也是可观的。从全省范围来看，每发1度电要用水12升。全省的火电装机将近900万千瓦，每年外送电将近800亿度，算一算这笔账，是一个惊人的数字。

至于收取一元钱对煤炭生产与销售可能产生的影响，我们也有一个基本估计。谁用煤，谁出钱，这钱原则上应该在销售环节中解决，从价外收取，对生产不会有多大影响。当时的煤价，市场价远远高于国家的统配价，一吨煤在山西卖几十元，到了华东、上海就要卖几百元，运输和销售环节的收费是煤炭出厂价的数倍，多收一元钱对煤价的影响是微乎其微的。

山西省委和省政府很快下了决心：启动征收水资源补偿费的工作。

在正式行文上报以前，我又去了一趟北京，征求国家物价局局长程致平的意见。我向他说明了情况和省里的意见，他认为可行。他说，电水挂钩也可以考虑，不过还是一件一件来比较妥当。电水挂钩放一放，先搞煤水挂钩。

程致平是山西平遥人，很关心家乡的建设。开征新的费用首先必须得到国家物价局的同意。程致平又曾长期在姚依林副总理身边工作，这些都是我们需要倚重他的地方。

接着，我又去找了国家计委的常务副主任金熙英，他表示会帮助我们向姚依林副总理反映情况。

1988 年 3 月 6 日，山西省人民政府正式向国务院上报了《关于从煤炭中收取水资源补偿费兴建引黄工程的报告》。报告说，引黄工程的前期准备工作已经基本就绪，“关于投资问题，我们的具体意见是：从 1988 年下半年开始，山西省每销售一吨煤（包括省内和省外），向用户收取一元钱的水资源补偿费，每年约可收入亿元，作为万家寨引黄工程建设资金的主要来源，专款专用”。

姚依林在报告上批了一段话：“从长远考虑，解决山西水资源是很必要的。在目前情况下，是否可以考虑先行一步，从万家寨引黄开始，每吨煤加收一元，包括外调的和省内使用的，作为这项工程的基金，请计委议！”

常务副总理的态度是肯定的、明确的，所以计委“议”起来也很痛快。4 月 26 日，国家计委就向国务院并李鹏总理上报了《关于研究山西能源基地建设问题的报告》，报告说：“同意从山西销售的煤炭中（包括山西自用煤）每吨收取一元钱作为解决水资源建设资金。建议收取水资源费的时间定为 10 年。”这么大的工程 10 年怎么完得了？但是，只要开了能征这项费用的口子，就是大好事。报告还提出了水资源的收取办法。

当我们得知这一消息时，兴奋之情溢于言表。国务院批准的通知是 1990 年 4 月由国家物价局下发到省政府和省物价局的，我们已经等不及了，打了个“提前量”，1988 年 6 月 14 日，以山西省人民政府的名义发出了《关于从销售煤炭中收取水资源补偿费的通知》。通知说：“为了缓解山西省水资源紧缺的严峻局面，急需给万家寨引黄工程筹集资金，省政府决定，从今年7月1日起，全省各类煤矿（包括统配矿）销售煤炭暂向用户收取水资源补偿费一元，作为水资源建设专项资金。”

白清才高兴地说：“山西人几千年的梦想总算能够实现了！”他立刻召开会议，研究具体办法。

8月13日，省财政厅、物价局、计委、水利厅以及人民银行、工商银行、农业银行山西分行联合发出了《山西省水资源补偿费征收管理办法》，对征收范围、征收环节、征收办法、解缴办法、管理办法等一一作了具体规定。征收管理办法有几个要点：（1）原煤每吨征收1元，精煤焦炭每吨征收2元；（2）由省税务局按年度煤炭实际产量设立专户予以代收；（3）收取的水资源补偿费统一存入山西省国际信托投资公司引黄工程建设专户，专款专用。

不久，每度电收取0.01元水资源补偿费的办法也开始实行。

尽管有了政策，有了办法，但要每年都把这笔钱足额地收上来，存入工程的专用账户，并不是一件容易的事。当时煤炭年产仅2亿多吨，征收水资源补偿费以后，每年到账的款项都在10亿元左右。这与财政厅、税务局、省信托投资公司和引黄工程管理局的密切配合与不懈努力是分不开的。这里特别要提到原财政厅厅长闫元锁、冯铁健、原崇信；税务局局长张潞生、李思温，副局长巨宪华、郑建国；信托投资公司总经理吴晋安；引黄工程局副局长卫亚林等，他们都为此作出了重要的贡献。

至此，征收水资源补偿费终于从最初的一个意向变成了切实可行的办法，而且终于付诸实施。现在看起来这似乎是一件很简单的事，但在当时，在严格集中管制的计划经济体制还没有突破的情况下，这是一道真正的难题。这道难题的破解，经过了众多专家学者、志士仁人的潜心思考，是智慧和现实碰撞后迸出的火花。也正是由于这道难题的破解，才使得引黄工程终于可以从长期停留在纸面上的困境中走出来，真正开始实施。

## 且南辕且北辙，把路蹚宽

水资源补偿费开征以后，由于资金有了保证，引黄工程的进展很顺利。1993 年 5 月举行奠基典礼后，工程大面积铺开，呈现出热火朝天的景象，经费的支出也就加大加快了，财务上又开始出现捉襟见肘的局面。这时我们又决定将工程的顺序颠倒过来，由先上北干线改为先上南干线。

为什么要改呢？这就又要说到冯东书了。关于引黄，冯东书出过两个主意，一个是关于“水资源补偿费”，上面已经说了，还有一个就是“北干改南干”。他对我说：“你们应该把北干放一放，把第一滴水送太原。”

为什么呢？

他说：“引黄是穷省办的国家工程，必须举全省之力才能完成，现在你们把水往北边一个角落里引，大家看不见、摸不着，怎么动员全省的力量？应该往南引，往主要地区引，往省会城市引，这样才会有声势，有号召力！”

他诡秘地笑了笑，接着说：“国家计委批准先上北干，是当然的，是从国家全局考虑的。大同矿务局、大同电厂和平朔露天煤矿，供应全国的煤和京津唐地区的电，是能源保障，是他们首先要考虑的，所以这是他们的必然选择。说透了吧，往北面引水对缓解山西的水危机作用其实并不大，所以你们应该往南引，往省会城市引，那才是重点。实际上，太原盆地的缺水情况在全省排首位。至于大同，一旦出现水荒，北京会比你们更着急，他们就会想办法！”

他见我沉吟不语，又加重语气说：“太原是省会，那么缺水，像你们现在这种搞法，引黄工程会出大麻烦，到时候太原会吵翻天，会影响全局。真的，不信你可以等着瞧！”

如果说上一次他关于收取水资源补偿费的意见曾经使我豁然开朗，那么，他现在的这番话，我就觉得需要斟酌了。这个问题可不像水资源补偿费那么简单。这里有程序问题，有习惯思维问题，还有其他一些一时说不清的问题。送走他以后，我试着在心里找了许多理由来否定他的意见，或者不如说是来维护现行的做法。但是，我不得不承认，这些理由并不那么有力，甚至不足以说服我自己。而他的意见中似乎有一种磁力，吸引着我，让我无法回避它的合理性，使我最终不得不同意。

引黄的输水线路经过总干线后，在偏关县的下土寨附近分成两路：一路北上，把水送到朔州、大同；一路南下，经偏关、神池、宁武、静乐、娄烦、古交，把水送到太原。北上的叫北干线，南下的叫南干线。枢纽、总干、南干、北干都是引黄的组成部分，是一个整体，是必须全部完成的，但限于经费，不得不分期实施。

当初安排先上北干有当时的具体情况。那时候，国家是把山西当作全国的能源重化工基地来建设的，看得很重。有几个大项目准备放在朔州、大同一带，因此那里的缺水问题也就显得特别紧迫。也可以说，抓紧解决朔州、大同地区的缺水问题是引黄工程得以上马的原因。因此，当时安排先上北干是必然的，别无选择。但现在情况不同了：原来拟议中大同的几个大项目并未全部付诸实施；册田水库改造后，大同地区缺水的状况有所缓解；最重要的是引黄工程原来完全依靠国家投入，现在已经变成了主要依靠山西自行筹资，有了自己的主动权。这样一些重大的变化实际上为重新安排先后顺序提供了可能，解决这个问题的时机已经成熟了。

当然，这么大的问题，不是我一时所能判断衡量清楚的，更不是我所能决定的。问题提交到了省委，放到了胡富国的面前。

这个问题引起了热烈的讨论和争论。这并不令我感到意外，那些不赞成的理由大都是我给自己提出过的。令我有些意外的是胡富国的态度，他没有惊讶，没有犹豫，对这个建议表现出了浓厚的兴趣。他似乎立刻就敏锐地感觉到了这个建议所具有的内在力量，毫不含糊地说："这是一个好主意！"

1992 年 7 月 14 日，我主持召开引黄工程建设领导小组会议，讨论近期的工作重点，包括是先上北干好还是先上南干好。经过热烈的讨论，大家统一了思想，认为册田水库改造完工后，引黄的一期工程可以也应该转向南干，先解决太原的缺水问题。太原是全省政治、经济、文化中心，先搞南干，才便于动员全省的力量。

1993 年 5 月，邹家华副总理、钱正英副主席到大梁水库工地参加引黄工程的奠基典礼，我们分别向两位领导汇报了这一设想，他们也都认为可行。

同年 6 月 2 日，省政府向国家计委报送了《关于万家寨引黄工程调整近期引水重点目标的请示报告》，报告说："由于情况的重大变化，原报批设计任务书一期工程引水到朔州、大同，第二期工程引水到太原的目标次序，需要调整为近期以向太原送水为重点。这样做更能唤起全省人民的关心，调动各行各业支持引黄工程的积极性。调整引黄工程的目标次序和近期重点，不仅是十分重要的，而且从筹资等方面看也是可行的。"

1994 年 5 月 23 日，胡富国书记在山西驻京办事处召开了一次会议，请邹家华副总理主持，听取山西省经济工作的汇报。参加会议的有国务院副秘书长张克智、国家计委副主任叶青、国家经贸委副主任石万鹏，以及财政部、电力部等部委的负责人。山西的人也不少，除了我作为常务副省长作主题汇报外，参加会议的还有副省长纪馨芳、彭致圭，省政府顾问吴俊洲，以及有关部门的负责人。此次会议虽然叫汇报会，却明显带有决策协调会的性质。中心议题是引黄工程，重点是"北干改南干"的问题。

会议得出了一个结论：原则同意以向太原送水为重点的南干线工程，请国家计委在山西省做好前期工作特别是落实建设资金的前提下，抓紧项目立项审批工作，考虑列入全国重点项目。会后，国务院于 5 月 27 日以国阅〔1994〕107 号文件下发了会议纪要。

这次会议后，南干线立项的工作便提上了日程。1994 年 10 月 29 日，中国国际工程咨询公司在太原召开了南干线方案评估会议，评估组 7 位专家与山西省有关部门负责人和工程技术人员一起参加了评估。1995 年 2 月 9 日，咨询公司向国家计委上报了《关于万家寨引黄入晋南干线工程可行性研究报告的评估报告》。报告说：“在修建万家寨水库和引黄入晋总干线的同时，利用总干线分水，兴建引黄入晋南干线工程把黄河水引到太原是必要的，引水规模也是适宜的。”

这一年的 12 月 25 日，由铁道部第三工程局承建的南干线 7 号隧洞进口段正式开工，标志着“北干改南干”进入了实施阶段。

## 打一次“擦边球”

南干线的难度大、线路长，所需的资金也更多，北线改南线后，资金的紧缺问题也就显得更加突出。省政府在上报“北干改南干”的同时，又在 1995 年 2 月 12 日给国务院的报告中提出几个需要解决的资金政策问题，其中提出从 1993 年 7 月 1 日起把原煤的水资源补偿费由过去的 1 元提到 2 元或 3 元；每度电收取 1 分的水资源补偿费等几个问题。

这几个问题后面有一本账。从总干的分岔口到太原的距离比到大同要远得多，南干的隧洞多，其中的 7 号洞长 40 余公里，工程的难度也大得多，因此投资要有较大幅度的增加。先上南干后，按照当时的匡算，一期工程的总投资需要 120 亿元。按照原来水资源补偿费的征收标准，到 1998 年约可征收 25 亿元，资金缺口尚有近 100 亿元。这么大的资金缺口怎么办？首先还是要靠自己。具体说，就是先要靠征收水资源补偿费，然后才能考虑贷款。因为没有一定数量的配套资金就是想贷款也是贷不来的。我们当时设想，如果水资源补偿费能收到 85 亿元左右，我们就主动了。不足的部分可以依靠贷款来解决，将来的还贷压力也在可以承受的范围之内。而要达到 85 亿元左右的规模，据测算，每吨煤需要加收 1~1.5 元，每度电需要收取 1~1.5 分。其实数目都不算大，对用户和企业来说应该是可以承受的。

可是，这份报告如石沉大海，发出去后就一点消息也没有了。

其实这是必然的。这时国家正在加强宏观调控，控制通货膨胀，抑制物价上涨，不许新开收费的口子，不许乱加价。这时候提出加收水资源补偿费真是撞到枪口上了，还有什么比这样的事更加不合时宜的呢？

胡富国当了中共山西省委书记后，新省长孙文盛到任，一来就碰到了这么一个必须解决而又难以解决的矛盾，压力很大。胡富国这时也犯了难，没辙了。他说："尽管我们这个工程是山西人民的生命工程，是一个事关发展、完善、巩固山西能源基地，支援全国经济发展的重大工程，但与全国控制物价、维护稳定的大局相比，毕竟还是一个局部问题呀！"没办法，只好放一放再说。

这样，一放就放到了1994年。这时，宏观调控还是没有一点放松的迹象。但工程已经不能再等了。我们真是急得团团转，用热锅上的蚂蚁来形容，一点也不过分。

胡富国安慰我说："老兄，你别急！实在不行，我挨家挨户去向老百姓磕头借钱，等引来水，咱们再还他！"

他说得很认真，不是开玩笑。开始修太（原）旧（关）高速公路的时候就向干部群众借过一次钱，尽管引起一些非议，但路还是修通了，把山西的大门打开了，把改革的大门打开了，终于冲出了娘子关。钱后来一分不少地还给了大家。

老胡的认真和执着令人感动，但我寻思，这种没有办法的办法毕竟不能多用，只能用一次，不能一而再。现在是火烧眉毛的时候，要赶快想出一个两全其美的办法来，既不违背政策又能筹集资金。

我们四处求贤问策。物价局直接从事能源价格管理的同志了解的情况很多、很透彻。他们说，由于煤炭、电力市场发育不全，流通秩序混乱，部门之间工作不协调，管理不善、监管不力，利益流失和价值转移的问题比较突出，生产企业没有得到实惠，经济建设资金积累不起来，相当一部分钱在中间环节就蒸发掉了，进了部门和个人的口袋。他们认为，如果下决心加以整顿，从整顿出来的费用中提取水资源补偿费是没有什么问题的。电力这一块，可以利用燃煤运力加价的机会，在年初安排山西电网1993年燃煤加价及电价改革方案时每度电先加0.5分，从销售收入中提取。

于是，一个新的思路便形成了：从整顿煤电销售环节中乱收费的现象着手，找出增收水资源补偿费的边际办法。这样做既不违背中央宏观调控的精神，也不会加重企业或用户的负担。

有了这个想法，我私下里征求了多年主管煤电工业的资深副省长闫武宏的意见，他听后认真思索了一会儿，说："这个办法实际，能够行得通！"听了他的这句简洁而有力的话，我心里有了底。

胡富国、孙文盛听了我们的设想后，也都觉得是一条出路。为了掌握更精确的情况，我们让物价局派人员调查。该局能源处处长武晨阳带领一批熟悉情况的同志下去作了深入调查，发现山西省一些地方对用电乱加价的情况很严重，低的每度电0.005~0.03元，高的达到0.1元。煤炭销售中间环节的经营利润过大，收费高的每吨煤超过20元。

1994年12月，山西省物价局分别与山西省电力局、山西省煤炭工业厅联合下发了度电、吨煤收取水资源补偿费的通知。

关于煤炭，晋价重字〔1994〕208号文说："自1992年煤炭销售价格放开以来，山西省煤炭工业的整体效益有了提高，煤炭企业的困难有所缓解，但同时也出现了新的问题，特别是煤炭经营秩序混乱，流通费用过高，大大超过了省规定的经营费率，其中除了正常、合理的煤炭运输经营费用外，相当一部分是发煤站以及发煤站代社会各部门的收费，项目达40多种，金额2～20元不等，严重影响山西省煤炭工业发展的后劲。为此，根据1994年12月5日省委常委会议精神，经省政府批准，由省物价局、煤炭工业厅、省纠风办等共同对煤炭中间环节费用进行整顿，取缔对煤炭的各种乱收费，重新核定经营费率。整顿后核减的中间环节经营费用，大部分返还煤矿，提出1元用于提高山西省煤炭水资源补偿费。”

我们在考虑以煤补水、以电补水的同时也考虑到了以水补水的问题。1994年2月22日，省物价局、财政厅、建设厅联合印发了《关于调整太原等6城市自来水价格并适当对职工补贴的通知》。通知规定，太原等6市平均水价由现行每吨0.467元逐步提到1.012元。根据不同的资源条件，各个城市采用不同的提价幅度，从供水企业的提价收入中拿出1元作为引黄建设专项基金。

需要说明的是，自来水提价收入中拿出来的引黄基金从绝对数量上说是十分有限的。我们的着眼点并不在钱的多少，而在于今后的水价，在于今后推动节约用水工作。作为一种紧缺资源，低水价是难以持久的，水价的改革是必然的，但同时也必须是渐进的。这次提价，不妨把它看作是水价改革和水资源市场化的起点。

关于煤电增收水资源补偿费的两个通知发出后，新办法在省内就算正式出台了。如果说上一次打了一个“提前量”，那么这一次也许可以算作打了一个“擦边球”。听说南方那些比较开放的省市常常打“擦边球”，我们偶尔打一个，也没有什么不可以的吧？这样做，与胡富国的个性及施政胆识是分不开的。

不过，这时正在全国范围内开展反对“乱摊派”“乱收费”“乱罚款”的“反三乱”活动，没过多久，1995年1月16日，国家计委价格管理司就打电话到省物价局询问来了：

“你们那里搞了一个征收水资源补偿费的新办法，有这么回事吗？”

“是的。”

“你们不知道国家不允许出台新的收费办法吗？”

“……”

“你们这样做是不行的，是要通报的！”

省物价局的同志赶紧解释，我们是在整顿煤电中间环节乱收费、乱加价的基础上搞的，但对方不认可。省物价局只好退一步，请求暂时不要作通报或停止执行之类的处理。

看来这个“球”究竟是算“擦边”，还是干脆算“出界”，还不一定呢！

省物价局的同志向我反映情况后，我感到情况严重，立即安排省计委、物价局和引黄工程管理局的同志专程赴京汇报。

1月中下旬，正是快过春节的时候，我说：“大家要辛苦了！过年事小，引黄事大！你们能够做到把引黄的资金保住，那就是为咱山西立了大功了，那就是你们积了大德了，山西人自然就不会忘记你们！依我看，哪怕误了过年都值！”

大家听后都笑了。

1月22日，汇报团一行人精神饱满地乘车去了北京。

国家计委价格管理司能源处处长韩惠芳听了我们的汇报后说：“山西出台这项政策是明显的犯规行为，应该暂缓执行。不过，引黄工程不仅是山西的大工程，也是全国的大工程，应该支持，但是要按程序报批。”

这个“不过”太重要了，真是峰回路转。国务院有关单位的许多同志都认为这是穷山西在勒紧自己的裤腰带花钱给国家扛大工程，所以很同情。韩惠芳处长就是其中的一个，她是真诚支持引黄工程的，但作为一个掌管价格政策的官员，话都要说到。接着，她又给出了个主意，建议以省委书记、省长等主要领导的名义给邹家华副总理打报告。她说：“这样可能比较快。”

我感到这个建议太好了。2月18日，我便先给邹家华副总理写了一封信，信中说：“为了筹措资金，我们已对煤炭销售和国家目录电价以外的乱收费、乱加价进行认真整顿，整顿出的不合理费用绝大部分返还给煤矿和电力部门，仅从吨煤中拿出1元和度电中拿出1.5分集中用于建设万家寨水利枢纽和引黄工程，以缓解工程建设投资高峰期资金短缺和世界银行贷款的配套资金的压力。上述措施山西省有关部门已向国家物价局作了专题汇报，得到理解。请您阅示！”

邹家华副总理阅后加了一段批语：“请计委领导同志阅，并予支持！万家寨引黄工程不仅对山西十分重要，对国家也十分重要。请水利、电力部领导亦阅，并予支持！”

胡富国又以他的名义给邹家华副总理写了一封转呈李鹏总理的信。信中说：

“我回到山西以后，深深感到了党中央、国务院对革命老区山西的亲切关怀和大力支持。特别是你们对保证山西能源基地建设的引黄工程的重视和关心，使全省人民十分感动，从城市工矿到广大农村，到处都传诵着‘人民总理爱人民’的赞誉。……由于1988年在李鹏总理亲自关怀下，批准山西出台了煤水挂钩，收取吨煤1元钱的水资源补偿费，到目前共已收取和用于工程的款项已达12亿元，使工程的投资有了一个稳定的资金来源。”

经过这么一大段铺垫以后，引出了下面的正文：

“由于工程浩大，工期紧迫，所筹资金还远远不能满足工程和工期的需要。为了不辜负总理的期望与要求，不辜负全省人民的重托，确保全国的煤电能源的有效供应，如期实现1998年通水到太原的目标，我们经过上下磋商，反复运筹，感到解决资金问题的出路仍然只能是在以水保电保煤、以煤以电促水上想办法。为此，下决心整顿了省内电价收费过程中的乱加价和煤炭流通领域中的不合理收费，在减轻企业和用户负担的基础上，从中拿出部分为引黄工程筹集建设资金。山西省有关部门已向国家计委作了专题汇报，得到了理解，认为这个办法集小钱办大事，是可行的，表示支持。此事我们正在按程序报批中。”

正题讲完了，下面话锋一转，是热情邀请：“全省人民热切地期待着李总理的到来，同时也热切地盼望着邹副总理能同来指导工作，并去引黄工程视察！”

邹家华副总理在这封信上的批语是：“请李鹏总理阅示。山西的办法是在整顿秩序、不增加用户负担的基础上产生的，所以一方面有利于解决万家寨工程资金的筹集，另一方面也不致有大的影响。”在请总理阅示的同时，邹家华自己已经亮明了态度：我支持山西的做法！

邹家华对引黄的支持真是没得说！

两封信发出以后，我们还是放心不下。我和胡富国、孙文盛商量后，又带着省物价局局长侯殿龙等人上了北京。

3 月 4 日，我们邀请国家计委副主任马凯到山西驻京办事处座谈。马凯说了 4 点意见：“（1）对山西的工作，对万家寨的工作，确实应该全力支持。你们领导班子为人民办实事，大家都很感动，都很支持，特别是家华同志很支持。（2）吨煤加价 1 元，问题不大，只要能加出去，因为煤价已放开。（3）电价的管理权在中央，每次电价调整都是国务院批的。各省集资都从价格上想办法。你们整顿乱加价是正确的，但严格执行电价政策也是应该的。一方面整顿乱加价，另一方面又加价，不能把这两件事放在一起。（4）请物价局和能源处一起再算算账，话说清楚，按正常程序报国务院。”

按照马凯的要求，3 月 7 日，省物价局局长侯殿龙等向价格管理司吕忆环司长和能源处韩惠芳处长汇报了一上午，中午给马凯扼要汇报了半小时。我又去找了国家计委另一位副主任叶青，向他说明原委，他表示理解和支持。3 月 10 日，《山西省人民政府关于通过煤电收取水资源补偿费的请示》报到了国务院和邹家华副总理那里。

3 月 20 日，叶青在上面所说的那份请示的副本上给马凯批了一段话：“17 日上午 10 点半，家华同志听取山西胡富国、孙文盛汇报时，我参加了。会上有件事，家华让我们协调，即报告中所说的万家寨集资问题。已在省内通过整顿中间环节把其中一部分钱作为水资源补偿费，请您审定。”

马凯接着批了一句：“请价格司研究，提出意见，待国务院交办后，即报国务院审定。”

在价格管理司转了一个圈，问题又回到了能源处。

当时办事的制约环节多，那种体制好像不是办事，而是在考验着每一个办事人的意志力。报纸上常说有转着圈盖了一二百个公章的，一着不慎就会出事，甚至前功尽弃。

我交代侯殿龙说，在能源处拿意见期间千万不能掉以轻心，要了解情况，免得出岔子。

3 月 7 日，侯殿龙派了两个同志到北京，了解到能源处已经拟文，意见是同意山西收取水资源补偿费，不过要等到下半年再出台。

为什么一定要等到下半年呢？ 4 月 5 日，吕忆环在听取省物价局、煤炭厅关于煤电提价的汇报时对此有解释。他说，山西收取水资源补偿费有“三利两弊”。“三利”，也就是三个有利条件：一是水资源短缺是因为煤炭开采、火力发电造成的，从煤电上收费有合理性；二是水资源补偿费是在整顿的基础上收的，这个思路很好；三是邹家华副总理有倾向性批示，这一条很重要。“两弊”，也就是两个不利条件：一是权限不在地方；二是中央明确规定今年上半年不准出台新的提价项目。权衡利弊，最好能在国家今年一般不出台提价项目和领导批示支持中间找出一条解决的路子，那就是下半年再出台！

真是用心良苦！他们身处夹缝之中只能用折中的办法。

4 月 10 日，李鹏总理到山西视察，在晋祠宾馆听取了关于引黄的汇报。他再一次对引黄表示支持。关于资金筹措、工程规模等问题，他要求随同考察的国家计委主任陈锦华、水利部部长钮茂生听一听山西的专题汇报，一起研究一下。

当天晚上陈锦华和钮茂生就听了我们的汇报。陈锦华认为，通过整顿乱收费增收水资源补偿费是可以的，但要保证确实做到不影响物价指数，要求我们再仔细算算账。

我们当即组织物价局、统计局、引黄工程管理局的同志算账，并准备材料，给了他们 10 天的时间。

4 月 20 日，所有材料都已齐备，我便带着这一队人马上京汇报。

临行前胡富国对我说："这一下总该可以了吧？"

我说："恐怕还是不能高兴得太早。"我也被这种"太极拳"打怕了。

陈锦华听了我们的汇报，认为我们的账算得很清楚，他的态度很明朗。但不知哪里又出了岔子，事情还是耽搁了一阵子。

光阴荏苒，1995 年的上半年已经过去了，转眼到了秋天。8 月 6 日，孙文盛和我又联名给邹家华副总理写了一封信，不好意思再单说这件事了，说了两件。一件是说南干线的可行性研究报告去年 10 月已经由中国国际工程咨询公司评估并报国家计委，希望国家计委尽快批复。另一件是水资源补偿费吨煤增收 1 元、度电增收 1.5 分这件事，希望计委明确表态。

邹家华立即批给了陈锦华："锦华同志：已向总理报告过，可以据此办理！"

他又给胡富国打电话，说："你们可以先执行，以后再正式批复。"

这才算尘埃落定。又过了一年多，批文才正式下达。好在我们早就开始先执行了，没有影响工程的进度。从这件事折射出，中国要使经济发展更快，实在还要加大体制改革的力度。

回过头来看，整个审批过程是一场持久战，是一场消耗战。有时候我想，如果一切都需要计入成本，也许就不会有这样的事了吧？

煤的水资源补偿费后来还有过一点变动。1996 年 5 月，煤炭部部长王森浩视察引黄工程。他了解到，工程正处于投资高峰期，枢纽工程内蒙古分摊的部分难以到位，汾河二库开工也急着用钱，现有的资金显然难以支撑这样的投资强度。这时他沉思了。他原来是山西省省长，引黄工程是他亲自抓过的，引黄有了困难，他不能袖手旁观；但他现在是煤炭部部长，要从煤炭里挤出油水来，他自然也心疼。真是手心手背都是肉！最终他还是以煤炭部部长的身份提了一个意见：山西境内的统配煤每吨再增收 0.5 元。他说，统配矿的负担较轻，煤炭价格也已放开，增收 0.5 元水资源补偿费是可以承受的。1996 年 7 月 12 日，省委常委会研究引黄工程时，采纳了煤炭部主动提出的建议，并形成决议。这样，统配矿生产的原煤就由 2 元调整为 2.5 元，洗煤由 3 元调整为 3.5 元，焦炭由 4 元调整为 4.5 元。经过这一变动，算总账，我们一年就有 9 亿多元的资金投入工程了，如果要靠中央拨款，绝对不会一年给那么多钱，那就会把引黄工程搞成拖拖拉拉的“胡子工程”了。

◇ 第六章

# 豁出去了

老胡又激动起来了。他提高了嗓门说："去年我曾经讲过，即使卖掉省委办公大楼，也要把太（原）旧（关）路建成；现在我要说，即使把全部家当卖掉，也要把黄河水引进来，因为生命比什么都重要！""坚冰已经打破，航道已经开通，加足马力，全速前进的时刻已经到了！"

## 节骨眼上立下"军令状"

增收水资源补偿费的事有了着落以后，手里有了长流水的建设投资，大家心里不慌了，胡富国就起心要开一个引黄的誓师大会。他认为，开会的时机现在已经成熟。第一，太（原）旧（关）高速公路（山西第一条高速公路，通河北石家庄）已经闯过了难关，胜利在望，不怕再出什么问题，省委和省政府可以腾出手来集中力量抓引黄了。第二，引黄工程最大的拦路虎是资金，现在这个问题已经基本解决，增收水资源补偿费的事落实了，引进世界银行贷款的工作也已经开始。第三，工程已经全面铺开，到大干快上的时候了。他说，开会就要开在节骨眼上，开在节骨眼上才最有效。就像劈柴都堆到一起了，都晒干了，这时擦一根火柴，火焰轰的一声就升起来了。大家同意他的意见。

开会的日期定在 1995 年 8 月 12 日，这一天离开邹家华副总理 8 月 6 日打电话通知"你们先执行"只有短短的几天。

为什么这么急？因为对山西来说，8 月 12 日是个特别有意义的日子，是个好日子。1994 年 8 月 12 日，在湖滨会堂召开了加快建设太（原）旧（关）高速公路誓师动员大会。那次大会"有效地统一了思想，极大地鼓舞了干劲，掀起了建设太（原）旧（关）高速公路的热潮，出现了突飞猛进、日新月异的喜人局面”。一年后的今天召开同样性质的大会，自然也想达到同样的效果。

这次大会也是在湖滨会堂召开的，拥有几千个座位的会堂座无虚席。国家计委和水利部都派代表到会表示热烈祝贺。省委、省人大、省政府、省政协、省纪检委的领导成员，原省级老同志、省直各部门副处级以上干部和退下来的正厅级干部、国有重点煤矿负责人参加了大会，各地、市、县负责人在各地分会场参加了会议。这是一次盛况空前的大会。

先由我介绍了引黄工程的情况。接着省长孙文盛作了动员报告。最后，省委书记胡富国发表了热情洋溢的长篇讲话。

我作为分管此项工作的副省长兼引黄工程总指挥，向大会作了“关于万家寨引黄入晋工程的情况通报”。

第一个问题讲的是“引黄工程的必要性、紧迫性和重大意义”。我归纳了3个概念。第一个概念是“引黄入晋是解决山西水资源紧缺的唯一根本出路，舍此而外，别无他途”。第二个概念是“引黄入晋，势在必行，刻不容缓”。第3个概念是“引黄入晋不仅是为了山西，也是为了全国”。支撑着这三个概念的是大量的数据，是国内外专家包括世界银行专家反复研究的成果。

针对第一个问题，我说：“过去，我们有些同志提出这样那样的疑问，例如解决山西水的问题是不是非要搞引黄这样巨额投资的工程不可，有没有别的路可走？引黄可不可以迟上几年、十几年，等我们资金充裕之后再搞？引黄需要花上百亿元投资，可不可以把这些钱用在搞经济效益好的工业项目或用于技术改造方面？‘引黄入晋’的引水成本高，引来水以后用得起用不起？等等。这些疑虑或想法的产生，归根结底，就是对山西的水资源危机的认识远比实际状况要肤浅得多，是在危机面前缺乏危机感的缘故。”接着，我引用大量数据和研究资料，介绍了山西严重缺水的状况。当时我并没有说国家批准收取水资源补偿费本来就是为了解决引黄的问题，是专款专用的；不搞引黄，哪里还有这一笔“巨额投资”呢？

第二个问题我讲的是引黄工程的决策过程。引黄的决策经历了 36 个年头，这是一个漫长的过程。我们把这 36 年间的酝酿、勘察、规划、设计、论证、报批、施工的全过程大体上分作了 4 个阶段：第一阶段从 1958 年算起，到六七十年代，这是初期酝酿阶段；第二阶段从 1977 年到 1979 年，这是南北引黄选点比较阶段；第三阶段从 1980 年到 1988 年，这是万家寨引黄方案研究阶段；第四阶段从 1989 年到 1993 年，这是完善程序、评估立项的阶段。这 4 个阶段以后，从现在开始，当然就要进入全面开工的决战阶段了。

第三个问题我讲的是引黄工程的规模、特点和奠基以来的进展情况。这一工程规模宏大，作为引水工程，不仅在省内，就是在国内也是首屈一指的。工程的难度极大，这是由它的长距离、高扬程、多隧洞决定的。我告诉大家，工程的进展情况是可喜的。总干线、北干线和南干线前期的供水、供电、通信、交通等施工准备工作已经完成；总干一、二级泵站、6~11 号隧洞，北干 1 号隧洞和大梁水库，南干 3 号、5 号、7 号试验洞，都在抓紧施工。已经有 17 个施工单位中标进场，开设了 20 多个施工区。枢纽场区的交通工程已经全部建成，砂石料、供水、缆机、拌合等四大系统已全部投入运行，黄河大桥已经建成通车，一期围堰也已经合龙。总之，到目前为止，工程进展迅速，一切顺利。

我对引黄工程做了介绍后，大家对工程有了一个总的印象。省长孙文盛在做动员报告时就可以集中讲主要问题：

> 长期以来制约山西省经济和社会发展的有两大因素，一是交通不便，二是水资源严重短缺。为解决这两大难题，历届省委、省政府都做了不懈的努力，现在这些任务又历史性地落在我们的肩

上。目前，山西省公路建设有了明显的进展，已经铺开的5条重点公路和各地抓的县乡公路建成后，可望逐步缓解交通不畅的矛盾。但水资源短缺的问题仍然十分严峻地摆在我们面前，并且正在进一步加剧。如果说公路建设是我们的“致富工程”的话，那么引黄入晋就是我们的“生命工程”。

用发展的眼光看，“引黄入晋”还不仅仅是为了解决几个城市的用水之急，而且是从根本上解决山西省今后经济建设的加速发展、持续发展、有后劲地发展的基本条件问题，还是改善人民生活状况、提高生活环境质量的一个至关重要的举措。因此我们讲，建设万家寨引黄工程已成为历史赋予我们的伟大使命。在这个重任面前，我们省委、省政府的态度是十分坚决的。不管面前有多大的困难，不论遇到多少艰险，万家寨引黄工程都要坚定不移地干下去，不达目的，誓不罢休!

……

万家寨引黄工程是我们山西省有史以来所有的建设工程中规模最大的项目，是前人没有干过的事情。这样一个浩大的基础性工程，能否顺利建成，是全省人民最为关切的问题。省委、省政府希望全省人民继续关心，也请全省人民放心。正如裕怀同志刚才告诉大家的，这项工程是经历了30多年的准备，先后有数千名国内外专家和工程技术人员做了大量的科学技术研究工作，又经过反复论证比较，才确定了现在的方案。可以说，我们现在的施工方案是在多种方案中选优的结果。我们省委、省政府对建设万家寨引黄工程态度是积极的，也是慎重的，始终坚持了科学化、民主化的程序办事，始终坚持了按国家的基本建设审批程序办事。因此，我们只要能够严格按照设计方案施工，就一定能够确保工程的质量和效益，就一定能够使工程顺利建成。

我们之所以敢这样讲，因为我们还有以下三个方面的有利条件：

一是党中央、国务院的大力关怀。引黄工程从规划、勘测、设计、筹备，直至工程立项、奠基和开工建设，每推进一步，都得到了党和国家领导同志的关怀和支持。二是有省级五大领导班子成员的统一意志。五大班子成员，一些省级老同志，以及省直有关部门负责人和社会各界人士，都对加快这项工程建设表示了坚决的态度和坚定的信心。大家一致认为，山西要振兴，经济要发展，必须下大决心，花大力气，干大事业。三是有全省人民的支持。在我们收到的大量群众来信中，有的献计献策，有的要求捐款捐物，表现出极大的热情。特别是沿线广大人民群众，识大体、顾大局，舍小家、为大家，积极支持工程建设，表现出可贵的奉献精神。这些都给予我们以巨大的鼓舞，更加坚定了我们早日建成万家寨引黄工程的决心！

孙文盛的动员报告作完以后，是省委书记胡富国讲话。一般情况下做个简短讲话就可以了，但今天不行，今天是特殊情况，关于引黄胡富国有一肚子的话要讲，有了今天这样的机会，非得痛痛快快讲出来不可。于是，他作了一个长篇讲话。

老胡拿了一摞讲话稿，但稿纸束缚不了他，他常常脱开稿子即兴讲起来——这时候讲的话往往给人印象更深，老百姓也最乐意听。

他先讲引黄工程的必要性和紧迫性，从用水紧张、吃水困难讲起。

他说："太原一些地区长期实行低压供水、间断供水，许多地方的居民要担着桶提着壶到处找水，有时半夜就要起来找水。中心地区原来比较好，现在也不行了，住高层楼的水压上不去，原来是五层六层，后来是三层四层，现在有时候连二层也不行了。太原是这样，大同、朔州也是这样。城外的情况是不是好一点呢？一样不行。就拿远离城市的矿区来说，太原西铭矿 1994 年人均生活用水定额每天只有 13 升。有的矿区连矿工的洗澡水都不能保证，只能用脏水，长期用脏水！"

说到这里，他激动起来了，一下子站了起来："同志们，看到此情此景，叫人痛心啊！我在国务院说过，不要看煤是黑的，那里面实际上是红的，红的变成了黑的，是煤矿工人的血换来的！咱们山西煤矿工人对国家、对全省的贡献太大了！如果没有这些工人，山西就没有今天！可是，这些矿工连起码的洗澡水都没有啊！怎么对得起他们啊！”

他停顿了一会儿，让自己冷静下来，接着说："浅层水得不到补充，污水就往下渗，严重污染了地下水。现在汾河两岸已经形成了一条 5~10 公里宽的地下水污染带。灌溉农田用的是污水，也只有污水，这就使粮食、蔬菜、水果里面的有毒物质增加，这可是了不得的事啊！我们靠的就是地下水，大量超采地下水，结果地下水位逐年下降，形成了大范围的漏斗区。以动物园和菜园村为中心的漏斗区，还有西张水源地的漏斗区，地下水位都已经下降了百米以上，面积也在不断扩大。我们山西本来有许多著名的泉水，像上兰村的烈石寒泉，还有更著名的晋祠难老泉，都已经断流了！长此以往，会给山西留下多少潜伏的危机啊！我们不能不对子孙后代负责啊！”

说到这里，结论自然就出来了：

“无论从哪个方面看，解决水的问题已经到了势在必行、刻不容缓的地步了！那么，通过什么途径来解决山西缺水的问题呢？有没有比引黄更好的方案呢？经过长时间多方面的论证，得出的结论是：引黄是解决山西缺水问题的唯一途径，舍此别无他途。李鹏总理今年视察山西时指出，山西很缺水，引黄是一条出路。世界银行引黄工程项目考察团明确提出，引黄工程是解决山西经济发展与缺水矛盾的唯一合理方案。”

他说："今年元宵节万家寨引黄工程办公会上我就明确提出，要创造条件，抓住时机，把基础设施建设的重点转移到引黄工程上来。现在看来，条件已经具备，时机已经成熟，我们要果断地实行重点转移。”

凭什么说时机已经成熟呢？有 3 条：

第一是太（原）旧（关）高速公路建设已取得决定性胜利。他说："省委经过分析后认为：目前是进行基础设施建设重点转移的良好时机。如果重点转移过早，就会影响太旧高速路的建设；如果现在不转移建设重点，就会贻误引黄建设的时机。机不可失，时不我待！""现在我们把建设重点转移到引黄工程上来，到年底争取使阳城电厂正式开工。有这么几个伟大的工程，伟大的战役，就一定会把山西闹他个'天翻地覆慨而慷！'"

第二是制约引黄工程建设的若干问题基本解决。他说："一是勘察、设计、评估、立项等工作基本完成，结束了漫长的决策过程。二是总干、南干和北干的供水、供电、通信、交通等施工准备工作已经就绪，整个工程将由施工准备阶段转向主体施工阶段。三是经过中外专家和施工队伍的共同努力，有关重大技术难题已经攻破或可望攻破。"

接着，老胡这才讲到最使我们伤脑筋的资金问题。他说："目前，在中央的支持下，经过各方面的努力，我们已经找到了解决这一问题的途径。概括讲，主要有这么几个方面：一是按原出台的政策收取水资源补偿费。二是争取世界银行贷款。去年以来，世界银行考察团已两次考察了引黄工程，明确表示愿意参与这项工程建设，并加快了贷款进程。三是继续坚持以煤养水、以电养水的政策，通过整顿流通环节乱收费问题，筹集资金搞引黄建设。四是发扬自力更生、艰苦奋斗精神，动员全社会力量支援引黄建设。"

讲到这里，老胡又激动起来了，他提高了嗓门说："去年我曾经讲过，即使卖掉省委办公大楼，也要把太（原）旧（关）路建成；现在我要说，即使把全部家当卖掉，也要把黄河水引进来，因为生命比什么都重要！""坚冰已经打破，航道已经开通，加足马力，全速前进的时刻已经到了！"

接下来是他特别要强调的：力争 1998 年把水引到太原。为了实现这一目标，他提出了 6 条要求：（1）坚定战胜困难的信心；（2）要保持艰苦奋斗的精神；（3）要具有尊重科学精益求精的态度；（4）要发扬顾全大局的风格；（5）要创造良好的社会环境；（6）要解决好关键性问题。

应该说，这6点都是很重要的，都说到点子上了。

关于顾全大局，他说："引黄工程是国内一项大型跨流域引水工程，不是哪一个部门、哪一个地区能够包揽的事，需要全社会的有力支持。虽然引黄工程主要是解决太原、大同、朔州缺水的问题，但这是全省的大事，关系到全省经济的发展。因此，各地市、各部门一定要站在全省的大局上看待引黄工程，支持引黄工程。为确保通水目标如期实现，一是省里确定的筹资政策，各地市、各部门、各企业要积极主动收，带着感情交；二是必要时该缓建的项目要缓建，该砍掉的项目要砍掉，所有工程都要给引黄工程让路。省委、省政府已经决定，在建的几条重点公路建成后，今后几年不再开工大的项目。如果有需要，太（原）旧（关）路建成后，可以考虑出卖一部分股权，用来支持引黄工程建设！"

这一番话很有些"壮士断腕"的意味，足以说明省委、省政府当时下了多大的决心，把引黄工程放到了何等重要的位置！

关于创造良好的社会环境，他说："引黄工程建设要顺利进行，没有一个良好的社会环境不行。建设引黄工程时间紧、任务重，要办的事情很多，时间耽误不起。各有关部门一定要改善服务态度，提高办事效率，加快工作节奏，为引黄提供一流服务。凡涉及引黄的事，要大开'绿灯'，特事特办，绝不允许拖拖拉拉，贻误时机。"

关于解决关键问题，他又再一次强调水资源补偿费的征收问题。他说："省政府和各有关厅局要坚决执行关于征收水资源补偿费的政策，做到按期如数征收，哪个地区、哪个单位不能按时交纳水资源补偿费，要追究主要领导的责任！"

胡富国讲话以后，国家计委的高俊才、水利部的马云良分别致辞祝贺。

原中共山西省委书记李立功代表退下来的省级老同志讲了话。李立功任山西省委书记时就十分关心引黄工程的进展。1989 年 8 月，他亲自带领引黄指挥部、水利厅、忻州地委和行署以及其他有关部门的负责人，沿着规划中的北干线、总干线进行了现场察看，然后在偏关县召开了现场办公会，逐一研究了引黄工程前期工作中需要解决的问题，作出了安排和部署。他在誓师大会上的讲话有一个醒目的标题——“豁上老命也要关心支持引黄工程”。他说：“万家寨引黄工程进展情况很好，目前已经到了黎明前，最困难的时候已经过去，我非常高兴、非常激动。搞这项工程，我们经过了几十年的努力，历届省委、省政府的每一任省委书记、省长都对这项工程做了大量的工作，不能不重视啊！”“我们这些老同志过去关心支持这件事，现在还要关心支持这件事，豁上老命也要关心支持这件事，不达目的，誓不罢休！”

郑友三也代表引黄工程的全体建设者表了态。

会议在高昂的情绪中结束，使与会者感受到了一种临战的状态，确实起到了动员、誓师的作用。

## 薄老发起的捐款行动

誓师大会开过以后，引黄工程在省内外引起了前所未有的广泛关注，大家都在关心引黄，大家都在支持引黄。只要是办引黄的事，处处通畅，一路‘绿灯’。几个月内，有将近 10000 人到万家寨引黄工地进行慰问，送米、送面、送日用品，表达他们对引黄的支持。

消息传到北京，薄一波发起在北京工作的山西籍老同志为引黄工程捐款，他本人捐款 1.5 万元。原经贸部顾问、国家旅游局局长卢绪章，全国供销合作社总社党组书记白清才，国务院机关事务管理局局长郭济、副局长焦焕成，原国务院经济研究中心主任马洪，原中组部副部长乔明甫，原中顾委秘书长李立安，原铁道部副部长丰炳军，韩钧夫人张光，范儒生夫人杜春兰，北京外国企业服务公司总经理韩敬成，中国国际航空公司总裁张志忠，北京新侨饭店总经理白旭，北京新世纪饭店董事长靳宝合，北京六合兴饭店管理公司董事长薄熙成和全体员工都捐了款。捐款仪式是在太原迎泽宾馆举行的，胡富国、孙文盛代表省委、省政府向薄老，向老同志，向所有捐款的同志们表示衷心的感谢。

消息传到云南，在云南的山西籍老同志也坐不住了。原云南省委副书记孙雨亭、高治国，原昆明军区副政委胡荣贵，原云南省工会主席吴良辅，联合发起捐款。段文慧代表108位在滇晋籍老干部把捐款5万多元人民币交到了胡富国的手里，并向引黄工程建设者表示问候。

消息传到广东，53位在广东工作的山西籍老同志，包括原广州军区副司令员鲁瑞林、原广州市委书记杜祯祥、原广东省副省长张云、原中共广东省顾问委员会副主任杜瑞芝等，聚集在山西驻广州办事处，畅谈家乡建设引黄工程的意义，并捐款10万多元。

消息传到海外，董其武将军之女、美国汉彩投资有限公司董事会主席董利翔女士专程回国，向引黄工程和故乡河津“希望工程”各捐赠20万元。

尘寰中人如此，连超然红尘之外的僧人也不例外，佛教界的人士也为引黄工程捐了款。1995年12月12日，佛教界人士的捐款仪式在太原举行。正元法师、慈贵和尚将5万多元捐款交到了胡富国的手里。出家人慈悲为怀，最懂得水的珍贵。观音大士用来普济众生的宝物是她始终擎在手里的净瓶中的甘露，甘露是什么？甘露就是水啊！

真是人不分老少，地不分南北，只要是山西籍人士，都在牵挂着引黄工程的成败。

后来，薄一波在接受《引黄工程报》记者采访时说：“在山西工作、战斗、生活过的同志都非常关心和热爱山西，捐了一点钱，没想到引起很大的反响。这是一个山西人应该做的，其实也就是表示一点心意而已。”

但是，这“一点心意”的作用是十分巨大的，是不能完全用金钱来衡量的。一方面，它给我们这些从事引黄工程的人以极大的鼓舞；另一方面，它也是向社会发出的一种声音，使有关方面不得不更加重视引黄，关注引黄。

老同志们的盛情我们不得不接受，但这也给我们出了个难题：老百姓也在纷纷要求捐款捐物，怎么办？我们不得不再三解释，婉言谢绝。

◇ 第二部

# “大观园”里咱不能掉链子

◇ 第七章

# 老外不是白求恩

世界银行作了项目鉴定以后，是否意味着贷款的问题已经基本解决了呢？答案是否定的。项目鉴定对工程的肯定，只是以总体上对这一工程的认可，标志着这一工程可以进入决策程序，以后的事情还多着呢。比如说，还需要对工程涉及的各个方面进行深入的考察，还要进行预评估，然后再进行评估，评估合格，这才能正式签约。在这一过程中，如果发现或遇到什么重大问题，经磋商后不能达成一致，随时都可能中止程序。也就是说，经过项目鉴定以后，一个漫长的过程才刚刚开始。

## 盯上外国人的钱袋子

增收水资源补偿费解决了资金的大问题，但算下账来，钱上还是有一个大缺口。这个缺口怎么填补？没有别的办法，只有依靠引进外资了。

早在 1987 年召开水资源短缺对策讨论会的时候，就议论过引进国外贷款的事。李伯溪在谈到筹资时强调广开筹资的渠道，特别谈到可以考虑引进外国政府贷款。

1992 年 9 月，钱正英副主席在太原和我们研究引黄工程的施工问题，也谈到了引进外资。她说："引进外资要与国际招标相结合，一招标，外商就会闻风而动，政府贷款、补偿贸易也就随之而来。市场经济就认竞争，竞争就得有个目标，有了目标就都来了。"

在此之前，我们曾经和美国德尔塔公司进行过接触，就引黄工程引进资金、技术以及补偿贸易等事项洽谈，并签订了《关于山西省引黄工程资金引进及补偿贸易的意向书》，但还只是试探性的。在与钱正英谈话后，我们便开始在这方面作更广泛的接触。

后来我们先后同意大利千里协会总经理毛里奇先生组织的意大利引黄工程承包商集团、美国洛杉矶大财团和韩国大宇公司进行了商谈，签订了工程的谅解备忘录和贷款意向书。

1993 年 6 月 25 日，引黄工程总指挥部向国家计委上报了《山西省万家寨引黄工程利用外资项目建议书》，要求批准利用外资 5 亿美元。

国家计委研究后，将引黄工程列入世界银行贷款 1994-1996 财年备选项目。这以后，我们就把目光锁定到了世界银行。

世界银行集团是一个大型的国际金融机构，也是世界上最大的发展援助机构。其宗旨是通过贷款、赠款和咨询等方式促进其成员国的可持续经济增长，以减轻世界范围内的贫困，帮助发展中国家走一条稳定、平衡和可持续发展的道路。世界银行并不以营利为目的，它的贷款利率较低，还贷期限较长，一般在 15~20 年，偿还本金以前还有 3~5 年的宽限期。利用世界银行的贷款，对我们来说当然比较有利。

1993 年 11 月 20 日，省计划委员会向国家计划委员会报送了利用外资建议书的补充报告。报告说，需要向世界银行贷款 1.5 亿美元（按当时汇率约合人民币 8.7 亿元）用于总干一级、二级、三级泵站及南干一级、二级泵站的水泵、电机及相应的配套设备，南干 7 号隧洞，以及全线自动化系统设备，贷款用水资源补偿费偿还。

不久传来了令人兴奋的消息：世界银行即将派员来接洽贷款事宜。

果然，1994 年 5 月 22 日，世界银行中蒙局首席排灌工程师古纳先生一行 5 人，受世界银行中蒙局农村及社会发展处处长哥德堡的委托来到太原。他们认真听取了我们关于引黄工程概况和进展情况的介绍，同时向我们介绍了世界银行的工作程序，提出了关于引进贷款的下一步的实施意见。

贷款有了希望自然令人高兴，但程序的繁杂也实在令人发愁。用一个不恰当的比喻，如果说争取批准征收水资源补偿费只有一条国内战线的话，那么现在要面对两条战线：一条是国际的；同时也还有一条国内的，既要有世界银行的同意，也要有国家计委、财政部的批准。

8 月 21 日，我们派出熟悉外事工作的引黄工程局副局长杨晋生和省计委外经处的工作人员赴京，向国家计委和财政部汇报情况，进一步商讨利用世界银行贷款的事情，同时也与世界银行驻华代表处取得了联系。

8 月 25 日，引黄工程管理局正式成立了世界银行贷款领导小组，引黄工程总指挥部副总指挥、引黄工程管理局局长郑友三任组长，副局长王必胜、杨晋生任副组长，下设世界银行贷款项目办公室。

这样，引进世界银行贷款的工作就正式启动了。

10 月 4 日，古纳先生再次来到太原，这一次他率领的是世界银行考察团，考察团的任务是对引黄工程进行项目鉴定。这使人有这样一种印象，好像世界银行已经把山西引黄工程列为贷款对象了。这次考察距离古纳首次来访只有 5 个月的时间，是不是简单了一些呢？其实不然。前面说到，世界银行把帮助发展中国家克服贫困当作贷款的主要目标，而这些国家在发展的过程中面临的一个大问题是环境问题，包括污染问题和水资源的保护问题。引黄工程正是从水资源保护这个长期目标入手进行的工程，涉及水土保持等多项环保问题，完全符合世界银行的条件，因此立刻受到了他们的关注。

古纳第一次来太原时停留的时间很短，这一次不同了，从 10 月 4 日一直住到 10 月 19 日，用了半个月的时间，向引黄工程总公司、天津设计院的有关人员对工程进行了详细的了解，还不时进行一些讨论。古纳本人是美国麻省理工学院水利工程专业的毕业生、世界银行的排灌工程师，带来的也都是与水工工程有关的各方面的专家，他们知道关键所在，对这些关键问题一一都要刨根问底，了解得一清二楚。接着，考察团沿着引水线路北上，一路作实地考察，一直考察到了万家寨枢纽工地。他们还分别与太原、大同、朔州的用水户接触，了解用水状况。还有一件新鲜事，他们还特别认真地询问了购买黄河水的价格。我们觉得奇怪，用黄河的水怎么还要出钱呢？他们也觉得奇怪：水是一种资源，任何资源都是有价的；你用了黄河里的水，怎么可以不出钱呢？

后来我们常说，引进世界银行贷款，引进的不仅仅是钱，还引进了许多新的观念。黄河水应该有价，就是我们最早遇到的一个新观念。这个观念是与水权、水市场联系在一起的，它的影响是十分深远的。

考察团经过深入的了解和认真的考察提出了项目鉴定书。鉴定书认为，山西缺水十分严重，引黄工程是解决这一问题的唯一有效途径。工程前期准备充分、经济上合理、技术上可行，建议世界银行在中国政府原定的1.5亿美元的基础上增加贷款额度。

考察团关于增加贷款额度的建议，既使我们感到意外，又使我们感到鼓舞。11月5日，省委书记胡富国主持省委常委会议，研究万家寨引黄工程。会上作出决议，要求省政府争取增加贷款额度，由1.5亿美元增加到4亿美元，这也是世界银行考察团的建议数。

11月11日，省计委《关于呈报山西省万家寨引黄工程利用世界银行贷款建议方案的报告》上报国家计委。报告要求将贷款额度增加到4亿美元，并对要求增加的理由、使用的项目和还贷的安排作了说明。

世界银行作了项目鉴定以后，是否意味着贷款的问题已经基本解决了呢？也不是。项目鉴定对工程的肯定，只是从总体上的认可，标志着这一工程可以进入决策程序，以后的事情还多着呢。比如说，还需要对工程涉及的各个方面进行深入的考察，还要进行预评估，然后再进行评估，评估合格，这才能正式签约。在这一过程中，如果发现或遇到什么重大问题，经磋商后不能达成一致，随时都可能中止程序。也就是说，经过项目鉴定以后，一个漫长的过程才刚刚开始。

## 《田纳西州流域管理法》的启示

1994年11月30日，我带领省各国有银行、财政、税务系统的负责人员访问美国，第一站是美国中东部的田纳西州。山西省和田纳西州是友好省州，我们是应邀去参加"山西省和田纳西州建立友好省州十周年"

的纪念活动，但我更关心的是水的问题，是世界银行的贷款问题。

田纳西州面积约11万平方公里，人口530余万，首府在纳什维尔。这个州拥有密西西比河、田纳西河、坎伯兰郡河三条大河，是美国水力发电最普及的一个州，也是流域治理工作开展得很早且成绩卓著的一个州。

早在1933年，美国国会就通过了《田纳西州流域管理法》。依据这一法律，成立了联邦政府的一个特殊机构——田纳西流域管理局。这部管理法对田纳西流域水资源的综合开发、治理和区域经济发展，都起到了积极的推动作用。

在田纳西州期间，我们对那里的流域发电、流域供水、流域管理、水资源管理以及资源整合等方面的工作进行了认真的考察。我感到，他们在水资源的开发、利用、保护、管理等方面已经形成了成套的法律法规，积累了丰富的经验，而且已经上升到了理论的层次。我们常常听有些人谈酒文化、茶文化、饮食文化，那么，田纳西州有的是水文化。这是一种面向未来的、以实现可持续发展为目标的文化，它是现代文明的一个构成部分。

接手引黄的工作以后，这个超大型的引水工程迫使我不得不考虑有关水的种种问题。总觉得有些问题我们虽然有所了解，但知之不深，有些问题甚至还没有触及。譬如说世界银行考察团提出来黄河水的水价问题，就涉及水权、水市场、水资源管理等一系列问题，这些问题都是需要有明确的认识并加以解决的。

什么叫水资源？联合国教科文组织在1997年曾给它下过一个定义：“水资源指的是可利用或可能被利用的水源。这个水源，应具有足够的数量和可用的质量，并能够在某一地点为满足某种用途而可被利用。”这种水源，应该包括地表水和地下水，当地的水和过境的水（或说主水与客水），原有的水和引来的水，还应该包括使用后经处理可以重新利用的水。应该有一个机构把以上种种水源统一管理起来，使之得到合理配置，提高效益，节约用水。我们当时的情况并不是这样的，不是一龙治水，而是多头管水。水利工程的水是水利部门管的，城市供水系统是公用事业部门管的，地下水监测管理是地质矿产部门管的，排水与污水处理设施是市政工程部门管的，计划用水、节约用水的具体管理往往又划归其他不同的部门。这样就难免政出多门、互相扯皮，形不成合力。

以水利工程这一块来说，也是投资的不管修建，修建的不管运营，“铁路警察，各管一段”，没有一个法人单位一管到底、负责到底，往往形成看起来好像有许多人负责，实际上谁也抓不住、谁也可以不负责的状况。

《田纳西州流域管理法》和据此成立的田纳西流域管理局使我的想法得到验证：应该而且可以由一个机构来统一管水。流域管理和区域管理要结合起来。流域管理管的是大范围、大原则、大方面，区域管理则使之具体化。一个区域管理机构，应该把以资源保障为主体的供应系统和以资源利用为主体的需水系统统一管起来，使之达到相互平衡。供应系统的管理，应该包括水资源载体、水资源数量、水资源质量、污染影响因素和涉水工程等几个方面。需水系统的管理，可以包括取水许可证管理、供水管理、节约用水管理、排水和污水处理管理、水源保护管理等几个环节。从涉水工程这一块说，则急需有一个法人单位从头到尾管理起来。为了适应市场经济的需要，有一个现成的办法，那就是公司化，从投资、建设到经营、盈亏，都由这个公司来负责。

水资源管理首先会遇到一个水权的问题。自古以来人们都认为，水和空气、阳光一样，是老天爷赐给大家的，人人有份，你凭什么要把它管起来？所以这里有一个权限的问题。

水权，仔细想来，应该包括水的所有权、使用权、管理权、经营权。

我国的《水法》规定，水是属于国家的。这一点和土地一样。土地的所有权是属于国家的，农地的所有权是属于集体的，但使用权可以属于农民。使用权是可以变动的，甚至是可以交易的。房地产商通过交易获得的土地，实际上还可以通过经营使之增值。

同样，水的所有权和使用权也是可以分离的，问题是如何获得水的使用权。上文提到世界银行考察团询问黄河水的水价，这是因为获取水的使用权是要付出代价的，不应该是无偿的。我们其实也应该这样做，除了零星的用水以外，从江河湖泊中取水达到一定规模都应该付费。

但是，水是一种特殊的商品，有许多特殊的情况。其中一个情况是，原水与其他商品不一样，并不是出钱就可以买到的。譬如说我们山西省，或者河南省，如果手里有钱，就能把流经本省的黄河水都买断吗？显然不行。像这样流经多个省份和地区的河流，必须兼顾上游和下游的利益，必须有一个经过国家授权的机构来分配水的份额。譬如国家分配给山西的黄河水是42亿立方米，引黄工程引的水是12亿立方米。前几年黄河断流，有人说那是因为上游的水库（包括万家寨水库）拦蓄的水多了。这是不了解情况，黄河断流实际上是多种原因造成的，不能都归咎于上游用了应该属于自己的水。分水应该兼顾上游与下游的利益。如果大家认为上游地区拦水就是占了下游地区该用的水，那么，像澜沧江、怒江、雅鲁藏布江、黑龙江这些流入其他国家的国际性河流，我们开发利用起来就只能小心小胆、小手小脚了。

在现代社会，水量的分配是一件十分复杂的事，不可能像洪洞县广胜寺泉“分三分七”那么简单，要考虑各种因素，要正确处理好各种关系。从水的来源看，流域分水在处理上下游关系的时候，应该首先考虑水源地的需求。拿山西来说，山西大部分面积属于黄河流域，这里的降水，通过大大小小的沟渠河川流进汾河、涑水河、沁河，然后汇入黄河。这就是黄河来自山西的水源。处置这一部分水，就应该首先考虑山西的需要。地域分水在处理主水与客水的关系时应该首先使用主水，不足部分再补充客水，在处理地表水与地下水的关系时，应该首先使用地表水，不足部分再补充地下水。从水的需求看，有人的基本生活用水，有工农业生产用水，除此之外，还不能忘了生态用水，因为所有的动植物都需要靠水来维持生命，良好的生态环境必须靠水来维持。在这些需求中，首先应该保障人的基本生活用水。当然，工农业生产用水也是十分重要的，但水量的分配要有助于支持低耗高效产业和节水农业的发展。此外，还有一个最大的制约因素，那就是供水的可能性。水是不能分光吃尽的，要考虑水环境的承受能力。对于河流来说，要注意保持河流的自净能力。要知道，净水经过使用后，真正消耗掉的只是一小部分，大部分则变成了污水。这些污水会通过不同的途径重新回到河流里。如果河流里有足够的水，污水经过稀释、沉淀、渗透、吸附、分解以后，就不致对河流总的状况造成影响。因此，根据不同河流的情况研究并确定合适的取水量是十分重要的。如果取水过多，河流遭到污染的状况就会越来越严重，直至不可收拾，丧失生命力。

保持河流的自净能力是很重要的，但这一点往往并不为人们所认识。有些地方为了防止河底淤泥堆积、水草丛生和河水渗漏，想出了用混凝土硬化河道的主意，结果使河流完全丧失了自我净化的功能，变成了臭水沟。上海、北京都有过这样的教训，应该引以为鉴。

江河湖泊中的水经过权威机构分配以后，你这个地区可分配到的水量，从理论上说只是有了使用它的可能性，只有当你付出相应的费用以后才真正获得了水的使用权。这一部分费用就是原水的水价，也叫资源水价，或者干脆就叫水权费。世界银行考察组询问黄河水的水价，问的实际上就是这种水权费。

我们以前不收水权费，也没有这种意识。收水权费对我们来说是一件新鲜事，因此特别值得留意。当我国的经济体制由计划经济转向市场经济以后，水作为一种特殊的商品必须适应市场经济的要求，收取水权费是必然的趋势，它的实行是迟早的事。

水权费是水价的一个部分，用于供水工程的费用构成水价的另一个部分，这也可以叫工程水价。这一点比较好理解。江南一带过去有一种送水工，一条扁担，两个水桶，从大河里担水往需要水的人家送，每送一担水收取若干费用。有一句打趣送水工的话："挑水的看大河——全是钱！”大河里的水本来不值钱，但由送水工挑送到人家家里就值了钱了。只要他去挑，河里流的就不是水，而全是“钱”。当然，这句话本是用来嘲讽一个人的想法不切实际的，现在我们正好用它来说明工程水价。河里的水不会自己跑到你家里，需要有人花力气去挑，而且还需要水桶、扁担这样的工具，这些都应该算钱。每一担水所收取的若干费用可以看作是最简单的工程水价。城市供水的工程水价自然要复杂得多，自来水厂与供水管网的修建费用和运营费用都要考虑在内，水源工程的修建费用和运营费用也要考虑在内。引黄工程就是一个水源工程，它的投资一部分来自水资源补偿费，一部分来自世界银行贷款，如何据以计算工程水价是一个很伤脑筋的问题。贷款是要还的，是要偿本付息的，计入工程水价从道理上说是没有问题的。投进去的水资源补偿费算不算呢？按照我国一般的做法，公益性的水利工程，国家投入的资本金是不要求回报的，但水资源补偿费是山西省自己掏的，是从水、电和煤炭里挤出来的，当然希望能够收回来，至少能够收回一部分。可是，如果把这两部分都计入成本的话，工程水价一定会高得吓人了。这真是一道难题！

除了水权费、工程费以外，水价里还应该包括治污费，这部分也可叫环境水价。不管是生产用水还是生活用水，用过以后都会产生污水，对环境造成影响。按照谁污染谁治理的原则，用水户在用水的同时就该为污水的处理付费。不包含治污费的水价是不完整的水价，因为这样的水价不能持久保证用水的数量和质量。

这就是说，在正常的情况下，水价应该包含资源水价、工程水价和环境水价 3 个部分。如果与现行的水价相比较，3 个部分加在一起，这样的水价一定是很高昂的。长期以来，我们执行的是社会福利式的低水价，水权费是不考虑的，工程费用往往是由国家投入的资本金来解决的，治污费也没有提上日程，收取的大致是供水公司的运营管理费。也就是说，供水所需费用中的大部分都是国家在暗中予以补贴的。在经济体制转型以后，这种办法显然不能持久，最终还是必须按市场经济的规律来办事。

当然，必须充分考虑到用水户特别是广大居民的承受能力，这应该是一个渐进的过程，过渡期间也必须有一些特殊的办法。水利部汪恕诚部长在一次关于水权和水市场的讲话中说："从理论上说，水价有3个组成部分，即资源水价、工程水价和环境水价。资源水价卖的是使用水的权力，工程水价卖的是一定量和质的水体，环境水价卖的是环境容量。三者构成完整意义上的水价。今天讲的水价的3个组成部分，并不意味着将来这3个部分都进商品水价，有的可以用税的办法，有的可以用费的办法，有的可以用附加的办法解决，水价的确定应该是'动态渐进，相对稳定'的。"

在我写以上这段文字的时候，北京、上海等许多城市的水价改革都有了很大的进展，对不同行业收取不同水价，水价的总体水平较20世纪90年代初也有了大幅度提高。当时我们计算引黄水的水价时，算到每吨水5元多时就不禁倒吸一口凉气了。现在北京市的普通水价也已经超过了5元，而且还将继续提价。太原市的水价也有一定幅度的提高，这是必然的。太原市水务部门的一位同志在电视节目中解释为什么要提价时，说这是因为引黄的缘故。这显然是不正确的，至少是不全面的，因为提价并不是计入引黄工程成本的结果。北京并没有引黄，怎么提价的幅度比太原还大呢?

水价的改革是渐进的，是必须抓紧的。这里涉及的并不仅仅是一个钱的问题，它将直接促进社会资源的优化配置，而且是建设节水型社会的必不可少的步骤。作为引水工程的建设者，我们关心水价改革还有一个深层次的原因，那就是只有通过水价改革才能促使水市场形成并渐趋成熟，只有有了一个成熟的水市场，才能为引水工程的建设筹措资金和收回成本，才能使引水和供水进入良性循环，以满足人们对水的日益增长的需要。

建设一个成熟的水市场是一件很困难的事。我以为有一个标准可以用来判断水市场的成熟与否，那就是看水的使用权能否上市买卖，并由市场定价。要做到这一点，既有许多认识问题需要解决，也有许多具体问题需要解决。

2001 年，有报道说浙江的东阳和义乌达成了一项水权交易的意向，一家愿意将自己节余下来的水出售，一家愿意出价将这一部分水的使用权购得。这个消息见报以后，在全国范围内引起了广泛的关注和争论，持续了一段时间以后，成交了，开创了水权交易的先河。这件事情本身有着重大的意义。首先，它说明水权交易这件事迟早是要解决的，浙江人在改革进程中经常敢为天下先，这一次是东阳和义乌跨出了勇敢的第一步。关心水市场发育的人就像听到了第一声春雷那么兴奋。也许是雷声大、雨点小，甚至也许是干打雷、不下雨，这些都没有关系。既然春雷已经炸响了，那就意味着市场发育的春天终究就要来了。其次，它说明此事关系重大，需要谨慎从事，有许多认识问题需要加以解决，其中一个关键问题是使用水资源的初始权究竟应该由谁来界定？又是依据什么标准来界定？我们相信，只要持客观公正的态度对待这件事，问题终究是会得到解决的。

参观访问田纳西流域管理局得到的启示使我受益匪浅，使我加深了对有关水问题的研究和思考，尽管我的一些想法可能是肤浅的，甚至并不正确，却仍然可以帮助我在处理引黄工程问题时有较强的市场意识和较高的前瞻性。

回到现实中，当时最紧迫的还是为引黄引进世界银行贷款的问题。

离开田纳西州，我们接着访问了纽约和华盛顿。在纽约，我与省外事办公室主任景新汉一起到联合国总部拜访了时任联合国副秘书长的冀朝铸。冀朝铸是山西汾阳人，和我是乡邻。我向他介绍了引黄工程的情况和目前遇到的问题，他很关心。后来 1995 年 8 月他回国时还特地到万家寨工地考察了工程的进展。考察时他说："没有水，人类就无法生存繁衍，充分合理地利用有限的水资源是社会经济发展中一个至关重要的问题。""引黄工程是划时代的，世界上绝无仅有的。由我的家乡人民来创造这一奇迹，我感到十分荣幸和自豪。”

由于冀朝铸的引见，我们得以接触到世界银行中蒙局。这是一个专门负责中国和蒙古地区贷款事务的机构。我们向中蒙局的负责人介绍了引黄工程，介绍了我们国家对这一工程的支持，表达了我们贷款的愿望和工程建成后的还贷能力，双方就此进行了深入和坦诚的讨论。这次讨论使中蒙局的官员对我方的诚意有了更为直接的了解，推动了贷款程序的进展。

## 世界银行的钱不是好借的

古纳先生一行对引黄工程做过多方面的了解、考察，已经进行了项目鉴定，原以为这项工作已经差不多了，谁知满不是那么回事，正式的考察这才刚刚开始，而且每一次来都有一个新的名目。

1995 年 5 月 2 日，古纳又来了。这一次他带领的世界银行考察团的任务是对引黄工程进行项目准备阶段考察。考察团阵容庞大，由涉及水资源、经济、环境评价、移民等 10 多个专业的 21 名专家组成。他们从 5 月 2 日一直工作到 5 月 26 日用了将近一个月的时间，同省计划、财政、税务、水利、煤炭、环保、卫生、自来水以及太原市、大同市、朔州市的有关部门进行了广泛的接触；与天津勘察设计院、山西省水利设计院就工程的勘察设计作了认真的探讨；实地考察了万家寨枢纽和引黄总干线、南干线施工现场；看了太原市、大同市、朔州市的供水系统和污水处理设施，详细了解了 3 个城市水资源管理和发展规划以及输水管网配置的情况；此外，他们还考察了正在建设中的汾河二库和汾河流域几个农业灌区的生产运营情况。

其间，我作为省政协主席和引黄工程总指挥，两次正式会见了古纳先生和考察团成员。

考察结束时有一次重要的会谈，联合国副秘书长冀朝铸特地派高级水资源专家坎贝拉先生参加。

总的来说，考察团对工程的情况是满意的，同时也认为有几个重要问题需要继续关注和研究，一个是设计方案，一个是移民，还有一个更大的问题，就是按照现在的安排，他们认为工程是不完整的，应该把联接段、自来水厂、输水管网乃至污水处理考虑进去，才是一个完整的工程。他们认为，这次考察已经为即将进行的预评估做了准备，希望双方均作出努力，以便使预评估能够顺利进行。

对于考察团提出的问题我们是理解的。设计问题关系到工程的成败，不论怎样严加审查都不过分。他们经过考察，对天津院的设计不够放心，提出在这道关口“再加一把锁”，请一个高水平的设计单位参加联合设计。移民问题是世界银行历来关注的重点，也是我们关注的重点。万家寨枢纽工程水库库区移民的绝对数量并不大，但大部分在内蒙古自治区一边，我们从一开始就十分重视与内蒙古自治区加强合作，移民问题也是一个考虑的因素。在这个问题上，我们完全有信心得到世界银行方面的认可。

至于工程的完整性问题，这个问题既很简单又很复杂。说它简单，因为谁都知道，一个输水工程，如果不能把水一直送到用户家中是不能算完工的。说它复杂，因为这既牵涉到投资的金额也牵涉到投资的体制。所需要的投资金额惊人，始终制约引黄工程上马，因此我们不得不采取分步实施的办法。这也有个说法，叫“饭要一口一口地吃，路要一步一步地走”。走完了前一步，也就为下一步创造了条件，自然会继续走下去。从体制上看，枢纽工程涉及两个省区，是由山西、内蒙古加上水利部牵头联合投资的；太原市的自来水厂和供水管网，按照传统的分类并不属于水利设施的范畴，而是属于城建的范畴，所需资金必须通过另一种投资渠道来解决。这样，一个被比作“一条龙”的工程就被分作了“龙头”“龙身”和“龙尾”3个部分，而且“龙尾”部分至今还没有着落。这样复杂的事情，恐怕一时很难给老外解释清楚，只好慢慢说了。

8 月 20 日至 31 日，经过引黄工程管理局与世界银行多次协商后，引黄工程的设计审查会在太原召开，会议的全称叫作“引黄工程世界银行贷款项目国际国内专家组设计审查会”。成员中有多名外国专家，天津勘察设计院和山西水利设计院的有关人员也参加了会议。专家团团长是张泽祯，副组长是姜凯。

经过 12 天的艰苦工作，会议对一系列重要问题提出了包括工程设计、施工、设备选择等 16 条审查意见。此外，这次审查会还对国际竞争性招标一些程序的进度，提出了建议和要求。

对这次审查会所取得的成果，我们和世界银行双方都是满意的。由于参加审查的是这一领域的世界一流专家，由他们认可、补充和完善的设计方案自然更可靠，也更令人放心。

我们前面说，引进世界银行贷款，引进的不仅是资金，而且还有理念；现在我们要补充说，还有知识和技术，而且是这一领域前沿的知识和一流的技术，这是很重要的。

仅仅过了 1 个月，以古纳为团长的世界银行引黄工程项目评估团一行 18 人，于 10 月 3 日至 22 日来山西对引黄工程进行了预评估，涉及工程的设计、施工、财务分析等诸多方面。由于前期准备充分，预评估进行得很顺利。

预评估期间，古纳先生还举办了 BOT 讲座。所谓 BOT，就是投资人自行投资进行水利建设，建成后自己运营收费，若干年后无偿移交给业主的一种模式。之后又邀请省和太原市有关方面负责人座谈实行 BOT 的可行性。

水利事业带有公益性质，在我国历来是由政府投资的，并不以营利为目的。更准确地说，是需要补贴经营的，是亏本的，个人怎么会来投资经营呢？当时这在西方也是一种新现象。它之所以引起注意，不仅因为它拓宽了水利建设的投资渠道，改变了过去完全依靠政府因而导致资金捉襟见肘的状况；而且由于经营的改善，提高了效益，变亏损为微利，从而进一步带动了个人投资的积极性。因此，这种新生事物是有很强的生命力的，我国南方一些城市已经有个人参与水利事业的投资。在上海、深圳、绵阳等地，英国泰晤士、法国欧帝昂等跨国水务公司也以参股等方式参与了当地的水务事业。但是，在当时的山西，这种设想显然是过于新奇了，难以期待它引起多大的反响。

不过，这毕竟是吹来的一股新风。“风乍起，吹皱一池春水”，其潜在的影响还是不能小看的。

通过这次预评估，双方在一系列重要问题上取得了一致，但也还存在一些分歧，其中一个最大的分歧是关于工程的规模。世界银行坚持要将联接段以及太原市的自来水厂、输水管网、污水处理包括在内，认为只有这样才是一个完整的工程，才能产生效益；与此相联系，由于投资的增加，贷款的金额也应相应增加。我方则一再解释，我们同样十分重视工程的整体性和效益，只是因为限于条件，不得不分步实施。

除此之外，他们还对总干一级、二级泵站的设计、采购以及一期工程项目的标书编制等问题表示关注。

预评估结束后，我和郑友三、杨晋生等会见了古纳先生一行。双方谈得很愉快。我们对古纳先生和评估团成员所作出的努力表示感谢，对方则表示希望山西方面尽快完成各项准备工作，以争取贷款早日启动。

至此，世界银行贷款的工作一直进展得很顺利，大家也都为此感到高兴。

1996 年 1 月初，我们接到了世界银行中蒙局农村及社会发展处处长哥德堡的来函和预评估备忘录。哥德堡的来函是 1 月 5 日同时发给国家计委外资司、财政部和引黄工程总公司的。他在来函中强调：“引黄工程是从黄河引水到太原的完整系统，一期工程中所有的项目均不可拖延，因为它是工程产生最终效益的一个整体部分。联接段必须包括在一期工程建设期内，还必须将太原市的供水和污水处理包括在内。”他表示：

“目前不完整的筹资计划和银行贷款额度是不可行的。如不改变目前这种状况，不能进行项目评估！”

这样强硬的态度确实出乎我们的预料。其实我们并不反对一口气把所有的工程都做完，毕其功于一役；当然我们更不反对增加贷款额度，问题是上面通不过。哥德堡的来函同时发到了国家计委，所以应该听听国家计委的意见，看看有没有可能争取他们的支持，干脆满足世界银行方面的要求。

于是，我让省计委主任张奎和引黄工程管理局副局长杨晋生带了一批人到北京向国家计委汇报。

国家计委的同志说的一番话，不太像给下级作指示，倒像是给朋友出主意。他们说，你们有两种选择，一种是接受世界银行的意见，这样由于扩大了工程范围和投资就需要重新审批；另一种是坚持原来的方案，一期工程先建总干和南干，联接段作为下一期的项目，太原市的配套工程作为城建项目考虑，并向世界银行说明情况。

由于重新审批需要很长时间，实际上是不能考虑的，两种选择也就只剩下了一种选择。

他们又说，根据国内执行世界银行项目的经验，在符合贷款准则的前提下该坚持的要坚持，否则将来在执行项目的过程中也会很被动。

这里的意思也很清楚，他们认为应该坚持原来的方案。

至于我们提出的增加贷款额度的要求，他们说，在原来确定的2亿美元的基础上适当增加一点是可以的，如果增加较多就需要专门研究。

这样，我们与世界银行商榷的余地就很小了。

2月15日，由我和郑友三发出了《关于山西省万家寨引黄工程世界银行贷款项目预评估中几个问题的回复》的传真。除了工程范围和贷款额度，对于预评估中提出的其他问题，我们一一表示同意，并且接受世界银行预评估团的建议，进行下一步的工作。

关于工程范围，我们说，双方对工程整体性的认识完全一致。但是，鉴于引黄工程已完善的程序、工程的实际进展及资金的承受能力，在整体考虑、统筹安排的前提下，世界银行贷款仍将用于国家已同意建设的总干线和南干线工程；配套项目将加快工作进度，争取与现开工项目同时受益。至于贷款额度，我们说，经测算，原定的2亿美元贷款额度增加至2.5亿美元即可适应一期工程建设的需要。

约半个月后，我们得到了哥德堡的答复。他承诺，将根据项目进展情况，由古纳带领一个小组进行另一次准备性考察，讨论项目的具体要求。但同时他又再次强调，数十年来世界银行贷款项目的教训是，没有完善的筹资计划就不能开始这样浩大的工程。要把这项工程从黄河到用水户作为一个整体系统看待，其筹资计划安排必须以此为目标。他还说，总干线和南干线最低外汇额度也需要3.35亿美元，2.5亿美元是不够的；联接段工程需要外汇0.72亿美元，太原供水工程需要外汇0.92亿美元。他明确要求，在工程项目评估以前，联接段和太原供水工程部分的初步设计要得到国家计委的批准，同时也要得到山西省政府对所有外资由世界银行或其他渠道来源落实的承诺。

这一个回合的函件传真解决了一个问题，那就是对方没有把口子封死。但是主要的问题仍在，而且丝毫没有松动。

也有人说，这世界银行是怎么啦？借你的钱，到时候还你，连本带利还你，不就行了吗，你管那么多干吗？

客观公正地说，世界银行并不是多管闲事。它的宗旨是要帮助贷款国的某项事业得到可持续发展，就必须保证贷款项目取得成功。从另一方面说，它也必须保证所贷款项的安全，如果项目不能取得成功，对方也就不可能具有还贷能力，贷出的款项只能成为呆账、坏账。我国内地的一些银行，如果具有世界银行这样的精神，那就不会有那么高比例的呆账、坏账了。因此，世界银行的这种精神是值得称道的，值得内地的银行界效法。

## 前有大河，后有追兵

我向省委、省政府的主要领导介绍了近来的情况，大家都觉得局面是严峻的。省委书记胡富国说："前有大河，后有追兵，要赶紧拿出个办法来！"

我们的确是被夹在中间了。但这一前一后是有区别的，是内外之别。世界银行是外人，其与我们的关系是一种建立在利益共享基础上的合作关系，它的"合理"要求（这里需要特别强调"合理"这两个字，因为并不能排除它将来提出不合理要求的可能）是必须满足的，是没有什么情面好讲的。中央有关部门就完全不同了，它们是应该帮助和支持我们的上级单位，是自己人。自己人，好商量。我们应该把力气用在这个方向，只要能打破常规，不搞拖拖拉拉、不搞公文旅行、不搞推三阻四，问题就不难解决。

1996年4月9日，胡富国主持召开省委常委会议，研究引黄工程问题，主要是解决世界银行贷款问题。这次会议定了一个基调，世界银行贷款的谈判只能成功，不能失败！

会议对有关问题作了明确的决策，比如，关于引黄工程的范围可以按照整体考虑、一次承诺、分步实施的原则，与世界银行考察团谈判；关于贷款额度，可以接受世界银行的意见，一期工程增加到3.35亿美元，争取国家计委批准，等等。

会议特别强调，凡是省委、省政府研究决定的有关引黄工程建设事项，各有关部门和单位要不折不扣地抓紧落实；凡是有关引黄工程的请示事项，有关部门不允许扯皮、延误。否则要追究有关领导人的责任。

4月17日，世界银行贷款项目协调领导组成立，由我任组长，副省长杜五安、薛军和引黄工程管理局局长郑友三任副组长，原省人大常委会主任王庭栋、原省政协主席李修仁任顾问。

就在省委常委会召开的当天，古纳带领的项目评估准备考察组就来了。

第二天，也就是 4 月 10 日下午，胡富国、孙文盛、卢功勋、冯芝茂等省五大班子的领导在省政府渊谊堂会见了以古纳为团长的世界银行引黄工程评估考察团。会见时，省委书记胡富国讲了话。他说：

> 古纳先生，我和我的同事们见了你们非常高兴。像你们这样大的代表团来山西，尽管少见，还是有的。但我们这么多的负责同志来接待却是空前的，绝无仅有的。
>
> 为什么我们这么多负责同志要出来迎接你们？第一，说明引黄工程的重要性。我们山西 3000 万老百姓把引黄工程称为“生命工程”，不论来自哪个国家，人的生命都被认为是最宝贵的。另外还有很重要的一点，就是以古纳先生为首的世界银行代表团，你们四次，连这次五次，为了引黄工程在山西考察访问，你们对山西是诚恳的、热情的，你们的人道主义感动了山西所有的负责同志和全省人民。你们看到，因为缺水影响到山西 3000 万老百姓的生存和发展，你们以可贵的人道主义，以极端负责的工作精神感动了我们，你们这种推动人类和社会进步的精神感动了我们，特别是你们为引黄工程提了非常积极的、科学的、负责的建议，我们非常感动。你们与我们的合作是诚心诚意的。由此可见，世界银行为了人类社会的进步做了大量的有意义的事情。我们的引黄总指挥郭先生和副总指挥郑先生把你们对我们的态度介绍之后，我们很感动。特别是古纳先生对我们山西的引黄工程更有感情，开个玩笑说，我们山西 3000 万老百姓时运不错，遇到了古纳这样一个大好人，遇到了诸位女士、先生，你们都是好人，我们永远忘不了你们！
>
> 我与你们初次见面，从你们带笑的面孔上，我看到山西人有“救”了。

我之所以要把胡富国的话大段地引用在这里，是因为他的这番颇有个性特色的话确实很能反映山西领导层当时的急迫心情。

这是古纳第五次为了引黄工程的事来山西，世界银行的总部在华盛顿，从华盛顿到太原要经过10多个小时的飞行，中间还要在美国西海岸和北京做两次停留。但他只要一到驻地就会马不停蹄地干起活来，根本没有什么倒时差这一说。

古纳是马来西亚人，黝黑的脸庞，敦实的身躯，一看就可以猜到是东南亚人。他是水利专家，在世界银行负责有关水资源的项目。虽然他已经上了岁数了，但好像从来就不知道疲倦。

从9日到27日，考察团又进行了19天的考察。不夸张地说，经过这5次长时间、多学科的考察，他们对引黄工程的各个方面都已经了如指掌了，双方的讨论也就十分深入细致。由于有省委常委会的决议精神，我方参加谈判的人有了相当宽松的回旋余地，谈判在诸多方面取得了一致。

关键的问题是项目范围。双方同意，一期工程是一个从黄河引水一直到用水户的完整系统，包括引黄工程、水资源管理机构改革以及水污染控制和工业废水管理。关于项目概算和工期安排，双方同意一期工程包括总干线、南干线和联接段工程，在2001年完成，总投资120.26亿元人民币。世界银行希望将贷款额度增加到4亿美元，并推荐使用意大利政府双边贷款3000万美元。太原市配套建设的供水工程及污水处理工程的费用，估算分别为27亿元和22亿元人民币，这部分资金由自来水公司自筹，山西省提供9亿元人民币，其他的利用日本海外协力基金来解决。与此同时，双方还对工程监理、水机构改革、移民计划、国际招标工程、泵型研讨、联合设计咨询等问题达成了一致。

古纳对这次考察十分满意，说他们将积极努力开展工作，力争项目早日实施。

过了多年以后，现在来看，当时我们与世界银行达成的协议也是无可挑剔的。不得不承认，世界银行当时提出的主要要求是合理的。他们强调项目的整体性，是为了使工程真正发挥效益，而且他们显然在这方面有过沉痛的教训。因为工程的范围扩大，他们主动提出增加贷款额度，难道是他们的钱没有地方花吗？当然不是，别的地方争取都争取不来呢，他们的目的仍然是确保工程的完成。他们要求邀请掌握先进设计理念和设计技术的世界上著名的专家参与工程的设计和设计方案的审查把关，要求长隧洞的施工使用先进的设备和技术，用全断面双护盾掘进机代替钻爆法，这些都代表着先进的生产方向。他们要求成立统一的水资源管理机构，改多龙治水为一龙治水，并进而把引黄水与地表水、地下水、当地水、过路水、净水、污水一起管理起来，以充分发挥水资源的使用效益，这更是一种很好的设想。这种设想是从西方工业革命后几百年来的管理文化中积累生发出来的。所有这一切，你有什么理由不同意呢？你不同意是因为身不由己，你身不由己是因为有什么东西束缚着你，这就不能不从我们自己的体制上找原因了。据我的体会，传统的政府管理体制存在的问题，一是制度成本太高；二是容易丧失机遇；三是无人负责，层层推诿扯皮。

## 一群“明白人”抓住一个“老实人”

经过这一次谈判，世界银行方面的要求是基本满足了。但是，摁下葫芦浮起瓢，上级职能管理部门的问题该怎么解决？如果联接段工程和太原市的供水和污水处理工程立不了项，贷款额度由 2 亿美元增加到 4 亿美元得不到批准，那么，我们对世界银行的承诺就完全落空。那样的话，不仅贷款办不成，山西的信誉也将在国际上大受影响，甚至扫地殆尽。也就是说，我们已经骑到了虎背上，想下也下不来了。

我们只剩下了一种选择，就是争取上级的谅解、同情、支持和批准。

在那一段时间里，我的大部分时间是在北京度过的。我和郑友三、引黄工程管理局的其他同志，还有省计委主任张奎等同志，财政厅厅长原崇信，水利厅厅长赵生荣、副厅长姜凯等不停地在国家计委、水利部、财政部等有关部门之间来回穿梭，向他们汇报、解释、诉说、请求，恳请他们予以支持。客观地说，这些部门的同志大都对我们是同情的，是愿意给我们以帮助的。但是，事情实在太大了，涉及许多部门，涉及决策程序，甚至涉及体制，他们也确实有些力不从心，爱莫能助。

太原那边，胡富国、孙文盛十分关心我们在北京的进展。双方不断地打电话，通报情况，商量对策。我根据笔记本上的记录算了一下，这期间我一个人就往省委和省政府打了42次电话。

有一次老胡急了，在电话里心急火燎地大声说："老兄啊，你一个人的力量够不够啊？不行的话，我和孙文盛马上过来，咱们仨一起攻他们！"

我说："还是先沉住气吧！有需要的时候，我会立刻请示你们。"

估计在国务院下属的各个部门间是走不通了，我不得不去找邹家华副总理。4月29日，古纳率领的评估准备考察团回到北京后，邹家华副总理在钓鱼台国宾馆会见了世界银行驻中国代表处首席代表皮特尔·鲍特利和古纳。这种规格是从来没有过的，破例的，目的是向世界银行表明中央政府支持引黄工程的态度。邹家华副总理对他们说：

> 万家寨引黄工程是黄河中游的一个重要项目，中央政府非常重视。山西经济在全国经济发展中具有极为重要的地位。山西是中国的能源基地，是煤炭生产的集中省份；解决山西缺水的问题，使山西经济、山西煤电工业得到发展，这也是全国经济发展必须解决的一个重要问题。
>
> 当前工程最重要的是如何更好地筹集资金。山西省水、电、煤水资源补偿费的出台收缴就体现了中央政府的支持。很高兴看到世界银行能够与山西很好地合作。
>
> 引黄一期工程本身可分为3个部分：一是万家寨水利枢纽

（水库、电站）；二是从枢纽到太原水厂的全部输水工程（扬水站、隧洞、渠道等）；三是进入太原水厂后到所有用户的管网建设。北干线到朔州、大同，放在二期考虑。

中央政府将与有关方面仔细研究解决工程建设中的一切问题，采取必要的措施，支持山西省搞好这项工程，直到胜利建成通水。

会见时，国家计委副主任叶青在座。山西方面，我和副省长杜五安以及引黄工程管理局局长郑友三、副局长杨晋生等也参加了会见。邹家华的态度是明朗的。我们有一个很强的信念，只要找到邹家华，他一定会努力帮助我们解决问题。但这是一种不得已的做法，越级找领导是犯忌的，是容易得罪人的，容易被中间环节的同志误解为对他们的不尊重，从而给以后的工作留下隐患。我们不止一次地用过这种超常的办法，心里也清楚，说不定哪一天麻烦会找上门来。不过在当时来说，已经顾不得许多了，得先过了眼前的这道坎再说。

邹家华副总理了解了我们与世界银行谈判的情况以及国家计委、水利部等部门的基本态度后，说："这样吧，等我抽一个时间，把各家都找来，开一个协调会，问题应该能够解决。"

我立即把这个喜讯通知了家里。胡富国有些等不及了，又亲自给邹家华副总理打电话，表示希望尽快举行这次协调会。

协调会定于 5 月 22 日召开。邹家华副总理受李鹏总理委托，主持了这次会议。

会上最引人注目的是山西省与会的阵容，有省委书记胡富国，省长孙文盛，时任引黄工程总指挥的我，省委秘书长武正国，副省长杜五安、薛军和省长助理吴绍礼，还有引黄工程管理局、省计委、省水利厅等单位的负责人，黑压压坐了一大片。会后有人开玩笑说，山西这次真是"倾巢出动"，看来是下了破釜沉舟、不达目的誓不罢休的决心了。

部委方面出席会议的有国家计委资深常务副主任甘子玉、财政部副部长张佑才、建设部副部长毛如柏、水利部副部长朱登铨、外经贸部部长助理龙永图、国家环保局副局长张坤民等。

胡富国、孙文盛和我在会上汇报了引黄工程的进展和与世界银行谈判的情况，提出了请求国务院帮助协调解决的几个问题。会议围绕这些问题进行了协商和讨论。

邹家华副总理讲了话，他从一次视察黄河中游宁夏段的情况讲起。他说："黄河河道宁夏那一带，在古代原是一个森林茂密的地区。这次我去宁夏看了一个西夏王的陵墓，现在实际上就是一个土堆。我就很奇怪，西夏王陵墓怎么会选到一个沙漠里去了呢？后来导游小姐给我讲，那个时候，那一片都是森林，后来因为成吉思汗攻打西夏，临死前告诉他的儿子，把西夏王的陵墓全部烧掉了，只剩下一些琉璃瓦片，这个地方就逐渐沙化了。"

他好像在讲故事，其实是在讲生态，讲可持续发展，讲人类破坏自然环境所造成的灾难性后果。

接着，他话锋一转，讲到了水，讲到西北和华北的缺水问题："表面上看，（我国）大部分的经济在南部，但是我们的能源基地大部分在华北和西北，所以，解决华北和西北地区水的问题是我们整个国家经济发展战略的重要步骤。"

他说，"山西的水确实很困难。有一个报道说煤矿工人喝的是矿井下边的黑水，我看过之后心里十分的不好受。煤矿工人本身十分艰苦，又在井下，很危险，我们还保证不了他们的饮水质量。我们共产党人是为人民服务的，煤矿工人为国家生产煤炭，结果我们连他们喝的水都解决不了，这实在说不过去。"

"我们国家70%的电靠煤炭，所以，山西搞万家寨引黄，不仅对山西的经济和山西人民的生活很重要，而且对全国都有很大好处，关系到全国经济的发展。""因此，党中央、国务院对此非常重视，将这个工程当作全国的重点。我们今天把这个事提出来，希望大家认识到它的重要性和必要性，一定要下决心将这个工程的事情办好，千万不能放松。”

接着，他又对枢纽、引水、供水三项工程的筹资和管理，对世界银行贷款以及枢纽移民等问题提出了具体意见。

最后，会议对以下几个问题取得了一致意见：

> 万家寨引黄工程的枢纽、引水、供水三部分要统筹规划，分别组织实施。要按照现代企业制度的要求实现项目法人制度，工程的三部分要分别组成项目法人，实行静态投资包死，保证工期和质量。
>
> 引黄工程南干线、联接段和太原市供水工程的可行性研究报告，请国家计委在 6 月底以前报国务院，争取 7 月研究审批。对部分工程设计的修改报告、环评报告、枢纽移民规划等，请水利部、环保局等有关部门抓紧研究审查。
>
> 山西省的筹集资金政策可以继续执行。工程的整体性，对利用世界银行贷款 4 亿美元、意大利政府双边贷款 0.3 亿美元的承诺，以及太原市供水工程利用日本海外协力基金贷款等问题，请国家计委、财政部、外经贸部等部门抓紧研究落实。

会议还对枢纽工程由投资各方组建董事会、开发性移民、坚持开源与节流并举以解决水资源短缺等问题进行了研究。

可以说，引进世界银行贷款遇到的几个最关键的问题在这次会议上都解决了。

会议肯定了工程的整体性，联接段和太原市供水工程都已包括在这一整体工程的范围之内。特别重要的是，会议明确要求国家计委在 6 月底以前完成可行性研究报告的审查工作并报国务院。会议还肯定了筹资方案，也就是同意了将世界银行的贷款额度由 2 亿美元增加至 4 亿美元。

一个星期以后，也就是 5 月 28 日，国务院以国阅〔1996〕88 号文件印发了《听取山西省关于万家寨引黄工程有关问题汇报的会议纪要》。这就是我们经常挂在嘴边的“88 号文件”，是我们据以推动引黄工程程序的具有重大影响的文件。

写到这里，对邹家华副总理的崇敬和感激之情，在我心中油然而生。这种感情不是我一个人所特有的，而是当时省级领导一班人所共有的，在这一点上，我们代表了全体引黄工程的建设者，甚至可以毫不夸张地说，我们真正代表了山西人民。

从工程的立项，到水资源补偿费的出台和增收，到引进世界银行贷款，其间经历了多少曲折困难，多少次山穷水尽，多少次命悬一线！每当遇到跨不过的坎、蹚不过的河，每当千钧一发之际，每当将死将生之时，总是邹家华副总理挺身而出，力挽狂澜，使引黄工程一次次转危为安，重回正常轨道。引黄工程的成功兴建与邹家华的名字是紧紧地联系在一起的！

钱正英曾说：“你们是一群‘明白人’抓住了一个‘老实人’，要不然，引黄工程走不到今天。”她是半开玩笑地说的，但她说的是大实话。

说我们是一群“明白人”，未免有些抬举我们了，其实我们实在是没有别的办法；说邹家华是一个“老实人”，又好像只是说到了一个方面。

不过，细想一下，你又不得不承认，“老实”这两个字还真能反映邹家华品质中最本质的东西。在人们的心目中，高级领导人总有一些不同凡响的、闪闪发光的东西；可在他的身上体现出的只有朴实，就像一个最普通、最平凡的人。

邹家华最像老百姓的还是他那平易近人的风格。那么高级别的干部却一点架子也没有，跟他在一起就像跟普通朋友在一起一样，从来不会感到局促，感到紧张。我第一次见他的时候他还在国家计委的宿舍里住，我生怕高级领导不好讲话，心里难免发怵，特意请国家计委副主任金熙英引见。头天晚上邹家华刚从外地回来，后来我们才知道他回到家已经是深夜了，而我们为了赶在他上班前见到他，一大早就到了他家里。令我有些意外的是，他很热情，也很高兴，招呼我们坐下后，就打断我们的寒暄客套，让我们直奔主题，实话实说。后来，我们一次次地找他，一听说引黄有事，他总是设法抽出时间见我们。有一次在引进世界银行贷款问题上遇到一件火烧眉毛的急事，我打电话给他的秘书，要求见他。秘书为难了，告诉我说，副总理正在开一个重要的会，下午两点整又是总理办公会，看来今天实在难以安排。我对他说，那就在下午两点开会以前，我只要一刻钟，你去问问副总理，看行不行？不一会儿这位秘书就给我回了电话，很高兴地说："行！"午饭后我赶到邹家华办公室时，他已经在那里等我了。

邹家华副总理有敏锐而深邃的目光，用老百姓的话说，叫作"有眼力，一眼能看到骨子里"。就拿引黄工程来说吧，邹家华第一次听了关于山西水资源状况和引黄工程的汇报后，立即就向我们明确表态：这个工程应该搞，必须搞，我支持你们！他是从我国经济发展的全局来看引黄工程的。经济发展离不开能源，能源离不开电力、煤炭，山西的煤炭在全国举足轻重，但山西缺水，严重缺水，只有有效地解决水的问题，山西作为一个能源基地才能充分发挥其作用。什么叫有眼力？有眼力就是能够像这样一下看到最本质的东西，抓住最本质的东西。因此，与其说是我们这几个人抓住了一个"老实人"，不如说是这个工程在国家经济建设中的重要意义抓住了他，或者不如说是他敏锐地、不失时机地抓住了这个工程。

邹家华的另一特点是只要打定了主意就不会轻易改变，就要一抓到底，抓出成效来，决不肯半途而废。这种特点老百姓也有一句话，叫"有老主意，九头牛也拉不回来"。

在邹家华过问引黄工程的十几年中，不论意见如何分歧、利益如何交织、时机如何敏感，都不能使他有任何动摇。那种勇于担事、敢于负责的精神，那种坚持到底、决不放弃的精神，实在令人感动。

对于引黄工程来说还有一点十分重要，那就是邹家华排难解纷的能力。他依靠的不是位高权重，而是对纷繁复杂情况的透彻了解，知道是非的分界在哪里、利益的交叉在哪里，因此可以游刃有余地解决问题。在他主持召开的协调会上，从来没有剑拔弩张的气氛，也没有强加于人的命令。他会从各家介绍的情况和提出的主张中有条不紊地归纳出一、二、三、四，条条在理、头头是道，使你不得不心服、不得不认可。这种情况老百姓也有一句话，叫作“哪怕是天大的事，怕就怕一个‘理’字”。

引黄工程遇见这样的领导，用老百姓的话说，真是遇见“贵人”了。

今天回想起这些往事，我仍抑制不住一阵阵的激动。是的，邹家华这三个字，将会永远铭刻在山西人心中的丰碑上。

接到“88 号文件”以后，我们心里的一块石头基本上落了地。为什么是“基本上”，而不是完全呢？因为会议上的精神要真正落到实处也还并不是那么容易的。

会后两天，也就是 5 月 24 日，我在北京会见了世界银行驻华代表处首席代表鲍特利、业务经理穆罕默德和项目负责人蒋礼平，向他们介绍了国务院召开协调会的情况。我告诉他们，世界银行关心的一些问题，这次会议都作了明确的决策，希望世界银行的评估能够顺利进行。鲍特利表示，他们将努力推动引黄工程顺利通过评估。

在接下来的一段时间里，与世界银行评估有关的一些工作相继取得进展。

5 月 28 日，由省水利厅、体制改革委员会、引黄工程管理局共同编制的《山西省引黄工程供水区公司化机构改革方案》，经省计委批准后报送世界银行，得到了他们的认可。《方案》提出的体制改革总的框架是：将第一期引黄工程供水区所涉及的水事单位，包括引黄工程总公司、汾河一库、汾河二库、汾河灌溉管理局、太原市自来水公司、太原市污水处理厂，逐步改造成为企业化的供水经营新体制，并在此基础上最终组建为由引黄工程总公司控股的集团化股份公司。

5 月 31 日，环境影响评价和移民安置规划工作全面启动。这是一项涉及面很广的繁重工作，引黄工程管理局会同世界银行环境评估和移民准备团，以及天津勘察设计院、山西省水利设计院、中国辐射防护研究院等单位，共 30 余位专家，用了一个多月的时间，编制了《万家寨引黄工程环境影响报告书》《总干、南干移民安置规划》《联接段移民安置规划》等 10 份报告，近 100 万字。报告书经过预评审和修改补充后，得到国家环保局批准，也得到了世界银行的认可。

还是在 5 月 31 日，世界银行转交了日本政策和人类资源发展基金提供的赠款 6590 万日元，用于引黄工程建设。

6 月 20 日，孙文盛主持召开省政府常务会议，讨论了太原市自来水调价问题。调价是为了合理配置水资源，促进节约用水，并逐步与将来的引黄水价格接轨。根据这次会议的精神，经国家计委同意，省物价局下发了《关于调整太原市自来水价格的通知》。调整后的消费性水价为每立方米 0.9 元，同时将经营性水价细分为 5 类，最高水价为每立方米 9 元。也可以说，这是在世界银行建议的推动下，山西省水价改革迈出的实质性一步。

## 又一桩尴尬事

一切都似乎很顺利，但是我们心头的一片阴云却始终没有消退。果然，时间已经跨进 7 月，但南干线、联接段和太原市城市供水工程的立项仍然迟迟没有消息。邹家华副总理在协调会上关于 6 月底报到国务院的要求显然又落空了，贷款额度由 2 亿美元增加为 4 亿美元也同样没有着落。

7 月 13 日，我不得不再一次带了一支队伍去北京，其中有省计委的、引黄工程管理局的、水利厅的、太原市的，还有天津勘察设计院和省水利设计院的，总共有 32 人。我们在北京整整待了 20 天，直到 8 月 3 日才回来。

7 月 15 日，我们参加了国家计委一位副主任主持的引黄工程建设方案及资金平衡汇报会。

这位副主任听了我们的汇报后，不紧不慢地说："这个引黄的一期工程嘛，你们山西已经可以筹集到 85 亿元，那就不用世界银行的贷款了！不足的部分呢，你们可以核减一部分建设内容，可以降低施工的定额标准，也可以采取压缩投资的办法！"

几乎不容我们分说，他就要求我们会同设计单位做出不用世界银行贷款的方案，再来汇报！

用"大惊失色""面面相觑"来形容我们当时的情况，大概都不够准确，我们简直不敢相信自己的耳朵，天底下怎么会有这样的事呢？这么多的人，这么多的单位，国外国内，中央地方，上到总理、副总理，下到工人、技术员，费了那么多的时间和精力，好不容易才搞出来的成果，怎么他一句话就给否了呢？

国家计委有关司局的同志，其他部委参加会议的同志，一个个也都相顾愕然，完全出乎意料。

难道国家的基建方针有重大调整吗？难道刚刚发出的国务院"88 号文件"不算数了吗？这究竟是国务院的意见，是国家计委的意见，还是这位副主任个人的意见？

这些一下子涌出来的问题一时都不可能有答案。定下心来细细一想：即使这是个人的意见，这样的事情在我们这里也并不奇怪，大笔一挥就叫你功败垂成的事是并不少见的。所以，你不要以为这种事简直岂有此理就可以小瞧它，这种事同样是需要认真对待的。

这是一位新上任不久的年轻副主任，据说原来是沿海某一城市的市长，一下子擢升为国家计委副主任，可见是一位很能干的人。后来经过多次接触，我们了解到他不仅能干，而且办事干脆利落，十分讲究效率。当时我们想，会不会因为他是新来的，不太了解引黄工程对山西的重要性，也不太了解这个工程的前前后后呢？会不会是他听到了一些不太准确的情况和一些不太负责的建议，匆忙中下此结论呢？汇报时他不容我们分说，那么，是不是可以找一个跟他说得来的人，向他详细介绍一下，疏通一下呢？当时社会上盛行“公关”，我们偶尔“公关”一下也没有什么不可以吧？

于是，我们找了一个从小在北京长大的山西籍老乡，他与这位副主任年龄相当，十分熟悉，又特别关心引黄工程的建设，请他帮忙做做工作。这位老乡十分爽快，说没问题！

结果不理想，还是有问题。

与此同时，我急于弄清楚“不用世界银行贷款”是不是国家计委的意见，只好再一次向上找。7 月 19 日，我向国家计委主任陈锦华汇报了情况。陈锦华对引黄工程的情况十分了解，两个多月前，他刚刚对引黄工程全线进行了考察。回到太原后，他在孙文盛主持的汇报会上有一个重要讲话。他说，引黄工程要保证整体性，贷款额度问题由国家计委负责解决；南干可研、联接段及太原供水可研报告要尽快完善，国家计委将在 9 月世界银行评估之前批复。在几个主要问题包括贷款额度的问题上，他的态度都是十分明确。

听了我介绍的情况后，陈锦华淡淡一笑，说：“引黄工程利用世界银行贷款，太原城市供水工程利用日本协力基金贷款，国务院已明确，计委的任务是抓紧落实。引黄工程搞到现在已别无选择。”接着他说：“引黄工程的配套资金还不够，要让规划院把账算好！”

国务院已经定下来的事，计委怎么可以任意去改变呢？这种违背基本常识的话，陈锦华似乎认为没有必要置评，他没有再说什么。

接着，我又见到了邹家华副总理。邹家华副总理说，这种全用内资的想法不是国务院的意见。“88 号文件”没有变化，过去表过的态也没有变化。

我们悬着的心放了下来。回到住地以后，我们整理了一份关于是否利用世界银行贷款比较的文字材料，大意是：引黄一期工程如果不利用外资，资金缺口过大，不能保证工程的顺利实施；如果利用国内银行贷款，与世界银行的贷款相比，利率较高，偿还期也较短，单位水价每立方米要增加 0.65 元；核减建设内容，降低施工标准，必将影响施工质量，是不可取的，引进世界银行贷款，也有利于引进先进技术和成熟的管理经验，对于像引黄工程这样大型的工程来说，这一点是十分重要的。

我们之所以要搞这么一份文字材料，是表示对计委这位副主任的尊重，也是对他的答复。8 月 2 日，我把这份材料送给了他。

我们对此有一个基本估计，这位副主任不太可能坚持取消引黄工程的贷款额度，但要想让他痛快地同意增加贷款额度恐怕也是不现实的，只好再说了。果然，直到国家计委下达关于南干和联接段的批准文件时，关于增加贷款的事还是留了一个尾巴，说要等到世界银行评估以后再说。

类似这样的突发事件，难免使人生出许多感慨。回到太原后，8 月 16 日，我在省委常委扩大会议上汇报此次北京之行的情况时就此谈了我的感慨、认识和建议。发言记录尚在，不妨抄录一段在下面：

> 引黄工程的艰难性、曲折性不仅在于工程的难度大，筹资的难度大，更要紧的是上下左右统一认识的难度大。引黄工程首先遇到的、不断面对的是上下左右各个方面的统一思想、统一认识的工作。这甚至比工程本身启动、设计、推进和施工建设的难度还要大，还要复杂。来自上下左右各方面的不同认识、不同想法、不同说法往往是意想不到的。有时是口头上、会议上统一了，思想上、实际上没有能够真正统一；有时是领导层统一了，中下层

和具体办事人员并没有完全统一；有时是直接从事这项工作的部门和人员统一了，个别相关部门仍然不理解不统一；有时是一般性的研究讨论统一了，遇到问题、困难又不一致了。而我们省内上下左右认识不完全统一的问题，必然通过各种途径、种种渠道，直接或间接反馈到国家有关部门、有关领导，特别是反馈到一些对引黄工程的紧迫性、全局性和利用世界银行贷款的必要性并不具体了解的同志那里。这样反过来就给我们在推进各项程序中带来困难，加大难度。这一次的感受，就是问题发生在北京，实际上还是从我们山西来的。

看来，我们对引黄这样一个大工程，在国家体制转轨变型期的大背景下，必然导致体制上、思想上、认识上、观念上的种种阻力和巨大困难认识不足，这是这次给我们的教训。我们对引黄工程这样一个建设周期长、从上到下都必须几届政府紧密衔接、不断努力才能完成的跨世纪工程所需要进行的反复深入的汇报、宣传、解释工作的必要性和艰巨性认识不足。因此，我们一方面要向中央有关部门的领导和有关的司局处室多解释、多汇报、多沟通；另一方面要加大我们省内关于引黄工程的紧迫性、必要性、全局性的宣传。要使我们省内各级有关部门、各级领导、全省广大的干部群众对引黄工程的认识真正统一起来，真正做到上下一致、同心协力。

引黄工程投资大、周期长，从中央到基层，从国内到国外，凡是涉及的部门、机构，都有一个相互衔接、反复汇报、不断统一认识的过程。特别是从领导干部到承办人员的不断调整和交替，对我们这样一个从勘探、设计、立项到引资周期相当长的工程，必然带来许多不了解、不理解的情况。我们这次就想，1983 年引黄第一次选项时，当时国务院常务副总理是万里，他答应得非常清楚，青岛引黄一年两个亿，青岛引完黄，那个钱就拿过来支持你们山西引黄。但不久，万里就换成了姚依林。姚依林之后是朱镕基。国家计委主任我们搞这个项目的时候是姚依林，姚依林之后是宋平，宋平之后是邹家华，邹家华之后是陈锦华。水利部部长当时是钱正英，钱正英之后是杨振怀，杨振怀之后是现在的钮茂生。其他各有关部门领导的交替就更不用说。经常换人，换人以后就得从头汇报。这就使我们不得不一次又一次地从头再来。

针对这种情况，为了确保这项工程的顺利实施，一个很重要的前提条件就是要把高层的认定、大政方针的确立、重要程序的审批、组织机构的设立、各方面工作渠道的沟通等最基础、最基本、最关系全局的重要工作，在本届政府任期内完成。这一段时间是我们难得的机会，我们一定要把这些工作做完。然后就是全力以赴按计划组织施工的问题了。那时天就塌不下来了。这就要求我们这一届省委、省政府真正要做到上一次汇报会上富国同志提出的，要把引黄看作重中之重，要不失时机地抓好它。

也可以说，这既是我的心得，也是我的担心。

说到这里，我自然会想到纪馨芳、杜五安这样坚定支持引黄工程的同志。在引黄工程决策环境遇到重大困难的时候，纪馨芳敢于挺身而出、仗义执言，为引黄工程说公道话。他曾屡次和我一起进京汇报，争取领导的理解与支持，以解决引黄工程面临的急迫问题。在省委、省政府召开的建设太旧公路阳泉现场办公会上，纪馨芳有一个发言。他说："太旧公路是山西的致富工程，引黄工程是山西的生命工程！""生命工程"的命题就是这样由纪馨芳响亮地提出来的。这个命题帮助人们更深刻地领会了引黄工程的意义。

## 仨月两请"钱老太"

在争取增加贷款额度的同时，还有一个大问题，即推进后续工程的立项程序，又是一个新的关口。

7 月 22 日，我和郑友三就南干线、联接段和太原市城市供水可研报告的批复问题，向国家计委副主任陈耀邦做了汇报，得到了他的理解和支持。26 日，我又去见邹家华副总理，向他汇报当前工作的进展情况，同时还面呈了胡富国、孙文盛和我三人的联名信。邹家华当即在信上批示：

> 锦华同志：据悉，8 月 15 日承包商即将来华参加引黄工程总干和南干的投标，包括利用世界银行贷款的部分。时间已经比较紧迫，请你再予过问。

接到批示后，国家计委于 7 月 30 日作出安排，要求由水利部报联接段方案，建设部报城市供水方案，计委则由投资司负责批复以上项目的可行性研究报告。

为了争取以上项目的可行性研究报告尽快得到批复，7 月 29 日，郑友三、王必胜向原国家计委副主任金熙英和中国国际工程咨询公司薛总工程师分别作了汇报。8 月 1 日，我又分别致信国家计委副主任甘子玉和陈耀邦，陈述要求尽快批复 3 个报告的理由。

客观地说，一个工程从它的提出到可行性研究报告的批复是需要有相当长的时间的。怎样建设这个工程，会有不同的设想、不同的方案，即使是同一个方案，也要有不断修改和完善的过程。在这方面，联接段工程就是一个典型的例子。

按照原来的计划，引来的黄河水通过南干线的尾端头马营隧洞口后，就流进了汾河，顺着汾河干流的河道一直流进汾河水库，然后再流到太原市呼延水厂。从头马营到汾河水库是 81 公里，从水库到呼延水厂是 57 公里。这 138 公里的距离基本上可以利用天然的河道，因此可以节省大量的投资。至于其中是否有些地方需要处理，准备放到二期工程时再加考虑。

世界银行考察团特别强调工程的整体性，因此对联接段就特别重视，因为从勘察设计的角度说，他们认为这还是一块“处女地”。经过认真的考察，他们认为，从头马营到汾河水库这一段，河床的条件比较好，基本没有渗漏，相反还有一些小泉小水的补充，沿岸也没有什么工业污染，因此利用自然河床的方案是可行的。但是，从水库出来的这一段就不行了，这一段有长达 45 公里的渗漏带，而且经过古交市工矿区，污染比较严重，必须采取工程措施以保证来水的充足和清洁。

联接段工程应该怎么搞？有管线和洞线两种方案。管线方案就是在汾河水库至呼延水厂之间铺设管道，双洞双管，计划 1997 年开工，2001 年建成，按当时的价格水平，总投资约 22 亿元。洞线方案是从南干 7 号隧洞的末端开始，采用以无压引水隧洞为主的全线暗渠输水方式，将引黄水一直送到呼延水厂，工程全长约 88 公里。这个方案的特点是输水线路末端集中了大约 500 米的落差，可以搞一个总装机容量 30 多万千瓦的电站。有了电站就可以“以电补水”，将来可以进一步降低供水成本。应该说，这是一个很有吸引力的方案。

这样，究竟采用哪种方案就成了一个问题，一时定不下来。

6 月 14 日至 17 日，受水利部委托，北京水利水电规划总院在北京召开了联接段方案的审查会议，国家计委、中国国际工程咨询公司、水利部规划计划司和山西省有关部门的负责人共 70 多人参加了会议。经过审议，会议认为，洞线方案是一个“技术上可行，经济上可能更合理的值得深入研究的方案”，要求山西抓紧对这两个方案进行进一步的补充论证和比较工作。

洞线方案的优越性是明显的，但问题也很突出。第一是投资太大，估计比管线方案要多花 30 多亿元。本来就缺钱，一下子又要多拿 30 多个亿，实在是难以承受。第二是洞线方案要有一个调节水库，打算搞在好水沟，但好水沟究竟能不能搞水库一时还很难说清楚。第三是这个方案的建设工期要六七年，太长了，会夜长梦多——前期准备包括测量、勘察、可行性研究报告的编制等等所需要的时间也很长，而世界银行的贷款评估要在 9 月进行，根本赶不上。

我们倾向用管线方案，水利部不表态。那么，可不可以把联接段先放一放呢？世界银行不同意。这样，我们又一次左右为难了。

1996 年 9 月，我们再一次邀请钱正英副主席来指导工作，破解难题。距离引黄工程的奠基典礼已经过去了三四年。在这期间，工程已经全面铺开，不断取得进展，也有许多问题需要解决。每当我们遇到技术和管理方面的问题，首先想到的就是求助于钱正英。

钱正英按她考察工作的惯例带了一批相关的专家，沿着联接段的路线，从太原市一直考察到头马营，也就是南干线的终点，引黄水将从这里流入汾河，进入联接段。考察后，钱正英并没有轻易地在洞线方案和管线方案之间作出抉择，她认为两个方案各有优缺点，需要进一步研究。她很清楚，在书斋里对方案做纯技术的研究是一回事，把它放到复杂的决策环境中、放在各种制约条件下，就完全是另一回事。这一次她带着罗西北、潘筠寿等专家一起来，就是要到现场实地考察和研究这些问题。

罗西北早年留学苏联时学的就是水电专业，曾长期担任水电部电力局局长，既有专业技术知识，又有丰富的实践经验，他的意见对我们有很大的帮助，在同行业专家中也很有影响力。当时他已经 60 多岁了，身体不好，有糖尿病，但他工作起来就忘掉了一切，这使我很过意不去。我听他随行护理的夫人说，他们带了一些晾干的南瓜条，说是对治疗糖尿病有好处，可惜吃完了，不容易找到。我说：“这好办！”我早年在山西沁县工作，那是个盛产南瓜的地方，到了秋末，老乡们家家户户门口都晾着南瓜条。我便让人跑了一趟沁县，找来了一大包南瓜条，送给了罗老的夫人。

由于一时还不能决定究竟应该选择哪一个方案，距离世界银行评估的日子又很近了，钱正英说："这样吧，我给陈锦华主任写封信，建议先按照世界银行主张的管线方案批，不要误了他们的评估。这并不妨碍我们对这两个方案继续比较。"

9月23日，钱正英给陈锦华写了封信。信中说，鉴于世界银行评估在即，建议国家计委先行批准管线方案；两个方案的比较工作，山西方面可以继续进行。

10月5日，我接到古纳的传真。古纳就国家计委尚未批准联接段工程的可行性研究报告这一问题表示：世界银行对联接段的管线和洞线方案从技术可行性和经济合理性上进行了比较，不同意采用水电站及隧洞方案；世界银行必须对整个项目即总干、南干、联接段进行评估，而不能对项目的某一部分进行评估；如果国家计委坚持采用隧洞方案，世界银行则需要对整个系统的可行性进行审查，并不得不将评估团改为预评估团，可能将项目推迟到1998年或更晚，直到作出决定。

在对古纳的传真进行研究后，10月6日，由胡富国、孙文盛和我联名就联接段可行性研究报告的批复问题给邹家华副总理写了请示报告，报告介绍了古纳传真的主要内容，表示：古纳坚持的管线方案是符合实际的，钱正英来引黄工程考察时和随行专家也建议先行批准这一方案。管线方案已经做了充分的前期工作，申报程序也已经完成，恳请邹家华副总理和陈锦华主任过问此事，请国家计委按世界银行评估程序要求将南干、联接段（管线方案）以及太原市城市供水可行性研究报告一并尽快批准，并将意见函告世界银行，以免影响10月20日的正式评估。

10月8日，邹家华将请示报告批给了国家计委副主任陈同海，明确要求：当前先按管线方案也就是按总干、南干、联接段的管线方案批可研报告，否则将会影响整个工作，后果将是严重的。至于洞线，那是我们的论证工作，以后有结果再说，目前不能因此等待！请按此答复。

这样，终于保证了世界银行的评估工作得以如期进行。

两个方案的比较问题这时并没有解决，这样，就有了 12 月钱正英第二次山西之行。在短短的 3 个月时间内，为了引黄工程，她两次来到引黄工程沿线考察。她已经是上了年纪的人，我们私下里都亲切地称她为“钱老太”。

这一次她召开了一个“万家寨引黄工程技术问题内部研讨会”。她在会上说：“上一次我从山西回去后给陈锦华同志写了一封信，讲的是关于联接段的两个方案。我说，洞线方案是有它的道理的，但是为了不影响世界银行的评估，建议国家计委先批管线方案。由于联接段工程还不急于开工，在世界银行评估以后，我们内部还可以进一步比较两个方案。如果最后洞线方案确实优越，那么，既然是好方案，和世界银行也可以讲得通。当时国家计委请示了邹家华副总理，同意了这个办法，这样联接段方案便留了一个悬案。对我个人来说，也欠了一笔账，这一次要把这笔账了清。”

为了更加细致、更加客观科学地解决问题，参加讨论的除了参加联接段前期工作的单位和人员外，钱正英还请了原来参加过引黄工程前期工作的有关单位的专家，请了北京水利规划院、天津设计院、太原供水工程的设计单位建设部市政建设规划设计院，联接段的设计单位山西省水利勘察设计院，以及太原市有关人员，一起参加研讨。研讨的主要问题有两个，一个是联接段的设计方案，另一个是太原市的需水预测。

采用洞线方案，可以把引黄水与汾河水完全分开；采用管线方案，引黄水与汾河水要合起来。究竟是合起来好，还是分开来好呢？会议经过充分讨论后认为，两者各有利弊。分开的好处，就是可以避开汾河的一些啰唆的问题，例如泥沙问题，还有今后管理中与农业用水的复杂关系问题。但合的好处更大，这是因为，汾河发源于山西境内的宁武县，是横贯山西南北的母亲河，可以说是山西省的生命线。它本身有相当大的水量，已经建成了一个大型水库，而且还正在建汾河二库，引黄水和它合起来，统一规划、统一管理、统一调度，才可以充分发挥水资源的效益，这就叫资源整合。这样，可以充分利用汾河已建和在建的水库，而不必考虑再去投资10多亿元建设好水沟水库。有了这样两个大水库，搞日调节、月调节、季度调节都没有问题，即使遇到连年大旱，需要做年度调节的时候，也可以作出科学的安排。把引黄水放进汾河河道，那就是另一条汾河！引到太原的黄河水，与汾河原有的水量是相当的，足以从根本上缓解那种严重缺水的局面。采用这种办法的主要问题是，一定要认真解决泥沙和污染问题。

洞线方案的吸引力主要在可以发电，但问题也在这里。按照原来的设想，电站的规模可以达到378000千瓦。这个设想是建立在年输水6.4亿立方米的基础上的。但输水6.4亿立方米是远期规模，近期的规模按照设计是3.2亿立方米。要达到6.4亿立方米，那至少是2020年以后的事了，还有人估计要在2040年以后。3.2亿立方米的水，怎么可能发6.4亿立方米的水才能发的电呢？因此这个设想是空的、没有基础的。再说，洞子是必须一次打成的，不能说先按3.2亿立方米的规模打小洞，将来引水规模达到6.4亿立方米时再重新打大洞，这里面沉淀的资金量也是可观的。还有一个问题，采用洞线方案必须有调节水库，这又要增加投资，延长工期。因此，洞线方案是不值得考虑的。

管线方案原来设想的是双洞双管，经过讨论大家认为一条管子就行了。双洞双管是为了保险起见，怕发洪水，冲毁一条还有一条。实际上，真要有大洪水，冲毁的恐怕就不是一条，两条也同样不保险。因此大家建议从汾河二库安一条管子到呼延水厂，作为备用。一旦汾河水库这边有了什么问题，就可以立刻使用汾河二库的水。这样既省事，也方便。

经过这次会议，联接段的设计方案就完全定了下来。国内的有关单位也好，世界银行也好，都感到很满意。

## 4 亿美元：世界银行年度最大融资项目

1996 年 10 月 19 日至 11 月 9 日，以古纳为团长的世界银行项目评估团对引黄工程进行了正式评估。评估期间，9 个专业组共举行大小会议 79 次，在水资源管理机构、水价、贷款偿还计划、培训与咨询服务、万家寨水利枢纽和汾河水库等问题上，双方均达成了共识，完成了全部评估程序。

评估程序的完成，标志着我们向 1997 年启动贷款又迈出了实质性的一大步。

11 月 9 日，胡富国、孙文盛、卢功勋、冯芝茂等省领导在迎泽宾馆为评估团送行。以古纳为首的世界银行工作人员，从 1994 年开始先后 6 次来到山西考察引黄工程，付出了大量的心血，我们对此表示衷心的感谢。古纳先生表示，一定尽力促成贷款项目尽快启动。

1997 年 3 月底，古纳还曾率领世界银行引黄工程项目预谈判技术讨论组来到太原，就世界银行贷款的一些技术性问题和我们讨论，这就不是评估，而是为即将在华盛顿进行的正式谈判做准备了。

1997 年 4 月 14 日至 18 日，谈判在华盛顿举行。参加谈判的中方代表团团长是财政部世界银行司副司长潘晓江，引黄管理局局长郑友三、副局长姜凯参加了谈判，代表团的成员还有国家计委、财政部、山西省计委和财政厅的同志。世界银行参加谈判的是项目负责人古纳，以及律师、支付官员、咨询专家、项目助理等人。谈判期间，中国驻世界银行执行董事李勇、执行副董事赵晓宇和世界银行中蒙局罗兰德先生给予了充分的支持与合作。双方围绕《贷款协定》《山西项目协定》《引黄工程总公司项目协定》3 个法律文本以及工程执行和实施、财务条约、贷款实施和终止日期等问题，进行了认真和反复的讨论，达成了共识。

万家寨一期工程贷款 4 亿美元，是世界银行本年度最大的融资项目，实行单一货币。1996 年 10 月 20 日为追溯报账起始日，至 2003 年 6 月 30

日终止，还款期20年，含宽限期5年。贷款将连同省内自筹资金安排在总干、南干、联接段部分工程及国际货物采购中使用。工程建设将按国际惯例对限额以上标段进行国际招标。

与此同时，我也应世界银行常务副行长赛维里诺的邀请，率团到世界银行的总部所在地华盛顿访问。这也是世界银行方面的有意安排，以便于我们就近了解谈判的进展并给予指导。谈判结束后，我与赛维里诺先生、中蒙局代局长罗兰德先生就引黄二期工程的贷款交换了意见。赛维里诺表示，二期工程的贷款，世界银行不会犹豫。

我回国后，在北京稍事停留，于4月28日清晨，与郑友三、姜凯等人一起乘车从北京回到太原。车刚进站，我们就感觉站上的情况有些异样：太原是这趟车的终点站，没有人上车，站台上怎么会站满了人呢？而且还有打着横幅的、举着红旗的、敲锣打鼓的，怎么回事？

原来是胡富国、孙文盛他们迎接我们来了。五大班子的领导来了许多，还有各个部门的负责人。当时我觉得这未免有些过分了。不过，老胡他们的心情我能理解。大家费了那么大的力气，用了那么长的时间，终于有了一个完满的结果，怎么能不高兴？怎么能不表示一下？所以老胡一定要画一个句号，一个大大的句号，一个完满的句号，于是就有了这次欢迎仪式。

后来，胡富国接受了中央电视台记者的采访，记者问他："当听到世界银行贷款谈判成功之后，您是什么样的心情？"

胡富国说："我太高兴了，太高兴了！当我看到来自华盛顿的传真时，正在长治出差。看到这个传真后，说实话，我是热泪盈眶。为什么呢？因为引黄的资金太难了。4亿美元贷款谈判成功后，引黄的资金落实了，心也就踏实了。当时我马上批了两条：第一条，所有的宣传工具都立即宣传，告诉山西人民资金落实了，老百姓就放心了，引黄有希望了；第二条，对以政协主席郭裕怀为首的谈判代表团回来要夹道欢迎，要给他们献上一束鲜花，表达全省人民对他们寄托的希望。他们是胜利归来，这样可以鼓舞山西人民。4 亿美元来之不易啊！”

6 月 3 日，哥德堡通知我们：世界银行董事会已于当日批准了引黄工程 4 亿美元贷款，希望能早日签订贷款协议和项目协议。

8 月 29 日，中国驻美大使馆公使周文仲与世界银行驻华首席代表、世界银行中国项目局局长黄育川在美国华盛顿签署了万家寨引黄工程贷款协定和项目协定。

国务院常务副总理朱镕基在万家寨引黄工程贷款协定上庄严地签下了自己的名字。项目协定经山西省省长孙文盛签字后，办理了转贷等各项法律手续。

11 月 24 日，世界银行发来传真，通知双方签订的贷款协定和项目协定正式生效。至此，这项工作历时数年终于以成功告终。

◇ 第八章

# 重搭台子再唱戏

从 1994 年开始引进世界银行贷款时起，体制改革的问题就凸显出来。引黄工程的建设体制和运营体制究竟应该怎么搞，世界银行并没有提出十分具体的要求，但他们提出了一些带有倾向性的基本思路。从两年来世界银行给山西的备忘录来看，从我们与世界银行官员、专家交流中得到的信息来看，他们在体制问题上的一个基本倾向，就是希望这个利用世界银行贷款的工程，它的建设管理体制与我国原来在计划经济下形成的大型水利工程的建设管理体制要有明显的、根本性的区别。

## 临阵不换将

可以说，引黄工程能启动起来是改革开放带来的。没有改革开放，引黄工程只是一个理想，一个宏伟的理想，一个多少代山西人魂牵梦萦的理想。是改革开放使它从空中落到了地上，从纸面走向了现实。试想，如果没有新的筹资政策，没有钱，没有一大笔数目惊人的资金，不能引进国外先进技术，一切岂不都是空话！

同时，引黄工程的实施也使我们面临管理体制上的种种新问题，要求进一步通过改革予以解决。从这个意义上可以说，引黄工程实施的过程也是改革不断深化的过程。

应该说，管理体制改革的攻坚战是从 1994 年、1995 年间引进世界银行贷款进入程序时开始的。这已经到了必须要啃体制改革这块硬骨头的时候了。

由于年龄关系，1995 年我的工作有变动，从省政府到了省政协，担任省政协主席，按照通常的说法，这叫作退居二线。对我来说，引黄工程的工作也就到了交接的时候了。这是很自然的，引黄本来就是一项政府工程，应该是政府管的事，政协是从来不管这种事的。

这时候，省委书记胡富国对我说："政府方面的工作你可以交，引黄不行，绝对不行！"

我向他解释，引黄工程不是哪一届政府哪一个人能够拿下来的，它是一场接力赛，迟早总是要交出"接力棒"的。

他还是说不行。他说："这不是我个人的意见，这是中共山西省委常委会的决定，你不能推辞！"

我又向他解释，这是行政方面的工作，我到政协后再管这件事就不合适了。这样会引起误会，而且恐怕还会生出别的事情来。

不管我怎么解释都没有用，他的态度很坚决。他问我："现在引黄处在什么状态？增收水资源补偿费的申请批不下来，南干线、联接段立项还没有着落，引进世界银行贷款刚开头就困难重重，一件件大事都还在天上悬着呢，你不干，叫谁来干？换人要看什么时候，临阵换将可不行！这时候换人，他连门也摸不着呀！"

胡富国说得很坚决，也很诚恳，后来干脆连街坊俚语也说出来了："老兄啊，这件事你无论如何要帮我一把！"

对我来说，这等于是出了一道难题。

我是1983年开始接手引黄的，十几个年头过去了。这期间，我不知道跑了多少路，开了多少会，找了多少人，说了多少话，碰了多少钉子！有好几次大家都觉得这下没有办法了，完了，走到头了，后来总算峰回路转，又有了希望，真有"天不绝我"的感觉。有时候我觉得这哪里是办事，简直像乞讨！这个门出，那个门进，求爷爷告奶奶，其中的苦涩和辛酸只有自己知道。

这个工程确实是太困难了，太费劲了！同时，我也清楚地知道，它的风险很大。后来我在一次省委常委扩大会上曾经讲过这个工程的风险，我说："世界银行的介入使工程抗风险的能力增强了，起码不会在国家调整基本建设政策时受太多影响，但是，其他各种风险仍然是客观存在而且不可轻视。比如：（1）自然风险。施工线路长，沿途地质结构复杂，工期长，可能遭遇洪水、地震等自然灾害。（2）市场风险。国际、国内市场的物价、汇率、利率都在不断发生变化。（3）设计也有风险。现在天津勘察设计院的设计与大型机械化施工的要求有距离，我们心里不太有底；过去中国是封闭的，大家不了解外面的情况，天津院也一样，而且也缺乏和世界银行打交道、与国际惯例接轨的经验。（4）还有一些非经济因素的风险。比如旧观念、旧体制的影响，少数不了解情况的人的意见，某些有成见者的流言蜚语，都有可能产生难以预见的结果，而且也不能排除某些别有用心者待机而动、借机发难的可能。（5）国际承包商进来后，有索赔风险。竞标时低报价、施工时高索赔是他们的策略，搞不好，一项索赔就是几千万，甚至几个亿，这样的教训在别的地方已经有了。”

此外还有一种风险我在和同志们交谈时曾不止一次地提到，那就是决策环境变化的风险，这可能是一种更大的风险。这一点我在会上没有说，我觉得不方便。关于不同意见可能产生的风险，我也只是点到为止。实际上，不同意见是可以产生很大风险的，张文佑教授关于山西富有地下水的见解曾经使引黄工程几近夭折就是一个例子。

总之，这是一件受累不讨好的事。现在我既然要离开政府，自然是卸下这副担子的好机会。用一句成语来说，叫作“激流勇退”，安全着陆。但另一方面，坦率地说，我也有些不甘心。付出了10多年的努力，用我自己的标准看，还并没有取得重大的阶段性成果。胡富国说，增收水资源补偿费也好，南干线立项也好，引进世界银行贷款也好，都还在天上悬着呢，都还没有结果。我不得不承认，他说得不错。

胡富国并没有用大道理压人，他说的是大白话、大实话，而且说得很诚恳，这些话发自肺腑，是从大局着想的，这不能不使我重新考虑自己的决定。

以上这些是从我的内心感受来说的。其实，从组织原则上说，我怎么考虑并不重要；既然是组织的决定，我所能做的也只有服从。

为了便于我和引黄总指挥部在这种特殊情况下工作，山西省人民政府以晋政函〔1996〕138号文发出了“关于明确山西省万家寨引黄工程总指挥部有关事宜的通知”，全文如下：

> 为了使万家寨引黄工程建设顺利进行，省人民政府决定：山西省万家寨引黄工程总指挥部为政府行政机构，具有相应的行政职能，并授权引黄工程总指挥部代表省人民政府承担有关引黄事务的组织、领导和协调工作，其主要职能是：代表省人民政府研究、制定涉及万家寨引黄工程事务的有关政策；代表省人民政府与国务院、国家有关部门、邻省（区）联系办理有关万家寨引黄工程的事务；协调省内各相关利益机构及政府行政部门之间实施有关工程建设、移民等行政事务；设计、组织并推动水市场和水资源机构改革。特此通知。

这种安排，全国没有，是中共山西省委和山西省人民政府特事特办、自己决定的。

政府明确授权后，引黄工程总指挥部及其办事机构得到了充实和加强。其成员构成是：我任总指挥，常务副总指挥杜五安，副总指挥郑友三、赵生荣、姜凯、刘劲军，秘书长牛辉林。

增加杜五安为常务副总指挥是重要的人事安排。杜五安当时是现职副省长，有丰富的工程建设经验。山西省第一条高速公路——太原至旧关高速公路，就是由他任总指挥组织修建的，修建的过程中克服了种种难以想象的困难，不断取得超出预期的成果。建设者们所表现出来的不怕困难、敢于拼搏、勇于奉献的精神，被人们概括地称之为“太旧精神”。省委曾一再强调，一定要把“太旧精神”贯彻到引黄工程中来，并使之发扬光大。任命杜五安为引黄工程的常务副总指挥是落实这一意图的重要举措。与此同时，有一位现职副省长参加引黄总指挥部的领导工作，也更便于与各级政府及政府相关部门之间的协调。

郑友三来引黄以前是山西省计委的副主任。1993年前后，乔贵江的病情渐渐加重，急需有人来接过他身上的担子，这时我就想到了郑友三。郑友三在担任省计委副主任期间就积极参与了争取工程立项的工作。有一次国家计委副主任刘江到山西考察指导工作，是我和郑友三一起陪同的，我们向他介绍了山西水资源紧缺和有关工程的种种情况，得到了刘江的理解和支持。这对于工程的立项是有重要意义的，郑友三的协调能力和敬业精神给我留下了很深的印象，我便建议由他出任副总指挥，同时要求不要免去他计委副主任的职务，使他更便于与国家计委各部门联系，也使他便于在省政府各有关机构间协调、斡旋。1994年7月17日，省政府下文任命郑友三为引黄工程总指挥部副总指挥、引黄工程管理局局长、引黄工程总公司总经理。后来，他又相继被任命为引进世界银行贷款领导组组长、万家寨水利枢纽工程开发公司董事会副董事长，参与了工程的立项、筹资、引进世界银行贷款和枢纽建设等方面的重要工作。从1994年起，直到这一次充实加强总指挥部，一直是他在协助我主持总指挥部的工作。

赵生荣、姜凯、刘劲军都是水利战线的老人。秘书长牛辉林则是新近才加入引黄工程工作，不过，他一开始就加入了改制工作。我们邀请北京大学的经济学家设计引黄工程的体制改革方案，他们要求省政府选派一位熟悉本省情况的当地专家参加工作，我们便找到了牛辉林。牛辉林毕业于北京大学法律系，在山西省不同部门工作多年，既有较深的学养，又熟悉方方面面的情况，正是合适的人选。牛辉林很快便进入角色，出色完成了任务。

在这个总指挥部中，有着不同职务背景的领导成员相互补充、相互配合，形成了一个坚强的战斗团队，这是引黄工程不断取得进展的重要保证。

引黄工程管理局局长为郑友三，副局长有刘劲军、牛辉林、王必胜、卫耕润、薛春生、杨晋生、卫亚林、袁浩基，纪检书记为李德奎。

总指挥部是1992年7月工程试开工前投入实际运作的，至此已有4年。在这4年时间内工程在各个方面都取得了巨大的进展，这与总指挥部一班人的深入实际、正确决策、相互配合、积极工作是直接相关的。对于一个工程来说，指挥部既是它的大脑，也是它的心脏。一个好的指挥部，除了必须有正确决策的能力以外，还必须有强大的凝聚力，能够把广大员工紧密地团结在一起；必须有强大的号召力，能够做到政令通畅、令行禁止；必须有处变不惊的能力，能够沉着应对各种挑战；必须有灵活反应的能力，能够抓住稍纵即逝的机会。从一定程度上说，引黄工程总指挥部是具备这样的素质的，它的成员和办事机构引黄工程管理局的领导成员来自不同的方面，有不同的专业背景，但彼此信任，互为补充，紧密合作，各司其职，很好地完成了任务。现在，总指挥部及其办事机构引黄工程管理局得到进一步加强，可以在政府授权的范围内更加有效地展开工作。

政府授权书发出以后，有几位熟悉传统政治的、有经验的同志对我说：如果政府职能得不到转变，又不断换人，这样从制度安排的角度看仍有可能潜在一定的问题。一是按照传统政治的惯性，政府过度干预企业权利的随意现象难以避免。二是信息的失真、信息的不对称和社会参与监督程度低的问题，短期内也难以解决。三是经济工作意识形态化的束缚不能低估，只要一有气候就会形成力量，翻脸不认账，要求一切恢复原样。对传统观念和传统体制影响的顽固性不能掉以轻心。搞改革，应该说，政府本身的改革是一切改革的中心。

从我个人来说，尽管意识到困难重重，再次接受任务以后，我不得不尽快调整心态，全身心迎接挑战。政协方面不得不请副主席张长珍（党组书记）多费心，请他主持日常工作。长珍同志理解我的苦衷，给了我多方面有力的支持。

## 水不再是福利品

从 1994 年开始引进世界银行贷款时起，体制改革的问题就凸显出来。引黄工程的建设体制和运营体制究竟应该怎么搞，世界银行并没有提出十分具体的要求，但他们提出了一些带有倾向性的基本思路。从两年来世界银行给山西的备忘录来看，从我们与世界银行官员、专家交流中得到的信息来看，他们在体制问题上的一个基本倾向，就是希望这个利用世界银行贷款的工程，它的建设管理体制与我国原来在计划经济下形成的大型水利工程的建设管理体制要有明显的、根本性的区别。概括起来是两个要点：第一，要有一个完整的水资源市场。换句话说，水不能只是一种福利品了，不能再是大家都能随便用的“大锅水”了，它应是一种商品，像其他商品一样可以买卖（交易）。第二，在水资源市场上活动的所有主体都要完成公司化改组，不能是政企不分的行政机关。也就是说，要组建一批公司化的主体（过去体制下也有公司，但不是真正独立经营、自负盈亏的公司），在一个比较完整的水资源市场上，来充分利用水资源，完成投资、建设和运营的全过程，最后达到有效回报的目的。

听了世界银行的要求，管理局的几位老水利说：“真是大开眼界！”他们认为，这也许可以算得上是水利工程建设中的市场经济的初级教科书，由此可见，引进世界银行贷款，引来的不仅是资金，还会引来新的理念、新的思路、新的体制、新的活力、新的激情、新的工作风气。

但是，当时山西正处在从计划经济向市场经济转型的最初时期，要接受一种全新的理念是困难的，是需要时间的。

世界银行关于工程体制思路的两个要点要转换成可操作的方案还有两大具体困难：一是要进行市场经济体制的运作，就不能像过去那样什么都由政府大包大揽，不计盈亏。它涉及水权、水资源、水市场理论和水价形成机制，是一个过去没遇到过的十分复杂的问题。就说水资源这个概念吧，水是一种资源，可以转化为商品，但这种商品有它的特殊性，它与一般的可以充分竞争的商品如水果、白菜、萝卜等都不一样，它的供给是相当垄断的，供给方是难以竞争的。譬如说引黄，我们修了这条引黄线路后就不可能有人再修第二条引黄线路来跟我们竞争水价。二是水资源的供给是直接影响到投资环境、生产发展的，也是直接影响到居民的生活质量和承受能力的。你这里的水供应充足，水价也便宜，人家就愿意到你这里来投资办企业，经济就会发展起来，否则人家就不来了。对我们这样一个内陆省份，一个引资比较困难的省份来说，这是非常重要的。对于这两点，我们当时缺乏足够的估计。

世界银行把 4 亿美元（也就是将近 35 亿元人民币）投进来，有两条要求：一条是山西省自己的 80 多亿元人民币配套资金要到位。这一点我们可以做到，我们的钱就是从煤、电、水的产出中提取的水资源补偿费，每年有将近 10 个亿。另一条是省人民政府要以自己的信誉为代价，给它庄严的承诺，保证在黄河水引到太原以后，水价要到位。所谓水价到位，就是将来太原市水厂的水价中不但要包含运营成本，像电费、人员经费、维修费、设备折旧费，等等，还要包含投资回报，包含对世界银行贷款的还本付息。

根据这个要求，省物价局和引黄管理局计财处等几个单位合作作了精确的计算，测算出 1 立方米水的平均售价在 5 元到 5.28 元之间。面对这样的测算结果，我们心里很矛盾。

一是这个价格里面只包含了世界银行贷款的本息，我们自己投入的 100 多个亿是只计折旧、不计利息的。这就是说，世界银行投入的将近 35 个亿是可以连本带利拿走的，我们省自己的投资不仅拿不来利息，连本金也没有了，本金变成了一个输水系统。这个输水系统如果维护得好是可以一直运行下去的，但钱已经回不来了，不能用来做新的投资了。这样看来，这个水价就定得低了，还应该往上涨，要把我们自己投资的利息也计算进去。我们山西自己的钱也不是好来的，是从每吨煤、每度电里挤出来的，是山西人民的血汗钱啊！对于一个主要依靠资源的省份来说，积累一笔资金是非常重要的。到目前为止，山西还是一个资源省份，“靠山吃山”，“靠煤吃煤”。山西的支柱产业大都是依靠煤来支撑的，相当一部分是夕阳产业，或者即将变成夕阳产业。“夕阳无限好，只是近黄昏”！山总有挖空的一天，煤总有挖光的一天，到那时候该怎么办呢？如果不早作准备，到那时候肯定会很惨的，不妨看看辽宁阜新的情况。若干年前，阜新有多么兴旺！露天煤矿，几十万工人，黑金滚滚而去，现金源源而来。但后来煤挖完了，没有替代的产业，没有足够的可以支持转型的资金，于是一切都变了。因此，对于我们来说，必须未雨绸缪，早作准备。我们投入引黄工程的一大笔款项，即使是它的利息我们也不能不争。从这个角度看，5 元也好，5.28 元也好，都定得低了。

另一方面，5 元或者 5.28 元又是一个太高的价格，因为水总是要有人来买的，要由我们太原的工厂、太原的居民来买，如果他们不来买或者他们买不起，你的价格定得再高也是空的，是没有意义的。

由于长期在计划经济下生活，我们对消费者怎么买东西缺乏研究。我们只知道山西缺水严重、地下水大量超采、地面下沉，这些都是事实。我们是在当时的价格信号下来讨论缺水和不缺水问题的，价格一变化，需求也就会跟着变化，这是自然的，但到底会怎么变化我们并不知道。市场这只“看不见的手”，它厉害就厉害在这里，你事先很难作出完全准确的预测。

我们的物价报告做得很仔细，居民的收入到 2000 年是什么水平、水价涨到 5.28 元占他们收入的百分之几，都算出来了，从理论上讲可以承受。但是，可以承受与愿意承受是两回事：我有钱，但这并不等于我愿意掏出钱来买你这么贵的水！

北京大学周其仁教授做过调查，青岛市引黄入青设计的供水量大概是 1.4 亿立方米，工程完成了，水也引来了，但供不出去。到他调查的时候为止，用水量仅为设计量的一半左右。由于用水量不足，原来打的算盘就都要落空。因为资金回报是由两个因素决定的：一个是价格，一个是卖掉多少。价格打得很高，把本金、利息都往里打，甚至把利润也往里打，看起来很聪明，但买方不买你的账，结果就会聪明反被聪明误。

价格高了，消费行为就会起变化。引黄入青的水价和水消费的情况在这方面给我们提了一个醒。青岛的水价看起来并不高，居民用水是每立方米 1.2 元，工厂用水是每立方米 1.5 元，这个水价并没有提到可以把成本金包含在内，水就卖不出去了，因为这在当时的大中城市里就算高的了。

还有一个是天津的引滦工程，做了很多宣传，在当时影响很大，从工程上看也是成功的，从经济上看问题就不少：已经运营 10 多年，用水量只占到可送水量的一半，连年亏损。

过去在计划经济体制下，因为生产力发展缓慢什么东西都缺，是短缺经济，人们见了东西就排长队。现在改革开放了，生产很快提高，什么都有，蔬菜、水果、虾蟹鱼肉都有，空调、电脑、汽车、别墅都有，人们手里就是缺钱！引来的水跟别的商品还不一样，它不能转产；不能说这种蔬菜卖不出去了我就改种别的，黑白电视卖不出去了我就改产彩色的。引黄工程一旦建成，供给就放在那里了，100 多亿元人民币已经投下去了，货币资本已经变成实物了，再也改不过来了。这个固定成本一下去，年年都要往卖出去的水里摊。卖的水越少，单位成本就越高，水也就越贵。结果就可能出现这样的现象：管道修得很大，但输的水很少。这岂不是很大的浪费？

水价定得低了，成本收不回来；水价定得高了，水又卖不出去。这是我们遇到的第一个两难选择。

另一个两难选择，是世界银行建议我们完成公司化改造。这里有非常合理的成分。在我们的传统观念中，政府投资的东西都是国家的东西，管理它的单位叫厅局也好，叫公司也好，不过是叫法不同，没有什么实质区别。而实际上一般意义的公司与行政机构之间的区别是很大的。公司是一个法人（过去企业没有法人这一说），是法律构造的一个生命，行政机构实行任期制，人员是经常变动的，也就是说，行政机构的负责人承担责任的连续性往往很差。此外，行政机构内部的管理办法与公司的激励机制是不同的，其结果自然也不一样。从这个意义上说，我们无疑应该接受世界银行的建议，抓住这个机会，完成对山西相关的水资源机构的公司化改造。但问题的复杂性在于，我们有五六个水资源机构是逐步改造呢还是同步进行呢？要害问题是这些机构之间的关系难以处理。从本质上讲，公司与用水户之间应该是市场经济的买卖关系，既然改造为公司，就应该面对市场做生意，就要赢利。但水是一种特殊商品，引黄水尤其有它的特殊性。它要从万家寨枢纽的水库里抽上来，经过多级水泵和很长的隧洞，送到汾河河道，流进汾河水库，然后再经过太原自来水厂的加工，通过太原自来水公司的管网送进千家万户。直接跟用户见面的是自来水公司，他们之间的买卖关系很明确，账也很好算，用多少水，付多少钱。但这个水价和水价中的利润怎么一节节地向上游的公司传导呢？可以有两个思路：一个是从最终消费者往回推。用这种办法，肯定是自来水公司要把他们的成本、借款利息和利润先打进去，剩余的部分才能往上游送。那么，最后到了南干和总干还能剩下多少呢？另一个是从上往下推，每一个公司都要加上自己的运营成本和利润，五六个公司都要往里加，那么，水送到消费者手里时价格该有多么高呢？协调和理清这五六个公司之间的关系确实是个难题。建管体制的改革，从某种意义上说，真是比引水工程本身还要困难。

## “高人”杜润生的点拨

怎么解决这两个难题？我们经过反复讨论、研究，想不出办法，深感无能为力。在请示省委、省政府之后，决定进京请一个体制改革专家组，帮助进行引黄体制改革的设计。

我在北京找到了国务院主管农村工作的国务委员陈俊生，向他谈了我们的想法。陈俊生很支持，他说，可以请杜润生任引黄工程体制设计的总顾问，专家组的人选也可以由他推荐。

这真是太好了！杜润生是我十分敬仰的一位资深革命家、一位著名的富有实践经验的经济学家。解放之初，邓子恢任中南局第二书记，他是中南局的秘书长。后来邓子恢调任中央农村工作部部长，他也到了农村工作部，任秘书长兼国务院农办副主任。他对农民、农村、农业的问题有深入的了解和研究，主张从实际出发，稳妥地解决农业合作化问题。“合作化”时期邓子恢遭到批判，说他是“小脚女人走路”，杜润生则被指为在邓子恢身后“摇羽毛扇的人”。党的十一届三中全会以后，他是农村改革坚定的支持者，是深化农村改革的倡导者。那个阶段，每年党中央的“一号文件”都是关于农村改革的，前后共发了 5 个“一号文件”。起草这 5 个“一号文件”的主持人都是杜润生。

从 1983 年起，我作为山西省分管农业的副省长，年年都参加讨论起草“一号文件”的会议。杜润生从来不多说话，不匆忙发表意见，更不以自己的意见强加于人。他总是要让大家把情况摆充分，把问题讲透彻，同时把各人的主张讲清楚。他特别善于从纷繁复杂的情况中理出头绪，把握关键，抓住要害，也特别善于引导和集中大家的智慧去分析、解剖这些问题。因此，他主持起草的文件，总能有针对性地解决当时农村亟须解决的问题，从而推动农村改革不断得到深化。他的实事求是的精神和民主开明的作风给我留下了深刻的印象。

杜润生是山西太谷人，他对家乡的建设很关心。1995 年 9 月，他曾应省委、省政府之邀来山西考察，我和郑友三陪同他考察了万家寨引黄工程工地。他说，“现在水的问题已经到了一个临界点”，再不解决，就不是“发展的问题”，而是“生存的问题”了。他说：“我们搞引黄工程，解决了持续发展的问题，可以防止环境恶化，也是为后代人造福，里面有个代际关系问题。我们投资 120 个亿，用 10 亿元人民币换来每年 1 亿立方米的水，可以利用几百年，这个钱有一部分是替我们后代人花了，这叫转移支付，它的意义是深远的。”

杜润生不仅用经济学家的观点，而且还用环境学家、未来学家的观点来看待引黄工程，这使我们这些经常讲引黄工程重要性的人感到既新鲜又亲切。

他有两条希望：“一是要竭尽全力保证工程的质量，不但要对得起当代人，也要对得起后代人，叫后代人看了说我们祖一辈、父一辈这个工程搞得不错。第二个希望是培养人才。现在最关键、难度最大的东西是从国外拿来的。我们要利用这个机会，把引黄当作大学校，培养人才。”

杜润生特别重视培养人才。虽然他并没有在学校任教，却是真正意义上的教育家。他周围有一批出色的从事经济学理论和政策研究的年轻学者，尽管与他没有师生的名分，却是在他的指导、帮助和影响下成长起来的，都尊他为师长。

请教陈俊生后不久，我便去找杜润生，向他详细汇报了涉及引黄工程体制改革的各方面的情况，请他任体制改革的总顾问，同时请他推荐一个专家小组。

听了我的要求后，杜老略加思索，以他特有的敏锐说：“北京大学经济研究中心的国际认可度很高，学识水平、实践经验和对国情的理解也都不错，总起来看，是可以担当此任的。周其仁刚从国外修完学业回来，由他组织一个专家小组来做这件事比较合适，我想他会做得很漂亮。周其仁一懂国际惯例，二懂国情，三是他的功力厚实、敏捷、尖锐、富有挑战性。这些都是很重要的。这样吧，我先打个电话和他讲一讲，你们见见面，先谈谈情况。我想他一定会热心支持你的。”

接着，杜老又说：“和世界银行打交道是个扩大开放的过程，既要把工程搞好，也要注意培养人才，要带出一批年轻人来。水权、水市场、水价形成机制是很复杂的大题目，碰一碰也好，可以积累经验。界定水价，发挥价格杠杆作用，对促进节约用水、保护和合理利用水资源、治理水污染、重视污水处理、使供排水管理单位获得自我发展能力，都是最基础性的工作。其仁能做好这件事，你们要支持他大胆探索、创新求进！”

此前，我与周其仁没有见过面，但经常读到他的文章，他关于打破电信垄断的一组文章有很大的影响，在推动电信业走向竞争、走向市场化的改革中起了重要作用。杜润生说他“敏捷、尖锐、富有挑战性”，享誉海内外的著名经济学家张五常称他有“猎人的风采”，这些特点在他的文章中都有充分的体现，绝非溢美之词。因此，当杜老说可以请周其仁来做这件事时，我从茫无头绪一下子变成了豁然开朗，还有一种“踏破铁鞋无觅处，得来全不费功夫”的轻松之感。

第二天上午，周其仁如约来到三晋宾馆，我们见了面。主要的情况杜老已经和他谈过了，我们谈得很投机，很愉快。周其仁在 20 世纪 80 年代初曾经随总理来山西做过煤炭运力的调查，研究了建设大秦铁路的可能性，对山西的交通和水资源制约的情况有一定的了解。当时，他还写过一篇很有见地的文字报告，由中央领导同志批转给山西省委、省政府领导参阅。

周其仁很爽快，他答应简单准备一下后，近期便带两位同志到太原调研，接受引黄工程体制改革的设计任务。

## “不能幻想合同之外还能谈什么交情、感情”

1996 年，是一个多方面的力量都在大力推动改革的年头，对引黄工程来说也是如此。

1996 年 5 月 22 日，国务院副总理邹家华在有关省、区和国务院有关部门的协调会上讲话时，提出了引黄工程必须进行体制改革的明确要求。他说：“引黄工程的三部分，也就是枢纽部分、引水部分和供水部分，都要尽快建立项目法人制。批办文件的事好说，早一点抓紧时间批了就行了，实质性的工作是抓紧这三部分项目法人制的建立。简单地说就是业主，有的也叫公司，这都可以，就是要将这个单位赶快组建起来。现在这个管理局代替不了或不能履行经济组织的功能，项目法人就是要形成一个组织，要履行经济组织的功能，包括建设任务在内。”

项目法人有什么任务呢？邹家华副总理提出了 7 项任务：策划、筹资、建设、经营、还贷、保值、增值。要“从头到尾负责”，全面完成这 7 项任务。

也就在这前后，钱正英副主席嘱咐我，国内前些年引进世界银行贷款的水利工程已经积累了一些合作的经验，你们应该去取经，这样可以避免走弯路，“引大入秦”通水时，她又特地从甘肃打电话过来，让我去学习。不巧的是，我当时抽不开身，便让副总指挥、管理局局长郑友三带领一个 10 人代表团去参观学习。成员有副局长卫耕润、总工刘劲军、顾问刘锡田、原水利厅副厅长姜凯等人，重要的管理干部和技术骨干都包括在内了。临行前我叮嘱他们，一定要把真经取回来！

1996 年 5 月下旬，经省委、省政府同意，我又带领水利专家刘锡田、姜凯，引黄工程管理局副局长牛辉林、杨晋生等人，到甘肃“引大入秦”工程、四川二滩水电站和云南鲁布革水电站进行参观访问。20 多天的参观学习使我们得到了很大启发。引黄工程的工作人员参观学习“引大入秦”已是第三次了。乔贵江、郑友三和我都分别带队参观学习过，每一次参观学习都有新的收获。

1996 年 7 月 12 日，我在省委常委扩大会上汇报了这次参观的收获：

> （1）引大、二滩、鲁布革 5 个项目有一个共同点，那就是坚持改革开放。改革就要触动体制，开放就要更新观念，就要有新的视野，就要引进资金、技术和先进的管理，就不能封闭保守。
>
> （2）世界银行成为投资者，在某种意义上，也可以说就是业主的业主，只要决心使用世界银行的贷款就要有这样的认识。世界银行自 1945 年成立以来，积累了 51 年的经验，并且形成和不断完善了两个重要文件：《导则》和《菲迪克条款》，一共是厚厚的 4

大本。它规定，只要世界银行贷款就必须按《导则》和《菲迪克条款》办事，必须进行国际竞争性招标。世界银行作为国际性的金融组织，最成功之处就在于成立以来发放2000多亿美元贷款基本没有沉淀，这一点最说明问题。所以我们首先要学习世界银行的《导则》和《菲迪克条款》，这是科学，是全世界各国各地区的成功经验。同时，我们还要搞清楚这样一个道理：具体到某一位世界银行贷款项目官员的意见，可能不完全代表世界银行，但要想从世界银行得到贷款，就必须遵守《导则》和《条款》。世界银行的信誉很好，不仅可以贷款，还可以帮助组织资金，如政府赠款等。其次，遵守《导则》和《条款》就必须进行改革，不仅体制上要与国际惯例接轨，而且还要引进技术、设备和管理。这就要求我们第一对《导则》和《条款》要熟悉、理解，第二要自觉遵守《导则》和《条款》，才能取得贷款的胜利，并且会对以后重大项目资金的引进产生重要意义。甘肃的"引大入秦"就是世界银行贷款执行得好，结果是"引大入秦"刚完工，第二个世界银行贷款项目疏勒河水利工程紧接着就启动了。

接着，我又讲到通过这次参观学习，我对工程建设的三大目标（工期、质量、概算）之间关系的理解。我说："这三大目标是相辅相成的。'二滩'工程公司的同志介绍这三大目标关系时形象地把工期、质量、概算画了三个交叉的圆，他们说从三者的交叉部分找出一个结合点非常重要，因为一个目标的变动就会引起另外两个目标的变化。在变化中始终要把握好最佳结合点，就是要使工程管理能够实现完整、科学和达标的要求。"

另一个重要收获是对合同的认识。我说："当前，体制改革中最重要的是项目建设期管理体制，也就是业主、监理、承包商三者构成的建设管理体制，施工现场必须执行这样的体制才能出效率，这中间合同管理是非常重要的。施工管理说到底就是合同管理。合同水平反映我们的水平，合同是双方必须遵守的法律，不能幻想合同之外还能谈什么交情、感情，不存在什么君子协定之类的东西。”

这次参观学习使我们进一步增强了改革的紧迫感。

## 钱正英与“晋祠七条”

1996 年 9 月，又有一件对引黄工程产生深远影响的事。应省委、省政府的邀请，钱正英副主席带来一批涵盖众多专业的知名专家，对工程进行了多角度、全方位的考察。她此行的主要目的，在于要着眼于长远，从总体上、全局上帮助解决工程建设中的问题。

自 9 月 9 日起，在胡富国、孙文盛和我的陪同下，钱正英一行在万家寨枢纽和引黄工程工地进行了深入的调查研究。回到太原后，于 16 日在晋祠宾馆举行会议，钱正英在会上发表了长篇讲话。她的讲话分为 3 个部分。第一部分讲她 1993 年参加奠基典礼以来工程所取得的进展，等于是给我们的工作做了一个很好的总结。第二部分讲她的意见和建议，共 7 条，后来我们习惯于称之为“晋祠七条”。“晋祠七条”充满了改革的精神，在引黄工程后来的建设过程中始终起着指导性的作用。第三部分讲她个人对引黄工程的认识也有一个发展过程。

“晋祠七条”的前 3 条讲的都是质量问题，是分别从思想观念、标书编制、检查验收的角度来讲的，是在引进世界银行贷款、国际承包商即将进场和即将全面开工的背景下讲的。

在谈到工程的指导思想时，她先谈了这个工程特殊的困难。她说：“这是一个中国第一、世界少有的工程。前面的试开工和局部性开工虽然取得了部分实践经验，但是还有许多的难点会在全面施工中遇到。例如，我们不仅有岩石中的洞，而且有大量的土洞，地质情况是十分复杂的。有湿陷性黄土，红黏土现在已经搞了，但还有膨胀土，岩石洞还有溶洞。还有，我们现在已开工的洞线都在地下水以上，将要开工的洞线有一部分在地下水以下，而且在地下水 300 米以下。还有，最长的洞子有 43 公里长，一部分洞子埋深比较大，上面的山顶比较高。遇到这些复杂的地质情况以及长洞子究竟用什么办法施工，虽然在设计中已经做了不少研究，认为基本上可以解决，但是这还有待于施工的实践，有待于实践的考验。在这样一个复杂的工程中要特别强调质量的重要性，要明确质量和工期的关系。”

“晋祠七条”第一条是钱正英从“质量和工期的关系”的角度来谈质量，我想，她是有深意的。她说：“质量和工期的关系，这是历来在我们工程建设中存在的一对矛盾。对质量和工期应该怎么处理？我认为，应该以保证质量为前提。目标是一次建成投产，经受长期运行的考验，要保证在这样一个目标前提之下来争取工期，争取缩短工期。”“要防止领导的短期行为，因为这个工程是个长期的工程。说真的，到工程完工的时候我可能都走不动了。我们许多承担工程领导的同志不一定能够在任期以内完成任务，要经过领导干部一个任期到两个任期。这样，领导干部就应该特别重视防止短期行为，不能满足于当前不出问题，而要着眼于最终建成以后的考验。不管哪一段出了问题，将来都会找到负责人。”

说到这里，她说：“我给你们讲个故事吧，长江的荆江大堤，那是很有名的了。三峡的防洪作用，有一个很重要的内容就是保荆江大堤。我们查阅历史资料，在乾隆皇帝的时候，荆江大堤决了口：他就追查，发现是因为围垦了一块地结果把堤坝冲掉了，他就检查这块地是什么时候围垦的，再检查是谁批准围垦的，结果查到 10 年以前的记载，是一个官员接受贿赂后批准一个地主围垦的。”她显然是在警告，水利工程是要检查到多年以前的事情的，清朝尚且如此，何况现在！所以你们一定要防止短期行为！

第二条讲要确保标书质量。世界银行对工程的评估完成后就要开始国际招标，编制标书成了当时一件很紧的任务。钱正英说：“标书是施工的基础，今后施工的根据就是标书，跟外商签订合同的依据也是这个标书，所以一定要保证标书的质量。”几个标书虽然已经初步完成了，但“看来还有许多问题有待商讨”。“现在如果要匆匆忙忙地为了赶时间把标书定下来，将来的施工进度和质量就都不能保证，报价也不能保证，那么外商就会由于你的标书疏漏要求索赔了。”这里讲的其实不仅是标书质量，还讲了合同意识。引进国外承包商后，合同是双方必须遵守的“法律”，而标书则是制定这种“法律”的基础，所以确保标书的质量是非常重要的。

第三条讲检查验收。“要检查已经完成的工程，整顿已经进场的队伍，总结前一段工程的经验教训，以求提高全面施工的水平。”在考察过程中，钱正英听了引黄工程总工程师刘劲军关于工程质量的汇报，讲到问题时刘劲军说得比较婉转，钱正英一下子就不高兴了。讲话中她又提到了这件事：“里面有两句话我算把你们这些同志抓住了。一句话叫作‘对于混凝土工程中间的缺陷和裂缝要进行处理’，我就要问：究竟是什么缺陷？什么裂缝？有多少裂缝？还有一句话是‘工程的质量和安全出现过一些不同程度的问题’，我说你加了好多个限制词。第一个叫‘出现过’，按文法讲，已经完成了，那么现在还有没有？有多少？还是‘一些’，还是‘程度不同’，加了这么多限制词，究竟是什么问题，最后也没有讲出来。我说啊，这种作风要不得！我干了几十年水利工程了，咱们在座的许多同志也干了几十年水利工程了，干这个水利工程，用老百姓的话说，叫作‘吃红脸饭’，最后检查你的，是水不是人，水可是无孔不入的，是对你一点也不留情面的。所以工程要有毛病的话，最后非红脸不可。你要是爱护我的话，你就在我施工的过程中间挑出毛病来！不要等到完工以后才挑出毛病，尤其不能等水来挑毛病！那样可就糟糕了！”

接着，她又很冷静地说：“这个工程这么复杂，战线又这么长，我们又缺少经验，施工中间出些毛病是难免的，问题在于你要及早检查出来，及早改正，这才是最重要的！”

“晋祠七条”的第四条讲的是“要花小钱，省大钱”，钱正英是从设计费、监理费不敷使用讲起的。她说：“监理费要合理地确定，一定要保证有一支强有力的监理队伍，还要保证他们的生活。现在有的监理不得不到施工队那里去吃饭，人家监理自己就说了：‘我监理你，我还得到你那里吃饭，怎么监理？’希望引黄管理局在这方面不要再抠门！”她又讲到施工地质，她说：“工地上没有施工地质人员，听说嫌人家贵，花6000元就要搞施工地质，这怎么行呢？……对于前期工作和保证质量必须花的钱，一定要花，而且还要按时地花，及早地花。”

钱正英在这里讲的不是一个钱的问题，而是转变观念的问题，是尊重知识、尊重科学、尊重人才的问题。越是复杂、困难的工程，所要求的科技含量就越高，就越加需要尊重知识、科学、人才，要舍得在这方面花钱。

人才，尤其是工程技术人才，是钱正英高度关注的问题。她每一次来考察，我们每一次向她汇报，她总要把这个问题提出来，反反复复地向我们强调科技人才的重要性。她还亲自为我们推荐、延揽人才。加拿大CCPI咨询公司是她为我们联系的，就在这次会前她亲自约见了这家公司的总裁，向他交代了任务，提出了要求。后来，CCPI公司与世界银行推荐的奥地利D2咨询公司一起，承担了整个引黄工程的咨询工作。

钱正英认为，要通过聘请国际工程咨询公司等形式把国外高水平的技术专家请进来，以利于引进国外的先进技术。但与此同时，更要重视我们国内的专家，毕竟自己人更值得信赖。根据她的建议，我们成立了一个技术专家组，聘请张泽桢教授为组长，教授级高工许四复为副组长。这个专家小组作为我方的技术力量，参与了一系列技术难题的解决过程。

这一次考察前钱正英派原水利部建设开发司司长、小浪底工程管理局局长朱云祥打前站也是有深意的。作为引黄工程总指挥我本人并没有工程技术背景，指挥部和管理局的其他重要成员也大都没有工程技术背景，对此，她是有隐忧的，这一点我们也可以从她的话里话外感觉出来。

她建议加强引黄工程管理局的技术力量，并为此推荐了朱云祥。后来省政府下文，聘请朱云祥和主持修建著名的“红旗渠”的杨贵、“引大入秦”的总工张豫生为引黄工程技术顾问。

朱云祥不仅有丰富的从事工程技术工作的经验，而且快人快语、实话实说，不怕得罪人，不怕领导面子上下不来。他谈的总是问题和毛病。“成绩不说跑不了，问题不说不得了”，这句话用在他身上真是再恰当不过，搞工程就需要有这样挑得出毛病而且爱挑毛病的人。这样的人多了，工程质量就有保证了，施工的效率也能够上去了。

钱正英引见的水电工程专家罗西北和城市管网专家潘寿筠，也都被我们聘请为引黄工程技术顾问。

钱正英告诫我们：专业人才是工程成功之本，一定要尊重他们，善待他们，妥善安排好他们的生活。这是“花小钱、省大钱”的事，要想得通、想得开。她每次来视察，都要指名道姓地问每一个专家的生活、身体和工作情况。

钱正英的嘱咐和她在人才方面为我们所作的安排使我们深受教育。在后来的工作中我们十分重视这样两个方面的工作：一是要千方百计地发掘、引进、起用、培养技术人才；二是要努力营造使人才能够充分释放活力的环境。

第五条讲的是对外交往的问题。世界银行进来了，外国承包商进来了，外国咨询公司进来了，对外交往就多了。她说：“在对外交往中，要防止两种极端化，一种是顶牛，一种是被人牵着鼻子走。故步自封，闭关自守，认为外国人有什么了不起，对外国人的合理意见、先进技术都拒绝，这就是顶牛。有时候一种偏向会转化为另一种偏向，现在看起来，对意大利的承包商可能就有点迁就。……和外国人打交道，做生意，咱们要高效率对高效率，严格性对严格性。”

第六条讲的是整顿机构，充实力量。她说：“引黄管理局是为了筹备引黄工程而建的，现在要全面开工了，显然已经不能适应，所以需要整顿机构，充实力量，特别要加强技术方面的管理。要建立总工和总监两个系统。现在总工系统基本上没有建立，监理队伍现在是开始进来了，但是还需要进一步加强。除了这个以外，为了加强引黄工程的技术指导，还需要建立一个高级的、精干的班子，在二线研究工程中的一些技术问题、一些潜在性的技术问题。"这里讲的是机构改革的问题，是水工技术班子的问题，特别强调机构改革必须有助于加强技术管理。

第七条讲的是要争取水利部的支持——作为水利主管部门总体上的支持，也包括技术支持和干部支持。

最后，钱正英讲了讲她个人与引黄工程的因缘。她说："记不得是1972年还是1973年了，你们的一位贾副省长找到我，这位老同志可积极啦，拉着我的手说：'我要给你汇报引黄入晋！'"这是她第一次接触引黄工程。她说，当时她根本听不进去，因为这样大规模的工程在当时很难想象。后来她逐渐接触到山西的各个方面，就感觉到水资源确实是山西省经济发展的最大制约因素。"有一次，王谦同志在国务院汇报，我参加了。王谦同志汇报后，我帮他说了一句话。我说，我们国务院、中央领导要了解山西这么一个特点：'山西之长在于煤，山西之短在于水。'有了这个体会以后，我就开始对这个工程认真起来了。"

我们常说引黄工程有两个支撑体系，其中一个就是以钱正英为首的在谋略、人才、技术上的支撑体系。对于引黄工程来说，钱正英所起的作用远不止是技术层面上的，有好几次引黄工程面临极大困难甚至是夭折的危险，都是因为钱正英在上层的努力和斡旋才使工程得以转危为安。

## 周其仁真有"猎人的风采"

在此期间，引黄体制改革方案的起草工作也正在紧张地进行。

周其仁被认为是经济学家中的"少壮派"。他和专家小组的同志到了太原后就一头扎进了工作中，看文件、看资料、看世界银行历次的考察报告，看《菲迪克条款》和《导则》，召开有关部门的座谈会，个别访谈熟悉情况的专家和管理人员，马不停蹄、夜以继日。引黄的人一传十、十传百，都说来了几个工作狂。

在初步调研的基础上，他们很快就提出专家小组的人员构成和时间安排的清单。他们要求吸收一名了解省内情况、有法律背景、分析判断能力和文字能力都比较强的地方专家，并配备一名熟悉情况、勤奋努力、工作细致、责任心强的同志担任工作秘书。经过考察选择，我们决定由当时地产公司总经理（副厅级）牛辉林作为地方专家参加专家组工作，推荐专业背景好、责任心强的张淑贞担任专家组秘书。

紧接着，专家组便派人考察青岛引黄、天津引滦和上海水务局，掌握了大量有价值的资料，为总体思路的形成打下了基础。

1996 年 10 月 18 日，专家小组提出了体制设计的总体思路，我们召开了总体协调领导小组会议听取汇报并进行审议。参加会议的有常务副省长刘振华，省人大常委会副主任张邦应，省政协副主席靳承序，引黄工程顾问王庭栋、李修仁、霍泛、刘锡田、许四复，省市有关部门负责人，引黄工程管理局领导，正在太原进行评估的世界银行评估团的 9 个专业组成员也参加了会议，与会人员共有 100 多人。

周其仁介绍了引黄工程建设管理体制的设计思路。他说：

投资要有回报，包括我们山西自己的投资也要有回报，这个原则要确定下来（旧体制下只讲政治意义，不算经济账）。否则我们山西今天从煤里挤 1 元钱，明天从电里挤 1 元钱，挤出来的钱投下去就没有了，就实物化了，这样就永远不会有一块水利建设的本金。现在这个设计有一个目标，就是通过引黄工程的建设，山西不但要搞出一个工程来，而且要搞出本金来。这个本金可以滚动开发，一期工程干完了可以干二期，二期完了还可以干别的工程，而且不一定限于本省，还可以到别的地方投资。

你既然把它看作是本金，就一定要有回报。由于水是一种特殊商品，对它的回报途径就要作仔细的考虑。通俗地讲，是小的回报也要，大的回报也要。小的回报指什么呢？投资这个项目形成的水产品，如果太原的居民和工厂愿意以较高的价格来买，除去运营成本，余下的部分就是利润，利润就是对投资本金的一个回报，这叫小的回报。大的回报指的是，水的这块投资投下去，可能要经过一个相当长的时期才能够收回，这里要有一个水价逐步提高的过程。水价要提高，需求必须先上去。由于引黄水来了，太原由一个缺水城市变成了富水城市。水多了，价钱就低，这是自然的。水价低了，人们才愿意多消费，工厂也才会往这里摆。等到生产发展了，城市繁荣了，水的需求也就上来了。水的需求上来以后，需求者就要竞争，谁出的价高谁用水。

市场经济简单讲就是两个竞争，一个是供给者竞争，谁的成本低谁赢；另一个是需求者竞争，谁出价高谁就把它买走。

引黄水进来后，不要指望水价立刻高到可以把 100 多亿元投资很快拿回来。每年从里面拿，17 年拿完，行不行？不一定。头几年水市场要形成一个合理的水价格，这个水价格里不一定能够包含对本金的回报，没有关系，我们挺着；我们认准水引到太原后，从中长期看一定会好的，这个投资不会错。从山西的工业发展和人口增长的情况来看，流到太原的这 6.4 亿立方米水将来肯定还是稀缺资源。问题是要有周期，不要用 5.28 元把老百姓吓跑，把愿意在山西投资的潜在投资者吓跑，把目前已经困难的企业变得更困难，这样对我们是不利的。要先培养市场，让市场的需求竞争形成，在竞争当中把水价提上去。提上去以后，价格可能一步一步往上走，走到可能产生利润。

投下去的这 140 亿元人民币，可以看作是山西省人民政府修了一件公共工程，就像太原市修了路灯没有办法收费一样。你可以把路灯费打到汽油里去，坐车的人是出了钱了，行人怎么办？公共产品有时就不能向享用它的人收费，这要由行政机制来做。

我们先把它看作一个纯粹的公共产品，投进去的钱做在账上，工程竣工后，交给一家营运公司去经营。算账时只算公司的营运成本，用多少电，用多少人，在这个成本的基础上定价。从目前来看，1 立方米水大概也就是 2 元钱左右。固定资金回报这一块就作为一个基金、一个账户放在那里，作为一个股本放在那里，先不要管它。先定一个基准价，也就是营运成本最低价，这是营运公司最后的底线。营运公司就拿这个底线跟太原的居民、工厂进行市场谈判，出价如果低于这个底线，那么，对不起，不能供给你；只要高于底线，那就跟他成交。需求越高，水价就越往上走。这取决于太原的经济发展和居民的消费水平、收入水平。

既然很多因素不能预测，那就让市场告诉我们，我们只管营运价格，以营运价格搞市场定价，需求者竞争，价高者得。每年调一次，调到营运价格以上，就看作是利润。这并不否认世界银行的回报原则，但回报不能脱离市场，不能脱离太原现有的消费水平，不能脱离太原现在工业发展的水平。如果脱离，就会变成天津（引滦），变成青岛（引黄）。

水的需求从中长期看如果上不来，工程就是亏损工程。所以我们的策略是先退一步，我们先把 140 亿元股金看作省财政给山西人民做了一件好事，不收利润，放在这里，然后监督营运公司，按成本计价，有了利润就看作是股东投资的回报，这样来解决这个问题。与 2000 年将水价提到 5.28 元相比，这样做的好处在于，它有助于太原和山西的经济发展，不以恶化这个城市的投资环境为代价。水价将来也可能发展得很好，每立方米 10 元，只要市场愿意买，我们就卖；但绝不能发生这样的情况：水价倒不低，每立方米 5 元、每立方米 7 元，水却只用了一半，这是最大的失策。

将来对公司要有制约机制，省人民代表大会、省人民政府要参与，只监督一件事情：价格我不管，但你管子里的水必须放够，在水放够的情况下你去和消费者定价。因为你是个垄断企业，垄断企业的定价行为有一种倾向，就是以减少供应量的办法来提高价格，这种行为会损害社会，损害太原和山西的经济发展，所以人民代表大会和政府要控制它。前两年有个粮价政策叫“保量放价”，我们就把这个东西借过来。将来水到太原以后，就是保量放价。如果有人掏钱买水买不到，就要拿你是问！

在这个基础上定价，我们估计山西的水价很可能是这么一种走势：开始比较低，比如说每立方米 2 元，然后随着经济的发展和生活水平的提高，就会逐步往上走，维持这样一个好的趋势，就意味着本金有望收回。

为了贯彻这样一个长期回报的原则，水资源机构必须整合。水从万家寨出来，一直到太原，只能由一家股份公司经营，不能搞成七八家公司互相扯皮，以便提高效率。我们每年从煤里、电里提出来的 10 亿元人民币由山西省人民政府授权给一家主体来经营，比如说可以授权给一家黄河基金，或者叫山西黄河总公司。这个组织的职能是对这个资金负责，也就是上面讲到的要形成山西搞水利的一个本金。年年 10 亿元加起来，长期形成回报滚动的话，那就会有 200 亿元到 500 亿元的本金来搞我们的水利工程，这样山西整个投资环境就会改善了。

这个黄河基金设立以后，完成其资产授权和法人主体以后它就可以再组建公司，再投资。比如说，在工程建设的时候它可以投资组建两个全资子公司：一个是工程总公司，其职责是高质量地完成工程，换句话说，它就是业主；另一个是山西自己的监理总公司，这个公司一定不能让它从工程总公司里派生出来，要由母公司独立来授权，这样将来才可以互相制衡。它们在市场上是合作的关系。

中国一定要有决心创建自己的名牌监理公司。监理公司和会计事务所、律师事务所一样，主要的资产是它的名声，它做过什么好工程、工程监理得怎么样、监理合同执行得怎么样，这是它在市场上定价的主要依据。我们要下决心组建山西高质量的监理公司，调集这方面的人才，从体制上明确它的职责。

这两个公司的组建是为了工程的建设。一个工程总公司、一个监理总公司，加上承包商，组成三元制衡，竞争市场就形成了。它们的职责就是在概算的基础上高质量地按时完成工程。

我认为，第一步要完成省政府对这个黄河基金或黄河总公司的授权，要用法律文书把它确定下来。将来不管人事怎么变动，国务院、国家计委、山西省怎么变，这个东西不变。党员干部的工作可以说变就变，但是这个公司不变，因为它是个法律主体，它就是对授予的资产负责任，保证山西有一块长远的水利建设的本金。接着就是由它组建一个工程公司、一个监理公司，由这两个公司按照合同完成建设任务。

建设期还有三四年。这期间有一个关键任务，那就是要组建一个营运公司，要把省、市、水利厅有关的利益单位全部按照它们投入的资源进行评估，组建一个大的股份公司。由这个股份公司直接来跟太原的居民、工厂定价。这个股份公司要有董事局，有执行总裁，有一个制衡系统，或者再搞一个监事系统，来完成现代企业制度下的运作。

这个公司一起手很容易市场化，因为我们给它的定价底线很低，只要营运成本以上就可以卖，条件就是把水卖光。这个政策很可能使太原成为一个低水价城市。我们到天津、青岛调查，最奇怪的是水引来了水价倒比以前贵了。这与消费者的常识背道而驰，东西多了应该便宜呀！贵是因为需求不足。

讨论来讨论去，我们是认准这条理了。世界银行我们也这么跟他们谈，他们用成本推的那个水价是靠不住的，市场有可能承认，也有可能不承认。定了那个价，水的需求量减少，就是个赔钱的买卖。

我们的赌注等于下到了培养市场需求上。太原的经济发展了，更多的企业有了竞争力，水的价格就会随着往上走。到了一定的时候，不但世界银行的钱可以按利息付给它，我们从煤、电里挤出来的钱也可以挣回来。

我们的体制还要考虑相关的配套建设。配套工作做什么呢？主要是地下水。地下水是一个资源环境经济学的问题，相当复杂。太原市超采地下水，据专家们的测算，低的估计是每天 20 万立方米，高的是每天 60 万立方米。将来黄河水来了应该把这块停掉，这块不停，黄河水的需求就上不来。地下水这么便宜，0.1 元、0.2 元，就没有必要买黄河水了；但是要知道，这 0.1 元、0.2 元的水是以太原长远的损失，是以地层的加速下陷为代价的。

完全不用地下水也是不现实的。据专家估计，现在开采的地下水大约在六七十万吨之间，其中二三十万吨是超采的，那么可以正常开采的也就是 30 万吨左右。这样就出来一个问题：这部分地下水给谁用？谁有资格继续使用地下水？谁没有资格使用？我们建议用香港出租汽车司机的控制办法。在北京和上海，出租车越挣钱，上的车越多；车越多，堵塞越严重。计价器堵塞也是算钱的，所以堵塞更挣钱；于是车就上得更多，马路上几乎走不动了。香港路很窄，但车开得很快。他们的办法是让专家核定一个数字，看看有多少出租车就可以把街道堵满，这个数目不经过议会讨论不准变动。每年根据这个死数拍卖出租车牌照，价高者得。这样就可以让最善于开出租车的人获得营运权，政府可以从拍卖中得到一大笔钱，出租车市场不乱，交通还很畅通。这个办法正好用来处理我们太原的地下水。这 50 万立方米地下水的开采权由太原市政府来拍卖，谁愿意开采谁出价，价高者得。这件事情不要等到 2001 年再做，在未来的几年里地下水的用水量就要递减，减到2001年允许使用的30万吨，这样就可以和引黄水来到太原相衔接。

这就是我们目前形成的思路。概括地讲，目标定得并不低，不仅借世界银行的钱要还本付息，山西自己的钱也要生利，但生利不能生得太急。在这个思路下，机构建设分几层。第一，山西整个对水的投资用来建一个总的黄河基金或黄河总公司。它实际上是山西水务工程建设的一个本金，由这个本金再来投资，组建工程公司、监理公司，或者还可以附带设备公司、电力公司，都完成公司化。工程竣工以后再来组建一个营运公司，由它负责经营，形成一个以太原为最终市场的完善的水市场，同时拿其他水资源的拍卖来与它配合。

怎么跟世界银行谈呢？世界银行是一个大机构，它的人员已经形成了倾向性的思路。如果现在不同意它的思路，谈判的代价会很高，所以我们建议两个方案一起送上去。第一我们同意世界银行的方案，但要补充说明，每立方米定价5.28元是不够的，我们山西本身100多亿元的投资也要有利息，要算在水价中。要打够，打够以后没有人知道，1立方米的水6元、7元，消费者能不能承受，他愿意买多少，这个风险怎么办？这要看看他们的专家还有什么储备的招数。第二就是介绍我们的思路，有一个基金，形成长远的本金，不在乎一开始就让水价到位。这是一个后发制人的思路，这点和世界银行目前形成的思路不同。我们赞成他们的大原则，一个水的市场，一个投资的回报，一个公司化的主体，但是要补充，把这个流程看得更大一些，设计得更周全一些。

周其仁讲完后，与会者进行了热烈的讨论，认为这一思路可以使许多难题迎刃而解，特别是通过培育市场需求以逐步提高水价的设想解答了世界银行提出的难题。大家同意按专家组的思路与世界银行的评估考察团交换意见，如能大体形成基本共识，可以向中共山西省委和省政府作一次汇报。

10 月 21 日、22 日，专家组两次与世界银行评估团的主要项目官员和有关专家就体制改革的思路交换了意见，基本上得到了认可。

10 月 30 日，省委常委和政府常务会议成员以扩大会议的形式听取了引黄工程世界银行评估团工作进展情况的汇报，同时听取了北京大学经济研究中心专家组负责人周其仁教授关于引黄工程建管体制设计思路的汇报，并就有关问题进行了研究。

会议要求认真贯彻钱正英“晋祠七条”的讲话精神。

会议对专家组的建议思路表示认可，要求在今后的工作中一定要把工程放在市场经济、价值法则上去考虑，注意解决经济体制转换过程中出现的各种问题。省长孙文盛要求，在探讨问题时一定要确保 1997 财年世界银行贷款目标的实现。在考虑下一步工作时一定要站在引黄的大局、山西的大局上来考虑，眼界要放宽。在引黄工程的建设和后续管理方面一定要按照市场经济的需要去考虑、去推进。省委书记胡富国说，经过汇报研究，心中更有数，头脑更清醒，目标更明确，决心更坚定。他说：“大家都同意了，就按今天周教授汇报的思路往下搞！”他又说，省委、省政府准备在近期召开一个“保枢纽，促引黄”的动员誓师大会。在这次大会上，他将亲自宣布引黄工程进行体制改革的重要消息，以推动全省的改革开放。

11 月 5 日，“保枢纽，促引黄”誓师动员大会在太原召开。主会场设在湖滨会堂，全省 11 个地市 118 个县区设分会场，数万名各级领导干部收看了大会的电视现场直播，有条件的企业、居民、村民约 50 万人组织了收看收听。参加大会的有省五大班子的领导成员、国家有关部委领导、退下来的省级老同志、引黄工程顾问、咨询专家组以及世界银行评估团的成员，枢纽工地的领导成员从万家寨赶到太原参加了会议。邹家华副总理给大会发来了贺电。

胡富国书记在会上发表了长篇讲话，他充分肯定了引黄工程在各方面所取得的重大进展，同时对工期、质量、概算三大目标提出了具体要求。

谈到质量问题时他说："如果质量出了问题，漏了水，黄河水送不到太原，我就投河而死！"谈到工期时，他斩钉截铁地要求："必须在2001年通水到太原！"最后，他代表省委、省政府，要求引黄工程"加强领导，坚持改革开放"。他说："省委、省政府已经下了决心，充分授权省引黄工程总指挥部作为代表省人民政府的全权领导机构，组织、领导和协调引黄工程各方面的工作。……省委、省政府坚决支持引黄建设走改革开放的道路，在引进世界银行贷款、国外资金和先进技术、设备的同时，引进新的体制、新的机制，既要与国际接轨，又要与中国实际相结合。在国家规定国外贷款必须建立还贷基金规定的基础上，加上万家寨枢纽的发电收入和吨煤度电收取的水资源费，建立引黄投资基金。通过建立引黄投资基金和现代企业制度，确立有效的激励机制，把各种积极因素动员起来，协调运转。总之，要把引黄工程项目作为一个大基地，不仅要完成一个好工程，而且要培养一支好队伍，创建一个好体制，留下一批好科研成果。引黄工程的改革要为全省国有经济的改革提供经验。"

这就是说，引黄工程体制改革思路的合理性、合法性得到了上上下下一致的确认。不但如此，省委、省政府还对此寄予厚望，希望通过引黄工程的体制改革推动全省国有经济的改革。

## "黄河基金"呼之欲出

以周其仁教授为首的专家小组，按照向省委、省政府汇报的思路，根据国内特别是山西省内经济体制改革的进展情况和引黄工程的具体情况，参照国内国外的有关案例，日夜加班工作，于1997年初完成了《山西引黄工程体制改革方案》初稿。引黄工程总体协调领导小组先后两次对初稿进行了深入讨论研究。这期间，起草小组又向技术专家组作了汇报，征求了他们的意见。经过反复的修改论证，我们认为《方案》的架构和细节都已基本成熟，具有很强的可操作性，便向省委、省政府作了汇报。

《山西引黄工程体制改革方案》的制定是一件具有深远意义的大事。经省委批准后，这个改革方案就成了中共山西省委的正式文件，成了中共山西省委的意志。它是引黄工程进行体制改革的依据和指南。

《山西引黄工程体制改革方案》共分 9 章 59 条，加一个“前言”和一个“结束语”。我们可以把《方案》看作两个部分。第一章“总体构架”是一个部分，这是总纲，讲的是有关体制改革诸方面大的原则。这也是这份文件最重要的部分。第二章到第九章是另一个部分，这是分论，是对各个重要方面的相关问题所作的具体规定。

第一章是总体构架，共 8 条。

第一条讲的是总目标。引黄工程体制安排的总目标是保障工程的顺利进行，以最小的社会成本完成从黄河引水供应太原、朔州、大同和相邻缺水地区的战略任务。为此，必须全面改革以指令计划和行政组织为中心特点的原有体制框架，将商业化原则引入大型供水工程，贯穿投资、建设到营运的全过程。这就是说，体制改革就是要使之完全适应市场经济，就是要引进商业化原则。

第二条讲商业化原则。包括两点：第一，工程使用的各种经济要素和全部产出都要以反映其成本和供求关系的市场价格机制来配置；第二，从事工程各种经济活动的主体是产权清楚、财务独立、具有盈利动机的企业。在具有自然垄断特性的大型供水设施的投资和营运活动中，运用商业化原则需要一些特殊的条件，目的是在特殊的约束下更充分地利用商业化的一般原则。换句话说，自然垄断或政府垄断里面天然含有不利于市场化原则或者不能利用市场化原则的因素。因此，我们做了一些特殊安排，以尽可能地充分利用商业化原则。

这一条的重点在前面两点，这两点是实行商业化原则必须做到的。

后面的一段话敏锐地指出具有垄断性行业在经营活动中可能产生的弊端，未雨绸缪，为之设防。这是《方案》从实际出发具有强烈针对性的一个例证。

第三条，山西引黄工程体制由投资体制、建设体制和营运体制等 3 部分组成。投资体制的中心任务是筹措工程建设的资本，并确保投资的安全和效率。建设体制的中心内容是完成工程设计，并按照工程概算、期限和质量等要求实施工程的投建和改建。营运体制围绕的中心是提供高效的供水服务、良好的工程管理和维修。

这一条强调的是，我们一定要尽最大可能防止修成一个带病运转、过不了几年就破破烂烂的工程，一定要把它搞成可以永续利用的工程。一个工程搞得好，有很好的折旧和维修，可以一直有生命力，运转几百年。李冰父子修建的都江堰，2000 多年来一直在造福人民，就是一个很好的例子。我们的目标不是把水送到太原就算完了，水送来，要改善太原的生活质量和生态环境，投资要使工程本身得到良好的管理和维护。上述投资、建设和营运三大体制密切相关，任何一方都不可能孤立地发挥作用并独自取得成功。如果投资环节出了问题，概算超了，又筹不到足够的钱，不得不去掉一块必要的工程部分，就叫投资缺口，意味着工程一上手就有毛病。这样营运就不可能有高效。营运无效，如何保证投资的回收？引黄工程投入的回收期限可能会很长，要在很长时间内有效营运，工程的质量必须有保障。

第四条讲投资体制。首先要弄清资本从何而来。目前的资本还是政府投的。山西省引黄工程项目投资的直接来源是经中央批准的地方煤电水的专项附加，也就是水资源补偿费。此外，从国内国际金融机构融的贷款也直接或间接由省财政担保。因此，引黄工程的投资主体就是山西省人民政府，由省政府任命的机构来履行投资主体的职能是必然的。

而鉴于以下几点理由，直接由省人民政府充当工程的投资主体并不合适：(1) 工程投资的全部回报将要经过一个很长的周期，与政府的任期换届不一致；（2）工程投资的技术含量很高，需要专业化较高的投资管理；（3）投资规模庞大，需要以资金运营为中心环节和基本手段来组织全部投资；（4）独立投资主体的独立财务地位，有助于建立有效的内部激励机制。这句话非常关键。作为政府一个部分，激励机制就得考虑政府部门的前后左右；如果是一个独立的投资法人，某种程度上就要跟政府其他部门切开，可以利用企业的激励机制在某种程度上建立自己独特的报酬函数。

《方案》建议由山西省人民政府通过国有资产授权经营的途径，组建“黄河基金”（以下简称“基金”），作为山西引黄工程具有独立法人地位的投资主体。“基金”是在国家公司法、基金法以及必要时省人民代表大会的专项地方立法等法律规范下从事专门投资活动的国有经济独立法人。“基金”将汇集工程的各项投资资源，并以此为基础借贷资金，通过全额投资、控股和参股等方式组建工程建设和营运的各个公司，并承受相应的投资风险和收益。“基金”居于山西引黄工程投资体制的中心，也是一系列建设和营运公司的投资母体，在整个工程体制中具有十分重要的地位。

这个基金体制，关键是要把它从政府的日常财政开支里划出，变成一个可以在资本市场上运作的、跟政府的换届任期没有直接联系的、不完全受政府直接调节的独立的主体，它是国有资产、人民财产，但其代理人的地位要先确定下来。它是一个法人，本身就代表委托人。

我要特别指出，建立基金体制是《方案》的精髓所在。它充分体现了《方案》的创造性，这在我国的基础建设领域是前所未有的，是一个大胆的突破。与此同时，它又表明《方案》所倡导的改革不是修修补补式的，而是脱胎换骨式的，它要建立的是与我国未来发育的市场经济包括资本市场完全相适应的体制。也只有这样的体制，才能从根本上避免旧体制的种种弊端，才能盘活沉淀的资产，才能建立灵活的投融资体制，才能使用于水务建设的资金得以保值增值并确保偿还贷款的需要。

当然，由于它所具有的前瞻性，实施起来肯定会遇到很大的困难，但这是必须达到的目标。基金体制能否最终确立，可以作为判断《方案》的实施是否取得最终成功的重要标志。

第五条讲建设体制。按照国际惯例，山西引黄工程的建设体制将由“业主公司—监理公司—承包商”三元构成。其中业主公司和监理公司都是由“黄河基金”全资组建的公司，将来也可以参资融资，但在财务和功能上彼此独立。业主公司履行工程建设业主的全部职能（或者说基本职能，因为融资职能要放在“黄河基金”里头），包括提出工程设计和概算、向国际国内承包商发包工程项目、聘用监理公司、支付工程投资款项并监督控制工程建设的进展。监理公司对工程实行专业监理，其职能是遵照有关技术规范、业主公司与承包商的合同以及业主与监理公司的合同，同时监督承包商的施工质量和业主公司对合同的履行状况，现场处理业主与承包商之间的“索赔和反索赔”事务。

监理公司对工程的质量、工期和概算的执行负有直接的责任。监理公司的主要资产是人力资本，即合格的工程师、法律专家和经济师，也必须有一定数额的财务资本作为其所承担的商业责任的财务基础。鉴于国内监理市场的不成熟，本工程将实行“双重监理”的体制，即除了由业主公司委托监理公司担当专门的监理职责外，还在业主公司和监理公司共同的投资母体即“黄河资金”内设立特别监理处，负责对关键的工程部位实现追加的直接监理，复核重大的“索赔和反索赔”案例，并监督监理公司的工作规范和监理质量。最后，承包商合法获得工程合同的唯一基础是公开、透明、规范的市场竞争。承包商和业主公司的承包合同受法律调节和保护，与监理公司和业主特别监理处的纠纷由独立的仲裁机构处理。由于本项工程利用世界银行贷款，面向国际工程承包市场，因此，建设体制的“业主公司—监理公司—承包商”的三元制衡模式还必须符合国际规范。“三元制衡”的建设体制是国际上广泛采用的模式。当时，国际承包商即将进场，建立这样的体制是引黄工程的当务之急。

第六条讲营运。目前，国内统一的供水功能被行政条条切开了，这个问题应该考虑通过制度创新来解决。

引黄工程建成之后，黄河水必须经过流域内有关河流、水库、自来水网络，与汾河水混合在一起，才能最终形成供水能力，此外还必须有污水处理系统。因此，本工程营运体制的首要任务，是将流域内各有关水资源机构，按照股份公司的架构，整合成为一个统一的流域供水股份总公司，在体制上突破对统一供水资源的行政性分割。为此，必须在工程建设完工之前首先完成流域内汾河一库、汾河二库、太原市自来水公司和污水处理系统等水资源机构的公司化改造，然后在资产评估和市场谈判的基础上组建“汾河流域供水股份总公司”，按照资产关系建立公司董事会和相应的治理机构。

为了避免供给垄断因素带来的不利后果，在营运体制中还包括两个不可或缺的部分：（1）由直属省（市）人民代表大会的专家系统、供水方和需水方代表共同组成水价委员会，按照经济上合理的原则和一定的程序来核定供水成本和供水价格；工程经营者的经济效果以核定的营运成本来衡量。（2）在技术上独立的地下水资源，并不由“汾河流域供水股份总公司”控制，而作为一个与黄河水的供应竞争者独立营运。地下水的供给量由省（市）水资源委员会的专家系统根据环境要求限定，然后由太原市人民政府主持地下水的拍卖，地下水的价格由拍卖的供求来决定。建立统一的流域供水公司，才能提高效率，才能避免由于行政性分割而造成的种种摩擦和扯皮，这也是世界银行的要求。这一条包含的内容很丰富，有3点特别值得注意：一是按照现代企业制度的要求来组建股份制的供水公司；二是提出了确定水价的程序和思路；三是要求科学核定地下水的供给量，并通过拍卖的方法来出售这部分地下水。

第七条讲总指挥部的职能。由于工程的投资、建设和营运时期正与我国由计划经济向市场经济的转型同步，必定要遭遇新旧体制交替而发生的大量复杂矛盾。因此，大规模引进商业化原则需要加强对工程实施有效的、边界清晰的行政领导。从现实出发，有必要将现有的山西引黄工程总指挥部建成一个全权代表省人民政府管理引黄和流域供水事务的权威的行政领导机构。山西省引黄工程总指挥部是一个政府机构，并不担当那些完成公司化改革后的基金、公司和股份公司担当的经济职能，也不干预基金公司的经营业务。

如果说第四条关于“黄河基金”的构想足以说明《方案》在改革方面的彻底性，那么第七条关于总指挥部职能的界定则可以说明《方案》的现实性和可操作性。它是立足于现实的，是从引黄工程当时的实际、从山西省正处在由计划经济向市场经济转型的初级阶段的实际出发的。正是由于这样的情况，由于引黄工程还面临着与国务院部委、与邻省（区）之间大量的协调、沟通任务，面临着拆迁、移民等涉及各方利益的行政事务，因此，作为行政领导机构的总指挥部不仅不能削弱，相反，在一定时期内还应当加强。当然，这里所说的加强，指的是它的行政功能，它原来曾经承担的经济职能则应当分离出来，交给新组建的“黄河基金”和工程公司。因此，强化总指挥部的行政职能与政企分开是并不矛盾的，是完全一致的。

第八条是一个小结：综上所述，山西引黄工程的体制总框架包括行政领导体制、投资体制、建设体制、营运体制和水价形成机制。其后的各章，将分别阐述工程体制各个部分的内容及其相互关联，并专门就如何从目前的体制转向新的体制作出说明。

从第二章到第九章，《方案》分别对引黄工程总指挥部、投资体制、建设体制、营运机制、供水和水价形成机制、竞争性水源的制度安排、效益核算和激励机制、转型和程序等 8 个方面作了具体的阐述。其中第三章“投资体制：黄河基金”富有创新精神，这里再作一些介绍。

第三章自第十四条起，共 7 条：

第十四条，山西省引黄工程的投资主体是山西“黄河基金”。“黄河基金”是山西省人民政府设立的专项引黄工程投资基金，初始资本来源于已经中央政府批准征收的山西地方煤电水专项附加。“黄河基金”是按照国家公司法、基金法以及必要时由省人民代表大会通过的专项地方立法等法律依法设立的从事专门投资活动的独立法人。

第十五条，“黄河基金”是山西引黄工程投资的本金，也将是今后山西省从事大型水利建设投资的本金，“黄河基金”将向国内国际银行贷款并视需要在资本市场上为工程建设融资。在债务为正的情况下，“黄河基金”将设立“引黄项目还贷基金”（LOAN REPAYMENT FUND YRDP）。还贷基金的资金来源包括：（1）2001年后供水营业中的投资利润；（2）1998年后山西省在万家寨大坝发电后的收益分成；（3）1997-2001年间太原水价改革和地下水利用方式改革的收益。为了确保还贷的财务基础，明确黄河基金的利用原则是优先还本付息，其次才是增加投资规模。

第十六条，“黄河基金”的基本投资方式是通过全额投资、控股和参股等方式组建工程建设和营运等各类项目，法人承受相应的投资风险，并享有相应的控制权力和资本收益。

第十七条，“黄河基金”投资所得的各项收益，包括发电收益、供水经营利润和金融运作利益等，都回流基金，充实本金。

第十八条，“黄河基金”的最高决策机构为基金董事会。首届基金董事会成员由山西省引黄工程总指挥部代表省人民政府委派或聘任，并经省人民政府批准。基金董事局的成员实行任期制，每4年一期。人事变动由引黄总指挥部向省人民政府提名，并经省人民政府批准。为了保证基金董事会的稳定性，每届董事局更换的人数不超过总人数的1/3。

第十九条，“黄河基金”董事局的主要职责是：（1）提出并决定基金利用的中长期规划；(2) 审查批准基金投资项目，确保资本安全；(3) 向独资和控股的项目法人委派董事长，批准董事会组成；(4) 为基金选择金融代理机构，决定有关金融业务的委托；(5) 组建基金董事局的特别监理处，负责对工程的关键部位实行追加的直接监理，复核工程中重大的“索赔反索赔”案例，并监督监理公司的工作规范和监理质量，特别是监理公司与承包商的经济关系；(6) 决定或批准有关资产购并和联合的合约；(7) 对所有基金项目组织内部审计；(8) 其他必要事项。

第二十条，“黄河基金”董事局的决策方式为董事局办公会议投票表决。在实际可行的基础上，逐步制定基金董事局办公会议程序。董事局设专职秘书或秘书长一人，但不设专门的办公机构。

从以上的条文可以看出，《方案》对“黄河基金”的各个方面都作了细致的考虑，但同时又留有余地，这毕竟是一个新东西，需要实践来加以补充。

不过，对于“黄河基金”来说，重要的已经不是条文的问题，而是如何尽早不失时机地推出的问题了。基金制是一种企业机制，是国有资产授权的独立法人，这一条在世界银行的法规和邹家华副总理的讲话里都有。眼前就是一个很好的机遇，《公司法》为基金的设立提供了法律依据。《公司法》的规定不够详尽之处，可以用地方立法来补充。

在听取各方意见对《方案》作了一些修改后，正式形成了《山西省引黄工程体制改革大纲》。稍后，中共山西省委以晋发〔1997〕33号文颁布了这份《大纲》。这份“中共山西省委和山西省人民政府关于对《山西省引黄工程体制改革大纲》的批复”全文如下：

省万家寨引黄工程总指挥部并各地、市委，各地区行署、市人民政府，省直各有关部门、各大型企业：

省委、省政府同意《山西省引黄工程体制改革大纲》，请引黄工程总指挥部将此作为引黄工程体制改革的纲领性文件，认真贯彻实施，切实抓好落实，用全新的体制保障引黄工程建设目标的实现，在改革方面为全省走出一条路子，并为国有企业改革提供示范和经验。

引黄工程是山西的生命工程。各地、各有关部门和企业一定要提高认识，带着爱党、爱国、爱山西的深厚感情，积极支持、密切配合引黄工程，优化施工环境，把引黄的事情办好。同时，要认真学习引黄工程的改革精神和改革经验，抓住体制这个根本、机制这个关键、管理这个重点、解放思想这个前提，进一步深化国有企业改革，进而推动全省各方面的改革，开创山西改革的新局面。

中共山西省委

山西省人民政府

一九九七年六月二十五日

◇ 第九章

# 好制度可以使坏人变好

两大公司的成立，同时也意味着商业化原则的引进。主要内容是两条：一条是竞争的机制，一条是激励的机制。建立现代企业制度的根本在体制，关键则在机制。前一条是用人制度，后一条是分配制度。用人制度的核心是竞争，分配制度的核心是激励。

## 在战争中学习战争

按照《改革大纲》的要求，山西省引黄工程建设总公司和山西省黄河水利咨询有限公司是要由“黄河基金”投资组建的。由于“黄河基金”的批准成立要有一个过程，等不得了，所以两大公司的组建都由总指挥部来主持。

这是体制改革跨出的关键性一步。两大公司要引进竞争机制和激励机制，要打破“大锅饭”、掀翻“铁交椅”，实行聘任制。人员不分职位高低，全员下岗，重新聘任，竞争上岗。

两大公司成立以后，就要按照国际惯例，与承包商一起，实行“三元制衡”的建设体制。

大家心里都清楚，体制改革非同小可，它是大动作，是涉及利益重新分配、权力重新分配、责任重新分配的大动作。这样的大动作一定会遇到种种不同的意见，有赞成的，有怀疑的，有抵触的。有人说，农村的改革是给了农民“金饭碗”，这里倒好，改革是砸掉我们的“铁饭碗”。也有人担心体制改革的风险太大，说原来的责任在政府和省委，改制以后责任和风险就全都揽到自己身上了。当时的情况是暗潮涌动，意见纷纷。

不论从哪个方面看，这都是一件意义深远的大事。一方面，它涉及全体职工的切身利益，必然与旧体制下形成的种种观念产生激烈碰撞，需要帮助他们更新观念，适应改革的形势，适应竞争的环境。另一方面，“三元制衡”的建设体制形成以后，两大公司及其员工都将面临许多新的问题，例如怎样与国际承包商打交道，熟悉和运用世界银行的《导则》和《菲迪克条款》，严格执行国家颁布的水工规范，等等。

以前遇到这样的大动作，我们做的第一件事就是大动员，讲大道理。这次我们决定把这一条也改掉，不开动员会，改办培训班。培训班里不讲道理讲知识，讲的是关于市场经济和企业管理的基础知识，你说它是“市场经济 ABC”也可以。

1997 年的春节刚过，从 2 月 8 日（也就是正月初二）起，至 2 月 15 日，引黄工程总指挥部举办了由引黄管理局所属各单位全体员工参加的体制转型暨施工规范培训班，参加培训的还有省体改委、省水利厅、水工局、水资源研究所、省水利监理公司的有关人员，共 250 余人。

开班时我有一个发言。我说：“从现在到 2001 年只有 5 年时间了。到了 2001 年，我们要交一个合格的工程，达到‘一次通水成功，长期稳定运行’的标准；二是要交一个全新的体制，靠体制保证质量，节约投资，提高广大员工的素质和积极性；三是要交一批科研成果，包括硬件和软件，特别是像特长型隧洞掘进、防渗漏、泥沙治理、防治污染以及水价形成机制等成果；四是要交出一批人才，包括施工管理、勘察设计、工程监理等方面的人才，可以到国际市场上去竞争、去承包工程的高素质人才。这次培训，是现代知识的培训，包括经济理论、工程管理等一整套学问，是开发智力的培训，也是实行体制转型前的岗前培训。大家一定要认真学习，充实自己，以适应即将开始的改革的需要。”

参加培训的同志都认为这是一次难得的机会，又是与下一步的全员下岗后竞争性选择岗位紧紧连在一起，所以热情高、劲头足，精力集中，气氛活跃。大家边听讲，边讨论，边提问，收获很大。最后考试，参加培训的人员都取得了120分以上的好成绩，比预想的要好。参加培训的同志众口一词，都说收获很大。有的同志说："7天的培训大开脑筋，是悟性的开发，是智慧的提升，受益终身。"但应该说，这还只是个启蒙，许多东西还要在实践中边干边学。这方面中国共产党有经验，叫"在战争中学习战争"，过去曾经用这种办法培养出了一大批人才。

当然，大家的收获其实是各不相同的，因为各人的经历经验、文化层次、认识水平是各不相同的，关心的方面也是各不相同的。但是，大家都从原来的基础上更上了一个层次，甚至两个层次，却是无疑的。"欲穷千里目，更上一层楼"，这时视界更开阔了，心胸也更宽广了。体制改革，竞争机制的大的方面都看清楚了、了然于胸了，原来的茫然、疑惑和顾虑也就消于无形了。

当一个人看不清前面有没有道路时，他会感到茫然、慌张甚至惊恐；当烟雾消散，呈现在面前的仍然是一条路，而且是一条越走越宽的路时，心情自然就完全不一样了。这次培训带给大家的正是这样的变化。

培训的主讲人是北京大学经济研究中心教授周其仁、宋国青，内容紧紧围绕《改革大纲》，系统地讲解了市场和价格机制、企业理论和现代企业制度、合同、激励机制等方面的经济理论。两位教授和牛辉林还分别介绍了甘肃"引大入秦"、四川二滩水电站、云南鲁布革水电站、山东"引黄济青"、天津"引滦入津"的运行情况和经验教训。在此基础上，周其仁教授详细讲解了《山西省引黄工程体制改革方案》。培训的最后阶段，由华北水利水电学院教授张镜剑、赵中极、熊景铸、李华烨分别讲解了有关水工工程的各种技术规范。

培训班结业时，省委书记胡富国到会讲了话。他说："我对引黄说过三句话。第一句话，在引黄遇到各种困难时，我说：'宁可丢掉乌纱帽，不能不引黄河水。'这句话是说我的决心，当然这也是省委的决心。第二句话，是在去年11月5日的大会上讲的：'如果将来引黄工程的质量出了问题，漏水，水到不了太原，我就跳黄河，投河而死。'这句话，主要是说工程质量的重要性。这次参加培训的同志，要掂掂分量，想想自己承担的责任，兢兢业业地把事情做好。第三句话，是‘引黄工程一定要办成发扬兴建太（原）旧（关）高速公路的精神，真正体现省委提出的高举两面旗帜的典范’。山西最大的问题是开放不够、改革不够，根本是观念没有更新。这次培训要解决的问题，首先就是要将市场化、商业化的原则引入工程投资体制、建设体制和营运体制。改革就是要动体制，好的制度可以使坏人变好，坏的制度可以使好人变坏。”

改革开放在我国已经搞了好多年。这么些年来我们经常把市场呀、激励机制呀、现代企业制度呀等名词挂在嘴边，但真要问几个为什么就回答不上来了。我们对这些概念或者说事物的理解往往是表面的、肤浅的，甚至似是而非的。因此，我们决定要通过这次培训，针对一些将直接影响到下一步改革实施的重大问题，让大家真正从理论上搞清楚。

我就举一个例子，谈谈我们经常说的激励机制。什么是激励机制呢？其实这是一个很复杂的问题，因为激励机制涉及许多方面。

第一个问题是团队生产。团队由很多个人组成，团队的总产出如果大于个别成员产出的算术总和，就叫规模经济；如果相等，说明规模并没有表现出应有的经济性；更糟糕的情况是把人拢到一起后，比单个人还差。在这一点上，我们确实面临很多问题。有人说，一个中国人和一个日本人相比没有问题；三个中国人和三个日本人相比，我们可能要显示出劣势。每个人都很强，加在一起却不一定是很好的团队。所以我们要研究激励，研究怎么鼓励人在团队里好好工作。

怎么才能让人好好工作呢？总起来说大概有这么几个途径：第一是强制，第二是说服，第三是交换。看看整个人类历史，要让人好好工作，最后起作用的还是第三种途径，也就是说，是交换。

什么是交换呢？他付出了努力，你就要换给他一样东西，通常叫报酬。他的努力是贡献给这个组织的，贡献给社会的，这个组织和社会就要相应地给他一份报酬。这种报酬和他的努力之间要有一种函数关系，而且是正的关系。报酬不只是经济报酬，还包括对人的评价、表扬、奖励。这样就可以把外在的强制变为成员的自我强制，把外在的说服变为成员的自我说服。

我们研究的激励机制直接和交换有关。激励机制的定义很复杂，简单地说，激励机制是组织管理者设置出的一套合适的报酬函数，用以诱导（不是强迫，也不是纯粹的说教）行为者，使他自觉增加供给“努力”的动机。要从动机里解决问题。你增加“努力”还是不增加“努力”，结果是不同的。

激励机制包含着一些什么东西呢？第一，你不能代替他做选择。第二，你不能替他算哪个合算哪个不合算。很多事情管理者觉得很好，行为者却未必觉得好。报酬函数的设计要对行为者本身有足够的诱导作用，让他去改善动机，从而改善他的行为。这是个三元关系：动机—行为—后果。所谓“报酬函数”就是在行为和结果之间建立一种联系，通过这种联系去影响人的动机。第三，你不能包办他的选择权，但是要给他一个选择的机会和约束。报酬函数要非常清楚。

为什么这么复杂呢？因为这里涉及“人力资本”的概念。什么叫资本？资本就是可能带来现在或者未来收入增长的源泉，资本就是可以生出东西来、可以生出现在和未来的收入。可以成为这种源泉的资源我们把它叫作资本。人力资本就是人所拥有的健康、容貌、文化教育水平、专业技能，以及有经济含义的那些性格特征，如对风险的态度，负不负责任、讲不讲信用，都包含在内。所有这些都可以看作人力资本。换句话说，人本身就是可以增加自己收入的源泉，这个源泉跟人的质量有关。从数量上看人，一个一个都是一样的；从质量上看，人与人的差别就非常之大。

人力资本既然是一种资源，就有它的产权，但这个产权跟所有其他经济要素的产权有很大的不同。人力资本天然附在人身上，它在生理上跟个人分不开，这是人力资本产权的重要特点。如果它是可分的，就可以强制，可以下命令；但人力资本天然属于个人，强制是没有用的。人力资本的另一个产权特点也跟别的资源不同，它的产权如果得不到保护就会消失。什么道理呢？我的体力、智力可以不发挥出来，能提50公斤，我说我提不了，我可以倒下睡觉。人力资源的特征是它有个自我保护装置，它可以不发挥出来。

可以说，人的潜能几乎是无限的。很多时候你觉得这件事情做不到，但最后却做到了。同样一个人，他可以像一条龙，也可以像一条虫。人民公社里的农民只要队长走开，他就躺下，可以在寒冷的地上睡觉；同样是这个人，回到自留地里，就变成了一只虎，好像有用不完的力气。同一个人可以有极其不同的状态。什么原因？跟产权有关。你尊重人力资本的产权，他是一种状态；你要侵蚀他、剥夺他，他立刻是另外一种状态。

土地只要上肥料就行了，地力就会保持；资本你付它利息就行，所有其他生产要素都没有激励问题，激励就是针对人的。激励是通过影响人的动机结构来影响他的行为，通过改变他的行为来改变他的产出，通过这么一个流程来使个别成员和团队的目标一致。这是非常困难的事情，难就难在人力资本的产权特征。新中国成立之初，对付地主，对付富农，对付民族资产阶级，中共中央主席毛泽东一声令下，问题好像完全解决了，把他们的资产公有化了。但你想让人在公有化的机构里头好好干，问题就出来了，不好办。只有一个办法，回到激励的立场上来。

作为管理者千万要当心，你别以为他归你管就没有问题，他的人力资本可是他自己的，你必须站在交换的立场上来考虑管理问题。你可以治他，他也可以治你，最后谁把谁治了可不一定：不一定是地位高的人把地位低的人治了，常常是地位低的人把地位高的人治了，你都弄不清楚他是怎么搞的。人力资本和它的产权特征是理解管理活动和激励机制的一个基础。

第二个问题是合同。动员人在团队当中好好工作，基本的途径是交换，而合同则是实现交换的一种形式。

一个富有激励性的合同的第一个要素，是必须有自愿和互利的承诺，双方都有承诺。我答应你什么，你答应我什么。第二个要素是对价，一方作出承诺，另一方就要给他开个价。你做到了，我就给你什么。从另一方面讲，是我的承诺实现了，你该给我什么。所以合同本身是个交易，要有对价这个概念。第三是时间因素。合同和瞬时交换有差别。瞬时交换是你干了这件事我马上付你多少钱，合同通常有个时间周期，是承诺我在未来怎么样，未来这么干你会怎么样，那么干你会怎么样。前面介绍的报酬函数都跟时间有关。我一年聘你一次，还是五年聘你一次，还是终身不变，这都是时间的概念。第四个要素是所有的合同都有一个违约处理。违约怎么办？我有一个承诺，你给了我一个对价，以后我做不到这个承诺会怎么样，这都是合同里要讲清的。

在处理合同关系时个人行为有哪些特征也是要研究的。第一个特征，他是有理性的，其实就是自利的。他会从自利的立场出发来做选择，他会选那些对他利益大的安排。我们看到社会上有很多不合理现象，其实都跟制度约束不合理有关。人民公社时期，男人干不干都是记 10 分，你很难发现我干不干，我躺在地里睡觉是合理的，我睡觉我就有力量，下班以后我回家忙着种自留地，干劲就足。第二个特征，人是患得患失的。任何人对奖惩都极其敏感，无论物质的还是精神的。你强调人不要患得患失，做不到。人就是会患得患失，问题是要让他对称。他给团队做了贡献，你就要让他得；如果他给团队的生产造成损害，你就要让他失。你不是要改变人的患得患失，而是要利用人的患得患失的本能，然后使得个别人的努力和团队的需要一致。第三个特征，人是会估计风险和收益的。所有的人都会往未来看，他会估计将会怎么样，哪怕文化很低的人，任何报酬函数给出去他都会根据经验来考虑：我有多大的可能性拿到这个东西？有可能，他就会努力。有的报酬的绝对额很大，但得到的概率很低，那么它的作用就很有限。第四个特征，团队生产当中一个显著的特征：每个人的反应互相影响。这就是为什么三个人有时候还不如一个人的缘故。一个人不好好干，其余那两个人也会跟着来。第五个特征，人的本性有可能违约。只要违约有某种好处，而你发现他违约的成本又很高，人就会违约，就有道德风险。人有时是会钻个空子的。这个特征听起来是把人说得很坏，但是你无法消灭它。第六个特征，人是有预期的。他不是看过去，而是想我这么做将来会有什么结果。预期很重要。其实，调度人在很大程度上是调度人的预期。所有人都是有所图的，你不要去找那个无所图的人，那种人就没法管了。

还要注意的是，合同有信息成本。你要弄清楚人们的所图，要设计一个报酬函数，要观察他对承诺的履行，需要大量的信息，所有的信息都不是免费的。大公司一定要有机制来节约信息费用。引黄这么大一个局，有各种层次，分指挥部、第一线、工地现场，一直到最高领导人的办公室，中间有很多信息传递，这个信息流到底该怎么组织？怎么让信息有效、快速传递？这是个问题。在很多情况下错误的决定是由于不知道情况造成的，更多的时候是你没有办法知道更多的情况。由于有信息成本的因素，所以所有的合同也都是不完备的。比如《菲迪克条款》，里头就有很多不确定的东西。例如索赔，实际上就是针对合同的不完备性。出现了不可预见的情况，老练的承包商就会索赔，要求延长工期。什么叫不可预见的情况？这里头有大量含糊的东西，你很难搞清楚。如果你一定要把这全部搞清楚，那么需要支付的信息成本可能会高得吓人。所以一般合同都会留下一些空当。它界定了一些承诺、对价，也留了一些讲不清楚的东西。因此，我们处理合同时要非常注意有效地节约信息成本。

节约信息成本，对于大组织来说，第一是分层，简单地讲，就是一层管理一层。很多的研究表明，通常管理者的有效管理不会超过 8 到 10 个人，再多他就管不过来了。分层有很大的扩散效果。最高层假定管 10 个人，5 层以后就可管到 10 万人。一层管一层的，严格说是不能越级的。

高层不能插手那些低级别的事情，你一管就会管乱，一定要有效地分层处理信息。第二是短期合同和长期合同不同。短期合同一定要把开价定得很明确，否则就会损害他的努力。长期合同有些东西一下讲不清楚，可以通过长期的合作来弥补。所以越是对高级的管理人员越是希望签长期合同。短期合同机会主义倾向可能很高，长期合同机会主义倾向可以减低，因为他知道如果搞机会主义，一旦发现就会影响他的声誉。这是非常关键的一条，声誉是个人的品牌，是个人人力资本的品牌。在美国都知道有信用史，社会上有 3 个大的民间信息网，所有违背信用人的记录都可送到里头去。任何公司要聘用一个人首先要查你的信用史，出一点钱就可以把记录调出来。如果你房租没有付钱就跑了，房主就把你记在里头；他犯不着找你，找你的花费太贵，他等你找他。为什么？他把你记录在里头，你总要找工作吧，那么你就躲不开。

有时候人不是为几块钱的奖金和工资在那儿拼命干，他是为了他的一个好的记录，这个记录将来是他在人才市场上的价格，是长期资产。这种信誉机制是克服信息成本和合同的不完全性的一个重要东西。就像讲品牌一样，公司有信誉，人也有信誉。你做过的事情都有记录，这个记录要公开化，这样机会主义就会收敛。

再说到企业。什么是企业？企业实际上就是一组合同，就是各种各样的关系、各种各样激励机制的安排，是一个复杂的组合。企业不仅仅是一个所有权，而是包含了很多所有权，财务资本的、土地的、人力资本的、技术的，等等。企业是所有这些所有权的一种组合。所以企业管理、企业的激励机制就是一组合同，一组带有时间性、承诺、惩罚、含有对价的合同，所以企业管理中领导人大量的精力就是研究合同。

那么，企业里有哪些基本合同关系呢？

第一是出资者和最终的监管人，即最终的代理人（可能是一个，也可能是一组）的合同。这是首先要解决的问题：我把企业交给你，你要给我什么承诺？这是企业里第一组合同关系。这个合同需要长期化。在现阶段中国的一些企业里，最大的问题是这个合同没有找到激励性的安排。一般来说，还不是高级管理人员拿钱太多（当然也有这样的情况），而是拿非法的钱太多，拿制度化的钱太低，而且这两件事是互为因果的。解决的办法不是层层去堵，而是要疏导。最终监管者对企业的效率起着决定性的作用，他如果不好好工作其损失就会很大，因此要有足够的激励性报酬。

对中级以下管理人员的测度是非常主观的，因为个别的劳动与总生产之间的关系是不清楚的。像引黄这样的工程，每一个处室与引水隧洞的开挖是什么样的关系呢？很难测得清楚。怎么办呢？就是要挑好代理人，一级挑一级。这个理论节约了测量每一个要素给总产品贡献的费用。挑一个管理人员，只要他是善意的，是要往这个整体工程努力方向走的，而且又有人能够监督他，就行了。有一个合适的班组长，这个班组的贡献就有底了。所有企业管理都是通过这么一套体制来解决成员的努力和总产品的关系，而不是把隧洞像种地一样分开承包到每个人——那样造出来肯定漏水。主观性就是一种特别的权力，一定要把这个权力交给那些本身努力的人。企业管理实际上就是分层地挑代理人，层层分解，最终对整个工程负责。

对不同的工作人员可以有不同的合约安排。计时制、计件制在管理当中实际上就是不同的合同，都是有条件的。对于守电话的人来说，没有办法给他计件，因为不知道一天会打来多少电话，也不知道电话内容的重要性如何。有些大公司一个电话接错了就完了，一个订单就没有了，一个客户就跑了，一个重要的事情就耽误了。所以对他只能搞计时加奖励。而有些工作可以计件，通常来说，计件的效率是最好的。所谓计件就是你的贡献百分之百给你报酬。所以在大组织里要尽可能地去寻找可以计件的部分。

日本有一种年功制，熬年头。这也有某种合理性。因为他在企业里待的时间越长，他对这个企业累计贡献的人力资本就越多。这种制度的缺陷是对于创新、发明等一些不确定的东西没有足够的激励，优点是内部高度稳定。

还有一种叫总收入分成。把总收入当中的一块切给你，其他就不管了。弄不清楚你出去到底花了多少钱，哪些钱和我的企业有关系，哪些钱没有关系，监督的费用太高，我就用激励监督的办法。比如说月票，月票里面有好多不公平的东西，我少坐车也要花这么多钱，多坐车也是花这么多钱。但月票省下了计量费用，上车后有人不买票、售票员找钱麻烦等这些问题都解决了。很多制度的安排都是有了这个就少了那个。如果测量费用太贵，就干脆不测量了，找另外一种办法来计件测量。

还有一种是年薪加增值性金额，或直接送你股份。山西晋商很有意思，那时就有净股和身股。什么叫身股？就是你可以一无所有地来，如果干好了，给企业出资者挣了利润，他就送你一定的股份。

年薪制其实一点也不神秘，农民就是年薪制，你的努力是和你今年的收成联系在一起的。年薪制是要建立年度性的联系。比如引黄，对最高级的管理者可以进行整个工程的红利制，工程修成之后从中拿出一部分来和管理人员挂起钩来。年薪制的设置，是由于你每天的努力，没有办法单独地计算其结果，已经跟年度性的或者正常周期的总产品之间建立联系了。

西班牙的一种企业制度，是21世纪初一个神职人员提倡搞的，他对工人除了发工资之外还设立一个资本账户，跟整个企业的盈亏挂在一起，每年按照你劳动的贡献算一个数放在资本账户里头。在不离开这个企业之前这个资本账户一直存在，可以增值，可以减值，亏损的时候大家共同负担，盈利的时候大家共分，分的份额就是你创造劳动的贡献。这就是工人资本账户制，结果西班牙北部的山区发展出欣欣向荣的新型企业景象，产生了许多优秀的产业工人。中国不少乡镇企业都搞股份合作合同，其实就是西班牙的工人资本账户。劳动者同时又是投资者、所有者。你既是自己劳动力的所有者，同时还是公司企业财务资本的所有者之一。

这种机制对什么企业管用？对于操作性特别强的企业管用。但是，这种制度对投资是不利的。投资是风险很大的事情，所有人都有一票，你同意他不同意，决策起来就很难。

总之，现代企业激励机制的具体模式是千差万别的。出资者、最高管理人、高级管理人、中级管理人、专业人员、工人，有各种各样的合同。各种合同有长有短，都有它的适用性。一个好的管理者实际上就是要琢磨在我们这个环境中，在不同的层次对不同的人，为了不同的目的，怎么来配合利用这些合同。所谓体制改革，所谓公司内的改制，很大程度上就是调整合同。

激励机制，简简单单的4个字，经过讲解、讨论、争议、答辩，呈现出了如此丰富的内涵和深厚的理论基础，而这些知识和理论又是即将展开的改革中马上要用的，这就更进一步激发了参加岗前培训学员们的自觉性和积极性。

在培训的最后阶段，为了帮助全员更好地理解把握《引黄体制改革大纲》的要点，请周其仁教授结合《世界银行1994年世界发展报告》，就基础设施的经济特征及其改革发展的趋势、前景作了介绍。要点是：

1. 引黄工程属公用基础设施。

2. 基础设施的经济学特征是一次性的固定成本投入很大。在这个成本结构中，大部分要借产出量来分摊固定成本。产出量越大，单位成本就越低。单位成本由两个成本相加：一个是固定成本，即固定的投入；一个是变化成本，即可变成本，也就是边际成本。这两个概念对理解引黄工程的体制和未来的营运所应追求的目标是至关重要的，是必须搞清楚的。

3. 公用基础设施的自然垄断地位。由于公用基础设施的一次性投入的固定成本非常之大，因此由一家供给商提供产品是合理的，经济上也是合理的。我们不可能同时修两条引黄供水管道，不可能修两条平行的高速公路。既然只能有一个供给者，他就是一个自然垄断者。这种自然垄断，消费者很分散，他搞垄断行为侵害消费者利益怎么办？传统的办法只能由政府来经营，或者只能由政府来管制。世界银行提出了一个新的观点，它没有笼统地说这些事情该不该由政府来做，但鲜明地提出了可以引进商业化的原则。可以由政府经营，但政府经营的原则变了，不是纯粹的政府管制，而是利用商业化的原则解决自然垄断行业中存在的诸如目标不清、财务责任不明、职责不清、效率低下、浪费资源严重等等弊端。同时还提出了利用民营的力量、市场竞争的力量，在不同的环节上来改善这种产出的供给。

上述这些观点汇集成一个总的东西，就是不要固守原来的教条，应该随着理论的发展而发展，随着实践的前进而前进。引黄工程的体制设计就是把两种机制组合起来，把商业化原则引进来，改造以前的自营管制的传统公用事业体制。

这次培训从日常生活中的事情讲起，讲的是现实生活中处处都会见到的现象，是大家都很熟悉的事，甚至是我们暗藏在心里的念头，但引申出来的却是经济学理论，甚至是经济学领域最前沿的研究成果。比如，培训时讨论了这样一个命题——“人都是有所图的”，其实这就是一句大俗话、大实话，人人心里都明白，就是不愿意说破。接受了那么多年先公后私、公而忘私、大公无私教育的人，谁也不愿意捅破那层窗户纸。一经说破，大家无非是相视而笑，本来就是那么个理！而且一下子还明白了另一个道理：说实话才能讲真道理。“人都是有所图的”，这是一句实话。从这句话里引申出了激励、预期、对价、合约等道理，所有这些经济学的概念和原理都是建立在这句话的基础上的。

从熟悉的现实生活中的现象出发，引导大家一步一步地去了解什么叫体制改革，要改掉什么，要依据什么，这样由浅入深、由表及里，使大家逐步掌握体制改革和市场经济的原理。这是这次培训班的一个重要特点。

另一个重要的特点是互动。讲解是第一个层次，讨论、争辩、接受、消化是第二个层次，也是更重要的层次。安排了足够的时间来让大家参与讨论和争辩。有什么就说什么，当面锣对面鼓，直截了当，针锋相对，使道理越辩越明，大家的理解也因此而越来越深。

观念更新打通了改制的道路。观念更新本身就是改革的重要收获。我之所以不厌其烦地详细介绍这次培训的主要内容，就是因为这些新观念已经不同程度地为引黄的员工所接受，总的来说，已经成为引黄的财富、宝贵的财富。

当然，观念的更新并不是一次培训就可以完成的。新的观念、新的知识还需要在实践中验证，在实践中丰富、发展和修正，有些问题还可能有改变。对此我们是有清醒的估计的。

我们也知道，改革本来就是有风险的。对于承担主要责任的领导人来说，这种风险有时是很大的。但是，只要对工程有利，我们这些人被误解也好，受些委屈也好，遭到打击也好，都不算什么了。

不是说“人都有所图”吗？我们难道就例外吗？当然不是，我们也有所图。我们图的是首先要把这件已经花了几十年工夫的事情做好，图的是让后人说一句：这些家伙还是做了一件事、一件大好事！

## “肥水”与“自留地”

1997年4月，引黄工程的改革进入实施阶段，山西省引黄工程建设总公司和山西省黄河水利工程咨询有限公司正式宣告成立。引黄工程建设总公司成立后，原来的山西省万家寨引黄工程总公司即行撤销。5月11日，经引黄工程总指挥部研究决定，聘任姜凯为引黄工程建设总公司总经理，聘任刘劲军为黄河水利工程咨询有限公司总经理。

本来就有“万家寨引黄工程总公司”，现在改为“引黄工程建设总公司”，不就是换了一块牌子、改了几个字吗？

不是这样的，这是在政企分离的道路上跨出的一大步。原来的引黄工程管理局和引黄工程总公司是“一套人马、两块牌子”，既有行政职能，也有企业业务，许多事情是分不清楚的。现在不同了。引黄工程建设总公司是一个产权清晰、财务独立的企业，进行企业化的经营和管理，是对引黄工程的建设负全责的业主公司，履行业主的全部职能。这些职能包括组织工程设计、提出工程概算、对工程建设负业主责任、完成工程招标书、向国际国内承包商发包工程项目等。

《体制改革大纲》还规定：引黄工程建设总公司实行董事会领导下的总经理负责制。

以上的规定说明，总经理的人选关系十分重大。总指挥部早就在考虑这个问题，大家的目光最终都集中到了姜凯身上。

姜凯是 20 世纪 50 年代清华大学水利系的毕业生，毕业后就分配到山西工作，参加过多项水利工程的建设，有丰富的经验和很高的专业技术水平。早在 1988 年 8 月 6 日洪水淹没汾阳城的救灾过程中，他就给我留下了很深的印象。

山西是一个缺水的省份，但一旦突降暴雨，山洪暴发，水势之汹涌也是十分可怕的。那时我正在晋东南地区下乡，突然接到省长王森浩的电话，说汾阳发生洪灾，情况十分紧急，他从太原赶往灾区，要我也火速前去会合，一起商量救灾对策。我是在汾阳一中读的中学，可以说，那里的一草一木我都是熟悉的，不知道母校怎么样了，老师同学怎么样了，街坊四邻怎么样了，父老乡亲怎么样了，我心里的急切可想而知。从沁县到汾阳的路程比从太原到汾阳要远得多，车过祁县，又遇上堵车，而且偏偏又碰到了一个只认死理的交警，不管你有什么特殊情况，都得挨着次序来，一辆一辆地过。那时通信工具还很落后，好容易才拨通了政府值班的电话，帮助我们闯过了这一关。当我们心急火燎地赶到汾阳时，森浩省长早就到了，他带了水利厅的许四复、刘锡田等几个同志，姜凯也在其中。他们根据洪水淹没的面积和平均水深测算出大致的水量，然后根据地形确定了泄洪的地点和方式，泄洪排涝和其他的救灾措施很快就付诸实施了。这么大的洪灾我是第一次遇到，颇有些手足无措，依靠他们的帮助才找回了些"指挥若定"的感觉，同时也不免感慨：名牌大学的毕业生就是不一样！

引黄工程上马后，姜凯作为水利厅副厅长，一直在积极参与工程的各项工作。但1996年前后，他已经年过花甲，到了退休的时候了。

当时我们面临的紧迫问题之一是技术人才的短缺。我们决定采取留用一批、引进一批、培养一批的办法来解决这个问题。留用一批，就是将一批已经到了退休年龄但健康状况还很好的老技术专家留下来，再工作一段时间，帮助我们度过因为技术人员断档而青黄不接的阶段。我们把这些老同志当作宝贝，姜凯是其中突出的一个，筹建两大公司的时候我们自然就想到了他。

1996年8月16日，我在省委常委扩大会议上汇报工作，就谈到了留用姜凯的问题。我说："姜凯是清华大学水利系毕业的，毕业后在山西工作了30多年，参加过我们省的几个大中型水利工程的改造、建设。许四复、刘锡田（许四复曾担任水利厅厅长，刘锡田曾长期担任水利厅总工程师，都是在国内很有声望的水利专家）、赵生荣（时任水利厅厅长）等，都同意让他留下并担任更加重要的工作。这件事我和支树平同志（时任省委组织部部长）也商量过一次。姜凯今年62岁，身体很好。前一段他比较犹豫，后来和他80多岁高龄的母亲商量，他母亲说：'儿子，你如果还能干点什么事情的话，你就为山西人民再拼一次吧！'这话很感人，姜凯也很感动，态度坚定下来了。"

会上同意了我们的要求。按照当时的想法，我们是想把他放到总监的位置上；后来成立两个新型公司，大家认为姜凯办事严谨、持身廉正，更适宜到工程公司工作，就由他出任引黄工程建设总公司总经理了。

另一个是黄河水利工程咨询有限公司，平时人们简称其为监理总公司。监理总公司是“三元制衡”体制安排中重要的、不可或缺的一环，其职能是遵照有关工程技术规范，根据业主公司和承包商的合同现场监督工程进展，处理业主与承包商之间“索赔和反索赔”事务，对工程的质量、工期、概算执行负有直接责任。

监理总公司的主要资产是人力资本和公司无形资产。人力资本指合格的各相关专业工程师、法律专家和经济师。这些人才可以由监理公司直接聘任，可以在现有国际国内市场上成建制地招聘，也可以通过其他灵活的合约方式获得，无论哪一种方式都要有权利与义务明确、风险与收益一致的正式聘用合同。监理公司的无形资产是以其在竞争市场上提供的监理服务的经验、规模和业务能力等为基础逐步积累而成的。

监理总公司由业主公司聘用，为工程建设提供专业的监理服务，其工作权限、职责和收益由它与业主公司的合同来界定。

黄河水利工程咨询有限责任公司的总经理刘劲军，改制前曾任原引黄工程总公司的总工程师。他曾长期担任水利部水工局的负责人，有丰富的现场工作经验，这使他能敏感地察觉到现场施工中的问题，对问题的性质和严重程度有比较准确的判断与把握，并提出相应的处理措施。在前一阶段的施工过程中，刘劲军在工程质量管理方面做了大量的工作。当时各监理单位的管理也在他的职责范围之内，由刘劲军出任咨询公司总经理，当时是正确的选择。

黄河水利咨询有限责任公司（也就是监理总公司）的成立之初曾招致种种评说。

有的人说，你们这是“肥水不流外人田”吧？话说得有些调侃的意味，甚至有讥讽的意味。其实，“肥水不流外人田”本身的意思并没有错。引黄工程可以聘请外地监理公司来监理，也可聘请本省的监理公司来监理，只要监理得好，把这笔监理费付给本省的监理公司，再回流到引黄工程的建设资金中以节省投资，有什么不好呢？有什么可以调侃或者讥讽的呢？

有的人说，你们这样做叫“同体监理”，收不到监理的效果。这句话的毛病首先在于不准确。业主公司和监理公司虽然都是由引黄总指挥部代行政府职权出资组建的，但它们都是产权清晰的独立法人单位，它们之间的关系不是同一个人的不同肢体之间的关系，而是独立的法人对法人的关系，因此不存在“同体监理”的问题。监理公司是业主公司聘请的，请它来干什么？主要是负责工程的质量、工程的概算，同时也监督业主及时支付工程款，负责处理“索赔和反索赔”事务。它的目光主要盯着承包商，这是不言自明的，这里有什么“同体监理”的问题呢？

有的人说，你们成立监理公司，不过是为了分流人员罢了！这句话倒是说得有一定的道理。引黄工程管理局和原来的总公司人员是比较多，新成立的业主公司要力求精干，用不了多少人，其余的人怎么办呢？总要有一个地方来容纳吧。成立一个监理公司，正好可以容纳一批人，可以在相当程度上解决问题。看起来这是一条顺理成章的思路，但却不是我们的初衷。区别在于，这一思路把富余的人员看作负担，而我们恰恰相反，是把他们看作财富。他们中大部分人是有工程经验的技术人员，是宝贵的财富。我们当然不会允许这笔财富从我们手上流失，而是要给他们舞台，充分发挥他们的作用，成立监理公司，正好为我们提供了一个理想的载体。

其实，从原有机构中分流出监理公司并不是我们的创造，在这以前，水利部和它的下属机构已经分流人员成立了多个监理公司，在全国范围内承揽了多项监理业务。他们的做法为我们提供了借鉴和经验。

我们当时有一个设想，就是通过引黄工程培养出一支过硬的监理队伍，打造出一个响亮的监理公司的品牌，使这支队伍、这个公司可以参与国内竞争乃至国际竞争，在水利工程建设市场上大显身手。这样的设想过分吗？这是不切实际的空想吗？当然不是。我们之所以敢于这样想，是因为我们有得天独厚的条件，那就是引黄工程，一个长距离、多隧洞、高扬程的跨流域引水工程，其施工难度在国内堪称首屈一指，在国外也罕有其匹。经过这样的工程锤炼的监理队伍，显然是值得信赖的。可以说，引黄工程本身的分量就将在我们这个监理公司的“名片”上书写下浓墨重彩的一笔。当然，引黄工程只是提供了一个机会、一个场地，要真正做好这篇文章，还需要监理公司本身付出巨大的努力。

我们清醒地知道，监理总公司成立之初，力量是薄弱的，资质也不高，从总体上说不可能适应如此庞大的引黄工程的需要。但这并不要紧。引黄工程是由许许多多具体的工程项目组成的，这么多的工程项目本来就不是哪个监理公司所能独立完成的。在这以前，已经聘请了多个大小不等的监理单位在进行监理，当时面临的主要问题是需要加以统筹安排、充实提高。这是新组建的监理总公司首先需要解决的，也是他们能够胜任的。由监理总公司自己负责监理的工程项目，可以视需要聘用人员，也可以成建制地招聘。

由于引黄工程涉及地域很广，项目很多，监理也需要分开层次。按项目建立的监理单位，是基层监理组织；对包括若干项目在内的特定工程地段负责监理的，是中层监理组织，由它负责协调几个基层监理单位之间的连接，处理基层监理单位无法处理的难题；最高一层是总公司，由它总揽全局。它的业务中心有两大功能，一是汇总工程全线的信息；二是集中综合性强的业务力量，对下面两个层次难以处理的复杂问题作出快速反应。

鉴于国内监理市场起步未久，尚不成熟，我们本来还准备在“黄河基金”获准成立后设立一个特别监理处，负责对关键的工程部位实行追加的直接监理，复核重大的“索赔和反索赔”案例，并监督监理公司的工作规范和监理质量，特别是监理公司与承包商之间的经济关系。

此前我们发现，有些监理单位与承包商之间有牵扯不清的经济关系。比如说，有的监理要在承包商那里搭伙吃饭。俗话说，吃了人的嘴软，叫他们怎么去严格监理人家？造成这种现象的一个原因是监理费率较低，经费拮据，不得不出此下策。这样就涉及一个大的问题，即监理费率的问题。按照国际惯例，监理费拿工程总造价的10%，我们的监理费只有

1%多一点，不到2%。监理单位没有足够的财务基础，它的行为就会扭曲，就会胳膊肘往外拐，替承包商说话。相对来说，资金基础越差，机会主义倾向就会越高，人家给他一点小钱，他就会把值大钱的东西换给人家。监理费给得少，看起来省了小钱，实际上会损失了大钱。这一点，钱正英在“晋祠七条”里已经讲得很清楚了。她说，要学会花小钱省大钱，钱要花在刀刃上。监理费就是这样的刀刃之一。因此，监理费率的问题值得认真研究。国际惯例的10%是太高了，不适合我们的国情，但1%~2%显然是低了，不足以支持工作。因此，我们要业主公司和监理公司在签订合同时对这个问题进行深入探讨，在原来的1%~2%的基础上予以适当提高，以找到一个合适的“度”。后来，监理费率暂定为3.5%，决定试行一段时间后再予以调整。

两大公司成立后，由引黄工程建设总公司作为业主，与国际、国内承包商和黄河水利工程咨询有限公司分别签订合同，业主、承包商和监理三者之间就形成了相互合作、互相支持和相互制约的“三元制衡”体制。我国水利工程建设长期沿用的与计划经济体制相适应的模式也就为与市场经济相适应的模式所取代。这是从计划经济跨向市场经济的一步，而且一步就跨到了与国际惯例接轨的阶段。说它是改革的一大步，一点也不夸张。

5月13日，总指挥部召开全系统处级以上干部和引黄管理局机关全体职工大会，宣布《山西省引黄工程人才市场（试验期）实施方案》正式出台，全员进入内部人才市场，原则上全体干部、技术人员、职工都处于待岗和竞岗状态，自即日起开始进行竞岗报名工作。

总指挥部作为代行政府职权的出资人暂时履行公司董事会的职责，在会上向两大公司提出了明确的改革要求。我说：“我们的《体制改革大纲》符合引黄工程实际工作的需要，符合世界银行的要求，符合市场经济的要求，要毫不动摇地按照《大纲》的要求去做。我们要加快改革的速度，具体措施，一条是用人，另一条是报酬制度，再加一个‘组阁’

制度。搞两个公司，就是要让两个老总立起来，独立起来，责任明确，授权明确，今后就是你负责，不是第二个人、第三个人负责，明明确确，不留旧体制的痕迹和尾巴。这样才能真正搞资本经营，第一要保值，第二要增值。选人最重要，选错人就会误事。要把最能干、最负责任的人放在最重要的岗位上。两大公司和它们下属的分部都要一手抓改革，一手抓工程，迎接全面开工，迎接国际承包商进场。”

会后，两个公司的总经理便开始“组阁”，由他们聘任副总经理和其他重要助手，并按照核定的编制和岗位聘任各类人员。聘任工作不久即告一段落，按照双向选择的原则，绝大部分职工都有了新的工作岗位，两个公司则得到了所需要的人才，可谓各得其所。也有10多个人没有被聘用，虽然从绝对数量上看人数并不多，这个事实却在向人们宣告：“铁饭碗”已经打破了！这是一种压力，督促大家必须更加努力去工作。

此时技术人才仍然远远不够，于是决定在全国范围内招聘。两个公司于5月22日至27日分别在《山西日报》和《人民日报》刊登了招聘专业技术人才一览表。到报名截止的6月15日，全国共有16个省市的230余人报名应聘。经过资格审查和初选，确定59人于7月中旬到太原参加面试答辩。通过考试、考核、答辩、评议等严格的选聘程序，第一批确定录用30人，为引黄工程建设增加了一批专业技术骨干。

广招贤才历来就是我们的宗旨。1998年三四月间，我曾经两次到清华大学去求贤。在4月23日与相关专业师生举行的座谈会上，我详尽介绍了引黄工程对山西、对国家的重要性，介绍了工程的规模、困难和技术上种种高难度的挑战，介绍了正在进行的改革为人才施展才华提供的广阔舞台，最后发出真诚的邀请，希望他们加盟或用其他方式提供支持。这次座谈会后，有3位清华学子毕业后投奔引黄，为引黄工程做出了贡献。

激励机制是一个十分复杂的问题。平均主义的分配制度必须打破，报酬必须与承担的责任、工作量和绩效挂起钩来，这是肯定的。难就难在如何掌握一个合适的度，使之一方面足够有效，另一方面又不致脱离国情、省情和改革刚刚起步的实际。开始时我们确定的是一些主要的原则，例如公司决策层（包括两大公司董事、总经理和副总经理）实行年薪制和工程红利制混合的报酬制度，年薪制由年度决策层薪金总额和决策责任等级这两个量共同决定。一般公司职员以岗位工资和年度奖金为主，收入水平有足够的竞争力，大幅度提高在工地工作的补贴。

8 月 1 日，总指挥部向工程建设公司、咨询公司、各分指挥部、管理局各单位发出《山西省引黄工程体制改革分配制度（试验期）实施方案》和《山西省引黄工程岗位报酬标准》，要求从 9 月 1 日起引黄系统各单位的所有上岗、待岗人员均执行方案规定的报酬标准。

年薪制的实行范围是：引黄工程总公司、咨询公司的领导层人员，子公司、分公司的总经理，年薪由基础年薪和效益年薪组成。其他人员实行薪点制；每个人的工资额等于岗位的点值乘以本岗位的薪点数。文件中具体规定了各类人员的年薪数和工资薪点额。

这是一个关键的文件，我们是慎之又慎的。它的出台经过了前后左右的种种比较，作了精密的测算，目的是为了使它能产生足够的激励，而又能够为绝大多数人接受。我们也深知此类方案需要在实践中不断完善，因此特地标明这是一个“试验期”的方案。

8 月 12 日，山西省引黄工程建设总公司、山西黄河水利工程咨询有限公司宣誓就职大会在省委多功能会议厅隆重举行。参加会议的有省领导胡富国、孙文盛、刘泽民、冯芝茂、武正国、梁国英等，引黄工程顾问王庭栋、李修仁、霍泛、杨贵，引黄工程总指挥部、管理局和省有关厅局的负责同志，两大公司的全体人员以及国际咨询公司和国际承包商的代表。

会议由副省长、引黄工程常务副总指挥杜五安主持。引黄工程建设总公司总经理姜凯、黄河水利工程咨询有限责任公司总经理刘劲军分别率两大公司人员向省五大班子领导和全省人民庄严宣誓：一定要恪尽职守，廉洁奉公，兢兢业业，勤奋工作，确保工程质量、工期、概算三大目标的实现。

孙文盛省长代表省委、省政府对两大公司的成立表示祝贺，他说：“两大公司的成立，标志着引黄工程建设进入了按现代企业制度运行的新阶段，走上了与国际惯例接轨的快车道。……成立两个公司是市场经济原则在重点工程建设中的体现，要使两位总经理成为独立的法人代表，改变过去大家都负责、实际上无人负责的那一套，真正搞资本经营、效益管理，确保国有资产保值增值。”

胡富国书记在讲话中强调了3点意见：（1）引黄工程必须坚定不移地走改革创新之路，在工程建设实践中探索适合中国国情和山西省情的国有经济改革的新路子。这样大的工程要建立一套全新的体制绝不是一件简单容易的事情，是有相当风险的。但是，我们必须在深化改革、扩大开放上下大功夫，尽可能地多利用国际资本和世界先进技术与管理经验。（2）引黄工程的成败，直接关系到山西，也关系到全国经济的发展。引黄工程的改革只能成功，不能失败，一定要充分发挥新体制、新机制的优势，发扬临深履薄、百折不挠的精神，把引黄的事情办好。（3）肯定成绩，总结经验，戒骄戒躁，迎接挑战。两大公司一定要发挥现代企业制度的优势，坚持新体制，爱护新体制，完善新体制，同时要建立起勤奋、廉洁、高效、务实的工作作风。

至此，引黄工程体制改革已经步入实施阶段。风帆已经扬起，航船已经起航，不管前方风高浪险，没有退路了。

## “四铁”：铁算盘、铁公鸡、铁鞋帮、铁门槛

两大公司成立后不久，偿债基金也得以设立。9月25日，山西省委、省政府以晋字〔1997〕9号文正式批准设立“山西省万家寨引黄工程世行贷款偿债基金”，授权引黄工程总指挥部代表省政府为偿债基金所有人，全权管理该基金，决定山西省水资源补偿费作为偿债基金来源，由总指挥部统一管理和运作。

“还贷基金”也就是“偿债基金”。按照《体制改革大纲》的要求，“黄河基金”是具有投融资功能的独立法人。在当时的政策环境下，成立这样的基金需要经历一个很长的审批过程。不等“黄河基金”成立，先把偿债基金推出来，是为了有利于后续的改革行动。偿债基金不具有融资功能，并不需要经过金融系统批准。

随着改革行动的展开，财务管理的问题显得越来越重要，在一段时间内成了我们关心的重中之重。

在黄河基金成立以前，引黄总指挥部作为偿债基金的管理人，代表省政府，对外充当着借贷人的角色，对内充当着投资人的角色。它的财务中心向外对着世界银行，向内对着由它投资的工程公司、咨询公司，由它参股的万家寨水利枢纽建设公司，由它以借贷方式出资的汾河二库，以及几个自负盈亏、自主经营的服务性公司。这个财务中心必须承担三方面的任务：一是筹款，二是分钱，三是监控。筹款，从当前来说，主要是征收水资源补偿费。分钱，是要按照合同和预算，向两大公司和枢纽等单位按时拨款。监控，这么大的资金流，必须有十分强有力的监控以保证它的安全、顺畅和高效。

为了强化监控，我们在财务中心之外又特设了一位财务总监。

要适应新形势，财务管理所面临的任务既繁重又紧迫，关键是两个：一是制度建设，二是人才培养与充实。

世界银行的官员曾经向我介绍了他们在财务管理方面的一个基本观念：要假设在金钱面前人是不可靠的。因此必须建立一套严密的、彼此衔接的、无空子可钻的制度，才能保证资金的安全。他们的观点无疑是正确的。加强财务管理必须把制度建设放在首位，建立起一套与现代企业制度相适应的，突出预算管理、成本管理、合同管理的新制度。

我们的财会人员数量虽然不少，但他们熟悉的那一套方法是旧体制下的，要适应新任务的需要，既有一个转变观念的问题，还有一个学习和熟悉新的业务、提高业务素质的问题。在培训、提高现有财会人员的同时，还有一个引进高素质的财会人员的问题。

从4月中旬到11月初，在这半年多的时间内，我们集中力量，用多种方式来解决加强财务管理的问题。

4月12日至5月16日，我们一连召开了多次财务工作会议，对财务管理提出明确要求，听取了各单位的汇报，就一些重要问题进行了深入的讨论。在16日的会议上，我又提出了几点要求：（1）财务工作要适应体制改革的要求。两大公司组建后，要有一个分界线，新旧账目要分清。（2）提高财务管理水平还是要从基础抓起，从基础知识的积累抓起。在国际承包商进场前抓紧搞好财务人员的在职进修。（3）要通过成本分析，搞好成本控制。（4）财务管理要与国际惯例接轨，要制定一套统一的、规范的、科学的财务制度。要做到账物相符。（5）认真履行财务的监督管理职能。（6）做好世界银行贷款启动的前期准备工作。

经过几个月的努力，新的财务体制和工作规范建立了起来。总指挥部又于11月1日至2日召开了全系统的财务工作会议，研究编制1998年预算和财务升级达标活动。我在会上着重强调了提高财会人员素质和廉洁自律的问题，因为再好的制度也是要由人来执行的。

我说："加强财务计划合同管理，提高财务人员的素质，是我们刻不容缓的当务之急。引黄的钱来之不易，一定要百倍珍惜，扳着指头花钱。要把认识搞端正，把制度健全，进行制度化的管理。财会人员要苦学苦练，尽快达标胜任，对数字要很清楚，对预算、成本、市场等要有概念。同时要有原则性，严于律己，慎言慎行，在钱财面前不动心、不动摇。要有监督意识，自己也要随时接受监督。'阳光法'要首先在财务上实行，公布自己的财产和亲属关系，以便于监督。"

会后，总指挥部印发了《对财会工作人员的几点要求》，提出财会工作人员要做到"四铁"：一是"铁算盘"，该算回来的钱一分不能少；二是"铁公鸡"，不该花的钱就是要一毛不拔；三是"铁鞋帮"，常在河边站，就是不湿鞋；四是"铁门槛"，想拉关系、占便宜、捞油水的人就是进不来。

为了强化合同、成本和财务管理，使引黄投资发挥最大效益，同时增加财务工作的透明度，不断向全省人民交代资金使用情况，接受各方面的监督，总指挥部聘请省审计事务所、省第二审计事务所、省会计事务所、省强华会计事务所的财务、审计、经济、工程等方面的专家和业务骨干30余人，组成引黄财务调查分析课题组。从8月15日开始对引黄工程的财务状况进行全面、深入的调查分析，系统查阅了引黄工程从1978年筹备到1997年5月底的所有财务、会计、合同、计划、概预算、技术图纸等资料，特别是对试开工以来4年多时间内形成约880份合同及其执行情况和已经完成的15.87亿元投资（加上枢纽工程、汾河二库共近25亿元）进行了深入细致的调查分析，撰写出18个专题调研报告。在此基础上，课题组于12月20日完成了《山西省万家寨引黄工程财务分析报告》，对引黄工程的资金流向、投资结构和投资效果作出了肯定的评价。

在这次大规模和调查分析以后，时隔不足一年，1998年10月世界银行项目检查团又对引黄工程的各个方面进行了全面深入的检查。世界银行项目检查团历来以严格著称，其客观公正和权威性是不容置疑的。这次检查所提供的备忘录中，“财务管理”是一个重要的部分。这一部分的主要内容有：

……

28. 检查团高兴地了解到：该工程一直按良好的财务管理和监控制度运作。尤其是总指挥部财务中心设置的监控组会加强引黄内部各部门的财务监控。

29. 一套财务管理体系要具有支持性的管理理念和运作方式，这是最根本的要求。引黄工程总指挥部在项目管理中一直强调财务管理的重要性，大力支持财会人员将可靠的体系实施到位，使财务管理与工程进度处于同等重要的地位。对引黄的所有财会人员已发布25项制度，这些制度涉及5个方面：(1)财会和预算；(2)财务人员的职责；(3)财务分析报告；(4)财务监控；(5)财务人员工作评价。

30. 世行检查团很高兴了解到各级财务人员都十分重视财源的监控和资金的使用。为了加强项目管理，财务人员尽了最大努力编制所有需要的财务报告。

31. 世行检查团对引黄编制的如下报告表示赞同：(1)引黄工程总公司编制的《国际Ⅰ、Ⅱ & Ⅲ标支付状况月报》；(2)《财务监控月报》；(3)《半年度财务报告》；(4)《半年度财务分析报告》。

世行检查团赞赏引黄工程总公司在快速启动国际承包商支付上做出的努力，并希望引黄工程总公司采取同样的行动尽快对合格项目予以支付以确保工程进度。

……

从上引备忘录的内容可以看出，世界银行检查团对引黄工程财务管理的满意度是很高的。这说明改制后的财务管理已经与国际惯例接轨，为加强现代企业管理提供了有力的支持，检查团指出的不足实际上是用另一种方式介绍世界银行的经验。经过这样的良性互动，引黄工程的财务管理得到了不断的完善和加强。

◇ 第十章

# 外国人给咱“扛活”

必须正确处理质量和进度、质量和效益的关系。我们是要讲进度，按时完成通水到太原的目标不能动摇，但进度必须服从质量，否则再快也没有意义。我们要讲效益，但效益也必须服从质量。本单位的经济效益必须服从整个引黄工程的社会效益。质量搞好了，自然有效益；质量出了问题，不但不会有效益，而且还要追究你的法律责任，让你赔个倾家荡产！

## 把篱笆扎牢了

为了迎接全面开工和国际承包商进场，要对前一阶段的工作做一次全面的检查总结、治理整顿。

这次治理整顿，从施工的角度说是从检查质量入手的，从改革角度说是从执行合同入手的。通过治理整顿，要使大家充分认识到，对于工程的参与者来说，合同就是法律。它不是摆摆样子的，不是有弹性的，不是可以商量着办的，它的每一个条款都必须严格遵守，否则就必须付出代价。在一个法制健全的国家，在法庭上打官司，最有力的依据是正式的合同。从这个意义上说，这次检查总结是体制改革精神的一次重要实践。

从试开工以来，“质量第一”始终是我们明确的指导思想，也是我们对设计、施工、监理单位提出的首要要求。

1995 年 9 月，也就是世界银行准备对引黄工程进行预评估的时候，我们就曾经对在建工程进行了一次大规模的全面的检查。在这次认真检查的基础上，10 月 11 日，指挥部在偏关召开了强化质量管理的现场会议。我在会上讲了话，讲了试开工以来长期盘旋在我心头的一些问题：

引黄工程是封闭式长距离隧道输水系统，地质条件又相当复杂，水利工程本来就具有不同于一般工程的特殊性，像引黄工程这样规模的引水工程国内外尚无先例可循，建设施工中还有不少重大难题没有解决，这些都给工程增加了难度。

引黄工程有 3 个突出特点：一是每年 7200 小时连续运转（一年有一个季度不运转）；二是超长距离隧道无压力输水；三是在高寒地带施工。这就要求它具有抗渗、抗冻、提到一定水位后无压力自流的功能。水是流体，有流体力学的性质。关于水的成语，诸如“水火无情”“水滴石穿”“无孔不入”“千里之堤，毁于蚁穴”，说的都是水的无情和难以掌握。所以在施工中要确保质量，必须下苦功夫、下大功夫、下硬功夫。

引黄工程投资巨大，是并不富裕的山西人民勒紧裤带咬住牙关上马的。这个钱能不能花好，关键要看质量。质量好就是花得好，质量不好就是花得不好，就是犯罪，是最大的犯罪，我们就会成为千古罪人！

必须正确处理质量和进度、质量和效益的关系。我们是要讲进度，按时完成通水到太原的目标不能动摇，但进度必须服从质量，否则再快也没有意义。我们要讲效益，但效益也必须服从质量。本单位的经济效益必须服从整个引黄工程的社会效益。质量搞好了，自然有效益，质量出了问题，不但不会有效益，而且还要追究你的法律责任，让你赔个倾家荡产！

我们这次抓质量，仅仅是开了个头，出了道题，今后我们要继续抓，共同抓，齐心协力地抓，要抓深、抓细，一抓到底，抓出成效来，切实把全面质量管理落实到每一个环节、每一道工序，达到创造全优工程的目标。

如果有人胆敢在质量问题上掉以轻心，我们将以“壮士断腕”的决心予以处置，勿谓言之不预！

1996 年 11 月 13 日至 15 日，也就是《引黄工程体制改革大纲》出台、“保枢纽，促引黄”誓师大会开过以后，引黄总指挥部召开会议研究工程面临的重要问题，其中一个最主要的问题就是对施工队伍和监理单位进行坚决果断、大刀阔斧的清理整顿。清理整顿的依据是双方订立的合同，检查质量的依据是施工技术规范，明确要求通过这次清理整顿，极大地提高各有关单位的合同意识，提高施工单位遵守技术规范的自觉性。

会后，刘劲军带领23人的检查组深入工地，与各分指挥部和电信总站的人一起，对施工单位和监理单位进行了为期一个月的清理整顿。

通过调查，发现了10家承包商的102处质量问题，基本上查清了造成这些问题的原因、不合格材料的来源以及有关责任人。根据不同情况，对承包商采取了相应的措施：决定终止合同、驱逐出场的承包商有3家，清退分包商12家，有两家承包商被勒令停工整顿，3家承包商更换了项目负责人。11月30日，在总干10号洞出口，召开了施工单位班组长以上参加的质量现场会，当场凿除洞口段5处不合格的混凝土，同时浇筑了2块合格的混凝土，使与会人员受到了深刻的教育。通过整顿，各承包单位普遍增强了质量意识，模板不合格的全部更换了大模板，对错台、变形等质量问题，抽调专人用特意购置的电动砂轮一一打磨掉，混凝土衬砌的质量有了很大的改观。

当时已经进驻工地的监理单位共有7家，处于刚刚起步的阶段，机构不完善，人员不充足，难以适应即将开始的国际标的任务。引黄工程顾问杨贵和刘劲军特地召开了各监理单位负责人会议，指出了各家的问题，要求他们增强合同意识和责任心，监理好现有工程，迅速落实旁站制度，健全旁站记录，严把开仓关，建立健全各项监理制度。

这次清理整顿中还有一个特殊问题，那就是承担总干主要隧洞施工任务的意大利CMC公司的问题。这个公司是引黄工程最早引进的国际承包商，是在引进世界银行贷款以前、工程还处在局部开工阶段时引进的。

引进意大利CMC公司之前，引黄工程管理局的同志最发愁的是长隧道如何施工的问题。有人说，我们山西有的是煤矿，别的本事没有，打洞不是问题！说得很轻松。可是，40多公里长的洞子，怎么开挖？我们开挖隧道的传统方法是钻爆法——钻孔打眼，放炸药，引爆，“砰”的一声炸开一个窟窿，然后再出渣。用这种办法一天再多也就是开挖二三米，40000 多米的洞子要挖多少年？三四十年？五六十年？这道难题不好解，逼得乔贵江想了个“长洞短打”的主意。“长洞短打”，就是要在隧洞经过的山梁上，打出一道道的口子或支洞，这样一个长洞就变成了若干个短洞，再用钻爆法分别施工。可是，这样一来又要增加多少工程量？这样的办法真能行得通吗？

1992 年 3 月底至 4 月初，乔贵江、王必胜率有关处室负责人到甘肃“引大入秦”工地参观学习，观看了意大利 CMC 公司和日本熊谷株式会社承包修建的几处重点隧道工程。这里使用的双护盾全断面掘进机和悬臂式掘进机等先进施工机械，给乔贵江和王必胜留下了极其深刻的印象。双护盾全断面掘进机的英文简称叫 TBM，像一列火车那么长的机械组合，一面掘进，一面衬砌，一面出渣，全部自动化，一天可以掘进 40~70 米！大家看得瞪大了眼，心里有说不出的高兴，难题终于有解了。当时他们便与 CMC 公司就引黄工程的施工问题进行了接触。

CMC 公司承包了总干 6 号、7 号、8 号隧洞的施工任务后，掘进中沿用“引大入秦”的管片衬砌工艺，开始时并没有发现有什么问题，但随着衬砌洞段的增加，管片接缝处有渗水现象。出现这种问题的原因很复杂，可能有设计的问题，可能也有止水材料的问题，但作为承包商，CMC 公司必须按照合同承担责任。我们严肃地通知 CMC 公司，要求他们在规定的时间内切实解决质量问题，解决缺陷，严格按合同办事。1997 年 6 月 25 日，我在偏关会见了意大利驻华大使夸洛尼先生，CMC 公司总裁苏蒂先生参加了会见。苏蒂先生当众承诺，CMC 公司将用一年时间将隧道工程质量提高到符合水工施工规范的水平。夸洛尼大使强调说：“CMC 公司总裁当众作出的承诺是算数的。”

1997 年 2 月 18 日至 19 日，在对工地现场清理整顿的基础上，引黄工程总指挥部就在偏关召开了质量现场会，参加会议的有引黄工程管理局、省水利厅、省重点工程办、各施工、监理单位的负责人，共 150 多人。与会人员到南干1号、2号、3号洞和总干10号洞出口段进行现场检查，听取了工地负责人的汇报。接着由刘劲军向大会做了关于质量问题的情况汇报。我在会上讲了话，题目是“约法三章，确保质量”，讲了3个问题。

1.1997年是引黄工程全线开工的一年，是世界银行贷款启动、国际承包商进场的一年，是建设期体制转型的试验期，也是决战枢纽的一年。今后引黄工程的命运将取决于质量。我强调说：“现在万事俱备，今后是成也质量，败也质量！”

2. 必须高度重视和认真汲取试开工阶段在质量管理问题上积累的经验教训。从水利厅质监站提供的数据看，试开工阶段工程质量是逐年提高的，总的看也是好的，但也存在一些不容忽视的问题。原因有以下8个方面：（1）承包商违约或违反建筑市场有关规定，严重影响了施工质量。（2）监理工作旁站不到位，不尽职。（3）业主方也存在不能按合同规定严格要求、监理到位，按合同规定严格检查承包商工队资质，按合同规定对工程支付严格把关和保证施工环境。（4）设计方面存在的问题。（5）原材料质量问题。（6）部分施工现场管理混乱。（7）工程的试验、检测手段和条件没有得到及时解决。（8）各方对引黄工程施工的重点、难点没有引起足够的重视，没有下大力气加以研究解决。

3. 约法三章，确保质量，把全员质量意识和全面质量管理真正落到实处。约法三章是：（1）必须严格遵守合同，坚决按合同和合同法办事。（2）必须严格遵守水工规范，坚决按水工规范组织原材料、施工、监理、质检和验收。（3）必须严格遵守社会公德和职业道德，自觉地规范自己的行为，在参与引黄工程这个大型公益事业中自觉地做到善事善办。

这次会议实事求是地分析了造成质量问题的几个主要原因，令各方心服口服。这样便促成各方形成合力，为提高质量而相互配合、共同努力。

## 国际“选秀”

土建工程国际招标是另一件紧迫的事情。与世界银行就贷款问题的谈判进入实质性阶段后，这个问题就提上了日程。

引黄工程土建主体工程的招标采购分为两个阶段，这是由建设的进程和资金筹措的进展决定的。第一阶段，1992年国家计委评估和国务院批准立项后，以山西省自有资金进行总干线的施工建设，这一期间的采购招标，对国内承包商进行的是邀请招标，对国际承包商采取的是议标。这里所说的国际承包商，只有意大利CMC公司一家。CMC公司就成了引黄工程引进的第一家国外承包商。第二阶段，1997年引黄工程利用世界银行贷款后，按照项目贷款协议，对单项工程投资大于1000万美元的项目采取国际竞争性招标，小于1000万美元的项目采取国内竞争性招标。

尽管已经引进了一家国外承包商，但对我们来说，进行真正的国际招标还是一件新事情。首先遇到一个分标的问题。需要招标的主要是南干线工程以及总干线余下的部分工程和联接段工程。其中施工难度较大、必须使用先进施工机械的，适合进行国际招标；一些工程量相对较小、国内承包商也有能力完成的，应当考虑国内招标。这样，利用世界银行贷款后，土建主体工程共划分了5个国际标和6个国内标。

国际标涉及的主要是隧洞，还有一部分地下洞室和地面泵站建筑。原来曾设想按照工程性质，将南干线的隧洞部分作为一个标段，其余部分作为另一个标段。后来考虑到南干线隧洞部分作为一个标段工程量太大了。标段分得大一些固然可能减少投资，但也可能增加风险。为了在两者之间求得平衡，我们决定将这一部分拆分为两个标段。为此我特地致函世界银行中蒙局，征得了他们的同意。

首先进行国际招标的是3个标段，即国际Ⅰ标、Ⅱ标、Ⅲ标。国际Ⅰ标从总干线一级泵站进水压力洞至总干线二级泵站出水压力洞出口。国际Ⅱ标包括南干线4号、5号、6号隧洞以及两处埋函、一处渡槽，隧洞总长47921米。国际Ⅲ标包括长40975米的南干线7号隧洞、一条长472米的出口明渠、一座防洪闸以及3条永久性维护支洞。

标段确定以后，接下来是编制标书。标书的意义非同小可，它是制订合同的依据，也是施工的依据，标书的任何疏漏都会影响工程的质量，还可能导致承包商的索赔。

由于缺少经验，我们还没有把握自己编制出这样高质量的标书来。因此，我们决定请国际上有影响的咨询公司来帮忙。

钱正英副主席帮我们请了加拿大的 CCPI 公司。与此同时，世界银行也邀请了奥地利 D2 公司。

4 月下旬，引黄工程管理局邀请天津勘察设计院、奥地利 D2 公司、加拿大 CCPI 公司到太原讨论标书编制。经过协商，几方联合签署了关于引黄工程土建工程国际标招标文件编制问题的协议。

协议要求这项工作在 1996 年 8 月 30 日前完成，所有成果归业主所有，所需费用由世界银行赠款和引黄工程管理局购买外汇解决。

接着，以上两家国际咨询公司的土木、隧道、水利、地质、合同、商务等方面的专家瓦格纳、布朗等人和天津勘察设计院的副总工程师闵家驹联合组成了设计修改和国际招标设计初始工作团，在太原进行联合设计，并对施工方案提出意见。

初始工作团在太原的工作结束后，两个国际咨询公司的专家们分别回到了各自总部，正式开始进行对标书和招标文件的编制工作。8 月中下旬，我们组织了两个组，由姜凯和刘劲军带队，分赴加拿大和奥地利，对两个公司完成的招标文件进行预审，并就有关的问题进行讨论。

9 月中旬，钱正英考察引黄工程时详细了解了标书编制的情况。她强调，一定要保证标书的质量。她说："虽然这几个标书初步完成了，但许多问题还有待商讨。在一般情况下，标书经过审查，提出修改意见，编标单位要认真进行修改。修改以后进行复审，复审以后还可能要进行修改，最后才能确定标书。标书的质量不高，将来施工中会出现无数的问题。如果现在为了赶时间匆匆忙忙把标书定下来，而这个标书是不符合实际或不完备的话，那么将来的施工进度和质量就都不能保证，报价也不能保证，外商就会由于你的疏漏来索赔了。……原来计划用 13 天审定标书，看起来是绝对不够的。现在已经商量了，延长 6 个星期。总的讲，6 个星期也很紧。”

钱正英讲话以后，引黄工程管理局的领导协同专家组组长张泽桢同顾问朱云祥一起，认真研究了标书和其他招标文件的审查项目，保证这项工作的质量。

国际招标的整个过程贯彻了公平、公开、公正的原则，这也是世界银行的要求。招标的程序一环扣着一环，严密而科学，充分照顾到各方的利益。这样的程序是经过长期的实践，总结了世界各地丰富的经验才逐渐形成的。

总的来说，这个过程可以分为招标、投标、开标、决标几个阶段，各阶段之间又往往有重要的准备性环节。

第一步是公告天下。1996 年 8 月 30 日，我们在联合国《发展论坛》商业版上刊登了《中华人民共和国山西省万家寨引黄工程隧洞及泵站地下厂房承包商总采购通知》和《承包商资格预审特别通知》。9 月 4 日，又分别在《人民日报》和《中国日报》刊登资格预审通告。“公告天下”体现了公开、公平的原则，凡是有意参加投标的合格的承包商，不论是哪个国家和地区的，不论是单独的还是联合的，都可以参加投标，大家的机会是均等的。到申请截止日期的 10 月 30 日，包括中国、德国等 15 个国家和地区共 26 家公司递交了资格预审申请文件。

第二步是资格预审。申请人是否符合条件不是自己说了算的，要经过审查，这样就可以预先防止“滥竽充数”的现象，对于业主来说这一步是非常重要的。资格预审的目的就是要本着公正、客观、准确的原则，选择具有从事类似工程的经验，技术先进，质量可靠，履约信誉良好，在业绩、财务、人员和设备等方面均能符合资格预审文件中所规定的强制性要求的申请人。由中外专家组成的工作组经过 4 个月的努力完成了资格预审工作，共有 10 家联营体和 4 家单独的公司通过了资格预审。12

月6日，世界银行批准了这份名单。

第三步是标前会。1997年2月24日至3月1日，引黄工程总公司在朔州召开了国际标的标前会。“耳听是虚，眼见为实”，召开标前会是为了给有意参加投标的公司提供现场考察的机会，并解答他们的疑问，使他们在决策时有更可靠的依据。投标商参观考察了枢纽大坝和国际Ⅰ标、Ⅱ标、Ⅲ标的工段现场，看了岩芯和施工准备情况。其间召开了两次答疑会，回答了投标商提出的各种技术和商务问题。

我在会上讲了话：“对于各位所关心的施工环境问题，请各位放心，凡属于应由我方负责给予保障的条件和事项，我们一定会按照国际惯例的要求去办，我们也有能力办到、办好。这既是高质量、按工期完成引黄工程的需要，也是我国对外开放政策的要求。

“在此，我想提醒各位承包商代表的是这一工程的重要性和特殊性。引黄工程是山西的‘生命工程’，事关山西乃至全国经济和社会的发展。它是一项施工难度较大、工期要求紧迫的输水工程，必须在规定的工期内完成，必须确保质量，特别是不能渗漏。希望各家承包商在编标过程中和中标以后的施工中给予高度的注意。

“我衷心希望在我们业主和承包商之间能够建立一种真诚合作的良好关系。尽管各个承包商来自不同的国度，同我们之间存在着文化差异，但是，只要我们多沟通、多交流，增进理解，我相信一定会有愉快的合作。这里最重要的是说话要算数，始终不渝地信守合同，讲信誉，讲道德，讲法制。”

投标商们表示，他们将按照《世界银行导则》《菲迪克条款》和业主的具体要求，购买和填报标书，在公开、公平、公正的竞争中，以自己的信用和实力赢得施工入场券。

1997年4月4日是标书截止日，我们共收到投标书22份，其中Ⅰ标9份，Ⅱ标7份，Ⅲ标6份。

4月5日，评标工作在太原晋祠干部疗养院进行。业主和世界银行项目组聘请有关专家组成评标工作组对标书进行评定。

按照《世界银行导则》的要求，中标的原则有两条：一是对标书的响应性最好；二是报价最低。

根据这两条原则，5月2日，评标工作组提出初步审查意见，向引黄总指挥部和引黄工程管理局评标委员会作了汇报。5月15日，世界银行专家胡树农受古纳先生委托，到晋祠干部疗养院对初评报告进行了审查。6月6日，初评报告正式报送到世界银行，确定进入详评的有Ⅰ标6家，Ⅱ标4家，Ⅲ标4家。世界银行经审查后，指出Ⅰ标奥中联营体的财务问题、Ⅲ标万隆联营体的施工方案问题需要澄清。评标工作组认为，奥中联营体的资质是没有问题的，可以要求他们对财务问题加以澄清。万隆联营体的施工方案是可以调整的，也是可以澄清的。6月20日，评标工作组分别向这两家公司发出了要求澄清的函。不久，两公司分别来函澄清了问题。7月9日，我们向世界银行报送了合同授权建议，即Ⅰ标奥中联营体，Ⅱ标、Ⅲ标万隆联营体。7月11日，世界银行来函予以确认。

这3个标的合同价分别为Ⅰ标4295万美元，Ⅱ标9555万美元，Ⅲ标9862万美元。总计比概算价低了23.8%，这正是激烈竞争的结果。钱正英对此早就有过预言。

这使我们充分认识到，招标过程中竞争越充分，节约的费用就越多。此后，所有的机电标也都是照此程序进行的。国内的所有采购（不论是购买东西还是购买服务，只要是花钱，就叫采购）也都照此办理，坚持公开竞争性招标，小额采购则采用询价（三人参与，货比三家）的办法。这对于防止建筑工程中的腐败是一种有效的办法。

中标单位确定后，7月23日至8月13日，评标工作组又与两家承包商就一些具体问题进行谈判和澄清。在所有的问题都得到圆满解决并得到双方认可后，引黄工程总公司向奥中联营体、万隆联营体分别发出了中标通知书。

8月28日，国际Ⅰ标、Ⅱ标、Ⅲ标的合同签字仪式在太原迎泽宾馆隆重举行，省委和省政府的主要领导都参加了签字仪式。引黄工程总公司总经理姜凯代表业主，分别与奥中联营体的穆勒先生、万隆联营体的查安东先生以及代理商中国机械进出口公司、中技国际招标公司的代表，在合同书上签字。

签字前，我在会上讲了话。我说："这样大型的招标，在山西水利建设史上还是第一次。作为业主方，我们要靠有效的合同保证工程的质量、工期和概算；同时，我们要求承包商忠实地履行合同，在这项世界级工程中得到应有的经济效益的同时取得良好的信誉和声望；要求监理单位按照合同严格履行职责，依靠在工程建设中确立的权威和声望打出自己的品牌；要求咨询机构和代理机构在工程建设中证明自己的专业水平，获取良好的信誉。希望各方都能够做引黄工程的大英雄、大功臣。"

8 月 30 日，省委、省政府在太原工人文化宫召开万家寨引黄工程开工令发布暨动员大会。山西省黄河水利工程咨询公司总经理刘劲军以总监身份，向国外承包商奥中联营体和万隆联营体发布开工令。省委书记胡富国和省长孙文盛分别讲了话，要求业主、监理、承包商三方严格履行合同，各自恪尽职责。

随着国际土建标承包商进场，引黄工程形成了全面开工的局面。最有经验的水工队伍、设计人员、监理、咨询专家、国际一流的 DRB（争端审议委员会）总裁团人员先后进入现场，引进了先进的止水防渗技术，5 台世界上最先进的掘进设备双护盾全断面自动掘进机同时作业，近 240 公里的施工线路上，有 10000 多工人、工程技术人员、专家、监理在奋斗，呈现出一派生机勃勃、热气腾腾的场面。

## "四通一平"的考验

为了迎接国际承包商进场，有一件急事，那就是工程的前期准备工作——通路、通电、通水，平整土地，简称"三通一平"。

需要说明的是，引黄工程的前期准备工作与一般的水利工程不同，它不是一个点，而是一大片；它也不是一次性的，不是一下子就可以干成的，而是需要随着工程的进展而进展的。也就是说，不论从时间上还是空间上看，它都有一个很大的跨度。而且它也不只是“三通一平”，除了通路、通电、通水以外，还要加一个“通信”，是“四通一平”。这里的“一平”也不是单纯的平整土地，还要包括借地、征地、拆迁、营地建设等复杂的工作。哪一项搞不好，国内、国际的公司就进不来，即便进来了也运转不起来。尤其是国际承包商，他们对前期准备工作的要求更高。

有些前期工作本身就是一个大的工程。

先说修路。山西北部没有一条通向偏关万家寨的干线公路。这怎么行呢？工程未动，道路先行。我们规划了一条从平鲁经过偏关县城到万家寨的三级公路。

平鲁是朔州市的一个区，位于大（同）运（城）路的北部，我们准备将来把监理公司的总部设在这里。

偏关县紧靠着黄河，境内有一座关隘叫偏头关，与雁门关、宁武关合称“三关”，传说中“杨六郎镇守三关”指的就是这里。《辞海》上说，偏头关是“五代十国”时北汉国修的，当时叫作“偏头寨”。为什么叫“偏头”呢？它的城楼与下面的城墙取的不是相同的角度，不在一条平行线上，看上去就像一个人歪着脑袋似的，所以就叫“偏头关”了。县名也是从这里来的，一般的县名都是两个字，所以去掉了中间的“头”字，叫作偏关县。这样一来，反而更加贴切，因为这个县远离山西腹地，紧挨着黄河，连一条像样的公路也没有，确实是太偏僻了。因此，现在修的这条路不仅对引黄工程有用，也使这个偏僻的县与外部世界的联系方便起来。

这条平（鲁）万（家寨）公路总长 114.5 公里，总投资概算 9360 万元。也就是说，这是一个将近亿元的大工程。大部分路段按三级公路标准设计，路基宽 8.5 米，路面铺 3 厘米厚的沥青。考虑到将来要运输大型设备，路基和桥涵都做了加强处理。像双护盾全断面隧道掘进机那样的大家伙，机头部分就与火车机车的大小和重量不相上下，如果路基和桥涵不结实，岂不要压垮掉？因此，这条路虽说是三级路，它的承重性能却远远超出了三级路的标准。

工程于1990年开工。这期间省委书记李立功到偏关考察引黄工程，对这条公路的修建提出了重要的指导意见，加快了筑路的进度。只用了两年时间，这条路就投入了使用。

这条穿越山西北部穷乡僻壤的道路，从它投入使用的时候起就立即繁忙起来，车辆川流不息。它上面行驶的既有引黄施工的车辆，也有内蒙古呼和浩特到太原以及其他城乡之间客货运输的车辆，还有各级领导和海内外人员到引黄工程来参观考察的车辆。几年间，几乎所有党和国家领导人都曾在这条路上走过，许多最高标准的高速路都不曾有过这样的经历。这是为什么？因为这里有一个面向未来的伟大工程，一个改善环境、为子孙后代着想的工程。

光有主干路还不行，在各个分指挥部之间、分指挥部与各个施工点之间，也都需要有路来沟通。这样，随着工程的进展，一条条支路又修了起来。偏关白草坪到沙峁东沟，明灯山到沙峁西沟，平鲁井坪转运站到井偏线，大梁到下红沟，木瓜界到北岭，上土寨到南辛庄、只泥泉、信虎辛窑，万家寨到申同嘴，都修起了公路。越是深山老林越往那里修。可以这么说，如果不是引黄工程上马，对这些地方来说，修公路在很长的时间内都只能是一种奢望。

就这样，引黄工程还没有正式上马，大大小小、长长短短的公路就像输送营养的血管，伸展到了这个穷困地区的四面八方，送去了物资、科技和各种信息。在修建这些公路的过程中，副总指挥乔贵江和交通厅副厅长杨继刚都付出了巨大的努力。

再说通水。打洞也好，修路也好，都需要有大批的施工人员。施工要用水，生活也要用水。由于工程浩大，所需的水量也很大。引黄工程是引水的，但在它把水引来之前先要大量用水。即使将来引来了水，也要送到太原、大同和朔州去，输水管道全封闭，沿途是用不上的。这个地区说得上名字来的河流有两条，一条是大名鼎鼎的黄河，但它在大峡谷的底部，它的水是可望而不可即的。另一条叫偏关河，是条季节河，河道又偏南，远水解不了近渴。除此以外，几乎没有什么溪流和泉眼。要用水还是只能在地下水上想办法。

这样，首先就必须在广大的施工区域内对地质状况和地下水的状况进行勘测，忻州地区水利勘测设计院承担了这项任务。勘测的结论是，地下水是有的，但地区间分布不均衡，性质也不同。还有一个问题，有的区域虽然有水，但已经超采；如果为了工程用水再打新井，超采量更大，今后很长一段时间内就很难补给了。引黄工程的一个目的就是要解决太原等地区的地下水超采问题，自然不能为了这个工程先来超采这里的地下水，所以在已经超采的地方就不能考虑安排打井。

接下来是一个个打井工程队在选择好的地点开始打井作业。这样，在岩头寺、贾堡、另山等地，高高的井架一个个竖立了起来，昼夜不停地施工，相继在一二百米深处打出了水，满足了施工和生活用水的需要。黄河水虽然还没有引来，水井已经在这个广大的区域里呈星罗棋布之势了。引黄工程竣工以后，这些水井就可以为当地的工农业生产和居民生活服务，起到了扶贫开发的作用。对于这个偏僻的地区来说，完全是一种意想不到的收获。

接着说通电。在现代社会里，除了阳光、空气和水，电大概就是最离不开的东西了。引黄工程要使用特大型机械施工，双护盾全断面隧道掘进机那种庞然大物，总干线和南干线就用了 5 台，需要多少电力？工程投入使用后，要通过多级泵站的多台大功率水泵，将黄河水送过管涔山脉，总扬程五六百米，又需要多少电力？因此对引黄工程来说，离开了电力更是寸步难行。输电线路要通到每一个施工点，通到每一个隧洞，要建设许多功率不同、大小不等的变电站。最上面一级是建设在偏关境内的方城220千伏变电站，它的规模与一座中型城市的变电站相当。接下来是万家寨、黄草梁、贾堡、店湾、葛家山等多座110千伏的变电站，再往下还有一串35千伏的变电站。在广大的施工区域内，输变电工程自成一个系统，本身就是一个大型工程。1995年12月中旬，方城220千伏变电站竣工投入使用时，在当地举行了庆典，省委书记胡富国、省长孙文盛等都亲临现场表示祝贺。对于一个偏僻、穷困的山区来说，有了这样一个大型的输变电工程，等于是为未来的发展积聚了潜在的动力。

再说通信。这是“三通”之外另加的“一通”，对于引黄工程这样的施工区域大、施工点多的工程来说，这“一通”是十分必要的。设在太原的总指挥部与偏关、平鲁、宁武、山阴等分指挥部之间，各个分指挥部相互之间、分指挥部与各个承包商的驻地之间、分指挥部以及承包商与各个施工点之间、承包商的项目经理部与其总部及其他有关公司之间都需要及时沟通信息，这样才能及时处理问题，保证工程正常进行。对于这个工程来说，通信系统就好像一个人的神经系统，这个系统出了毛病，工程就会陷于瘫痪。

近10多年来，通信技术可能是发展得最快的技术之一了，从一般的固定电话，到微波通信、到卫星通信、到可移动的手机、到互联网，真可以用日新月异来形容。20世纪80年代末，我们在考虑工程的通信问题时还没有预见到通信技术的发展会那么快，还是按照当时的主流方式微波通信来考虑的。

1992年11月，引黄工程总指挥部副总指挥乔贵江主持召开了有省邮电局负责人罗山荣、王文涛、曹家忠等参加的会议，研究通信工程的建设问题，并成立了通信工程的分指挥部。该分指挥部由省邮电局抽调人员组建，是隶属于总指挥部的临时机构。1993年1月，乔贵江主持会议，与分指挥部的同志一起研究通信工程的方案和实施步骤。会议议定，引黄工程通信网是引黄专用通信线与公用网中引黄专用通道相结合而构成的综合通信数字网。第一期工程安排朔州至万家寨的光纤通信工程建设任务。1993 年 1 月，通信工程完成了初步设计。

前期工程是在一个很大的地域内展开的，横跨忻州、朔州两市（区），涉及平鲁、宁武、神池、偏关等多个区、县，没有地方的支持，要想完成如此艰巨的任务是难以想象的。

这里不能不说到偏关县委的大力支持。万家寨枢纽工程在偏关县境内，引黄工程偏关分指挥部在偏关县城，有大量的工作需要县里来做。偏关县委的三任书记陈森、温福亮、高文艺出色地完成了这项接力工程，削平了县城外的一座山头，平整土地，拆迁移民，通水通电，修建房屋，植树种草，流域治理，不仅在这里设置了分指挥部，而且不断引来其他单位，使这里成了一片新的城区。他们三位在任期间，大力支持引黄工程，促进了当地经济、社会的发展，保护了生态环境，受到邹家华、钱正英、钮茂生等领导的肯定。

这里特别要说一说乔贵江。他当时是引黄工程总指挥部主持工作的副总指挥，这些前期工作大都是他一项一项地抓起来的。

乔贵江是山西榆社人，他没有水利方面的学历背景，却有着丰富的实践经验。他是一个热爱水利事业的实干家，是一个不怕苦、不怕累、舍得出力流汗的实干家。

在开展前期工作的同时，乔贵江又按照省里的要求，组织实施预备性开工，严格按照国家规定的程序，贯彻公开、公平、公正的原则，选择施工项目，组织招标投标，确定施工单位。这时他已经患糖尿病和肾病，特别需要休息，不能劳累。但他瞒着大家，仍然没日没夜地干，因而病情发展得很快。1997 年 8 月 2 日，乔贵江终因病势过重、医治无效而去世，享年 62 岁。临终前，他对我说了一段刻骨铭心的话。他说：“工程刚开始，刚刚摸到一点路子，我就不行了，真对不起大家，对不起你们！不过，能为山西人民干几年生命工程，我已经很满足了！”他又十分恳切地说：“要请真正懂行的技术专家管事，单靠行政干部来是会误事的啊！”这是他的临终交代。乔贵江为了引黄工程鞠躬尽瘁，死而后已。遗憾的是，他没有看到黄河水送到太原。

我们在上面说了“四通”。其实除了“四通”以外，还有一件事情，那就是汾河上游水土流失的治理。将来黄河水要从南干线的末端流进汾河干流，再流进汾河水库，而汾河上游大面积粗沙区域的水土流失威胁着水库，自然也就威胁着引黄工程。因此，汾河上游的治理也可以看作是引黄工程的一项特殊的前期工作。

汾河上游的娄烦、岚县、静乐、宁武 4 个县，特别是静乐县，大部分地区属于粗沙地质，水土流失特别严重，对水库的威胁也最大。1991 年前后，我曾经陪同原水利部副部长、总工程师冯寅考察过这一带。在引黄工程遭到种种不同意见的质疑时，冯寅是坚决支持引黄工程的一位资深水工技术专家。他认为，对山西来说，除了从黄河引水没有任何其他的出路。而根据他多年的水利工程经验，他认为这个工程在技术上也是可行的。在这次考察中他对我说，对山西来讲，从黄河引 48 个水是不够的，应该再多些，引 80 个，或者 100 个，所以要考虑打一个洞，预留一个洞，准备将来扩大规模。看了汾河上游的地质状况后，他认为问题很严重，是引黄工程的隐患，一定要下决心加以治理。

送走冯寅以后，我找来水利厅厅长郝永和、水利专家许四复等人一起商量，形成了一个统一的意见。在做了一定的准备工作后，我请省长王森浩和省委副书记王茂林考察了这 4 个县，看了水土流失的严重情况。他们当时就作出决定，今后每年都要拨款 2000 万元专门用于帮助这 4 个县治理水土流失，连续 10 年不变。经过多年的努力，当地的植被情况有了较大的改观。

上面说到的“四通一平”和“一治”，涉及的面积涵盖了太原、忻州、朔州、大同 4 个地市的许多区县，从山西省的地图上看，几乎把西北部都包括在里面了。这里本来是山西最穷困的地区，通路、通电、通水、通信、治理山川，为从根本上改变这个地方的面貌创造了条件。

兴建引黄工程之初，带动区域经济发展就是一个既定的目标，这也是邹家华副总理每次听取引黄工程汇报时一定要强调的一个重点。在兴建工程的同时，我们要求省计委和引黄工程管理局牵头，组织省环境保护研究所、山西大学黄土高原研究所、山西省遥感中心等单位联合组成课题组，研究制订引黄工程沿线区域可持续发展的规划方案。要求规划涵盖由引黄输水线路和邻近的交通干线所组成的“人”字形带状地带，包括受水区的太原、大同和朔州三市，工程沿线的偏关、平鲁、山阴等县（这些县区并称为输水区）。所涵盖的区域面积达 30136 平方公里，人口 559 万。总的指导思想是以围绕引黄、服务引黄、依托引黄为宗旨，坚持开发与治理相结合，充分发挥 3 个受水城市的支持、辐射作用，积极培育不同层次的增长中心，合理布局城镇体系，密切经济合作和区域联系，以引黄干线和邻近的铁路、公路干线为依托，构筑“人”字形的空间开发轴带，建设引黄沿线经济共同体，走生态、经济协调可持续发展的道路。

1996 年 6 月，《山西省引黄工程沿线区域可持续发展规划方案》编制完成。方案建议各级政府从战略的高度，把引黄工程当作启动区域经济发展的撬杆和动力源，建立引黄工程管理局与沿线相关政府关于区域经济发展的联席会议制度；加大改革开放力度，改进扶贫方式，制定优惠政策，促进区域经济的发展；加强环境监督管理，防止污染。规划方案还建议将引黄工程沿线生态环境治理与资源开发及经济可持续发展分别推荐为“中国 21 世纪议程”优先项目。6 月 19 日，国家计委国土局组织国家科委、环保局、中国 21 世纪议程管理中心、中国科学院及北京大学的专家对规划方案进行了评审，同意经补充完善后申报“中国 21 世纪议程”优先项目。当然，这是一个长期的规划，实现这个规划需要各方面付出长期的努力。

随着南干线的开工，“四通一平”工作迅速向南干线推进。为了迎接国际承包商进场，一场协调会召开了。会议要求工程沿线各级党委和政府要提高认识，加强领导，把优化环境、优质服务、全力保障的工作当作一项重要任务来抓，规范各类收费行为，加强治安管理和涉外管理，搞好公路的养护和施工用电的供应，为国际承包商进场创造一个良好的环境。

## “索赔”之剑高悬

过去计划经济体制下，说计划就是法律，但计划也可以不好好执行。现在搞市场经济，又说合同就是法律，合同就一定会被严肃执行吗？难说，这很危险。这是一个无形的大难题，难在人们的脑子里。

国际承包商进场后，业主与国际承包商在合同问题上出现了许多复杂的情况。不仅如此，早已进场的国内承包商的合同问题也凸现出来。可以说每前进一步都会遇到新问题。显然，引黄指挥部所属全体员工的合同意识、合同管理水平将决定工程的质量，将决定工期、概算的预定目标能否实现，也将考验“三元制衡”体制能否成功。为此，我们与北大专家组经过研究后，决定再举行一次全员的合同培训，强化合同意识。培训要解决几个大问题，其中合同执行是重中之重。

首先要明确，引黄这么大的工程，实际上是一连串合同关系的组合。只要认真研究《世界银行守则》《菲迪克条款》和国际工程成功的经验，这个问题是非常明确的。

其次，针对我们遇到的问题，北大专家组着重讲解了《合同法》中两个重要的问题。一是什么样的合同可以强制履行：就是双方权利义务相对称条件下的协议，符合这个条件的合同就可以强制执行，可以由法院、国家强制执行。在履行合同时要争取自己的权利，同时也必须履行自己的责任。二是一旦违约怎样进行赔偿：这是一个非常复杂的、不确定性很大的问题。我们是一个转型的社会，存在着制度的不确定性、人性的不确定性（人性不可靠，这是市场经济中一个基本的假设），还有自然条件的变化以及一些政治原因带来的不确定性。相对而言，我们应该特别关注的是前者。关于赔偿，大致原则就是直接的损失要赔，或者说原来的合同可以获得的利益损失了要赔。这个原则听起来很简单，但一接触实际问题就千变万化，大有文章可做，因此而引发各种合同争议。什么是被损失的要索赔的东西，怎样进行索赔，不同国家和地区在这方面的认识差异是非常大的。我们对国际承包商提出的合同争端和索赔备忘录常常感到难以应对、难以理解，所以不得不依靠专家不间断地搞强化合同意识的培训和现场个案分析的训练。工期问题、质量问题以及由此导致的索赔都属履行合同中的重要问题。

引黄工程现场施工中最突出的合同问题就是工期的延误。虽然延误有很多种情况，但一旦有延误就需要追加大笔费用，所以要尽量把问题解决在未形成索赔之前。

最后，针对国际招标的特点和合同执行的实际情况，专家进行了分析。国际招标有一个优点：业主在费用上可以有一定的选择，而承包商则必须压低自己的费用，而且罚金也很高。在这种情况下，承包商肯定会抓住合同变更的机会进行索赔。这种做法也是可以理解的，他必须有足够的费用来保证完成工程。他并不是业主的敌人，而是关键的合作伙伴，不过有时他会搅得你睡不着觉。业主要考虑到工程的复杂性，每个阶段都涉及不同的专业，必须弄清各个工序之间的关系，要把所有不同的专业集合在一起，发挥大家的优势，才能如期完成工程。工程是一个动态的过程，当中会出现很多的变化，如概算、项目、人员等，所以各种关系要不断进行协调，加以理顺，否则就会有冲突，形成争议，争议的后果会造成索赔。在这种情况下，业主就需要进行反索赔。美国一位叫安耐生的学者认为，造成索赔的根本不是物质上的原因，主要是观念上的问题，如观念跟不上、只考虑自己的利益、不愿承担自己的责任、双方互不信任等。也就是说，索赔是工地上团队精神不够造成的。

我们的主要精力应放在现场，理顺关系，完善制度，使大家都能走向成功，而不是一同下地狱。因此在执行合同中要相互理解、相互信任。参与工程的各方，业主、承包商、工程师（监理）、设计、咨询，等等，都要有团队精神。各方必须清楚地明白合同下各自的责任，同时也要清楚其他各方的责任，更要诚实公正地对待自己的工作，尽量避免某种政治上或情绪上的原因干扰合同的执行。同时，施工合同是一个动态合同，发生细小的变化是难免的，如施工条件、人员、设备等的变化都会影响合同内容的变化。如果团队精神发挥得好，正确地按《菲迪克条款》处理问题，工程是完全可以正常运转的。在这里切忌相互推卸责任。

工程师处在工程的中间位置，他应该界定各方的位置。他始终在工程的第一线，应该最清楚现场的变化，他必须公正地向业主提交报告。工程师就像是润滑油，如果工程中不断出现摩擦，工程肯定完成不好。因此面对240多平方公里的施工现场和527位工程师的庞大队伍，业主对工程师必须有清楚的授权。根据《菲迪克条款》，工程师有处理现场发生紧急情况的权力；与此同时，工程师必须有完整的旁站监理记录，必须不断协调理顺相互间的关系。有一种情况是非常危险的：情况不清，也不采取任何措施相互沟通，只是一味要求对方按合同办事，其结果肯定是造成索赔。鸵鸟在避免危险时总是把头埋在沙子里，以为看不见危险就过去了，但是危险永远不会自动消失。这是用教训换来的。

总之，在执行合同的全过程中，相互间必须营造一种公开、坦诚的相互信赖的气氛。沟通上，一要制度化，二要把话讲透，使问题能及时有效地得到相互的理解和有效的解决。

这一次培训，使大家对合同的含义有了比较清楚的了解，这对于认真履行合同是有重要意义的。

◇ 第十一章

# 短兵相接治纷乱

我们决定采取“升级治理”的战略，以求全方位、多层次地达到治理的目的。从第一个层次看，“升级治理”是针对国内承包商拖延工期提出来的，实际上治理的目标涵盖工期、质量、概算、安全生产、文明施工等各个方面，而且国内承包商只是治理的第一步，治理的范围同样包括国际承包商，包括业主、监理、设计等各个方面。

## 怎样同超期“惯例”抗衡

引黄工程总指挥部在研究1998年工作的时候，把这一年定义为管理年。

从1993年工程正式奠基到1998年已经5年过去了，随着工程不断取得进展，问题也渐渐积累了起来。从根本上说，出现问题是疏于管理的结果。1997年国际承包商进场，工程全面开工，管理的任务愈益繁重与复杂。如果不重视解决加强管理的问题，势必会影响到工程的工期、质量和概算。因此，在新的一年里，加强管理就成了摆在我们面前的首要任务。

我们的指导思想是：抓住合同管理这一中心环节，通过深化改革，落实各项改革措施，把各方面的管理工作提高到一个新的水平。此前我们举行的全员合同培训正是为这项工作所做的必要准备。

第一步是调查研究。这一次我们采取的是解剖案例的办法。所谓解剖案例就是抓住一些具有典型意义的事情，透过表象，探究它所具有的深刻含义、它产生的原因以及它可能产生的影响，从而寻找解决问题的途径和措施。为了使这次调查研究做得更到位，我们特地邀请北京大学专家组的周其仁教授主持调研组的工作。

第一块是承包商方面的问题。国内承包商普遍存在拖延工期的问题，具体情况又各自不同。

我们剖析的第一家是铁道部第十六工程局。按照合同，铁道部第十六工程局的工程即使在1999年底能够完成任务，工期也已经误了3年。延误工期是国有企业的老毛病，在计划经济年代时间最不值钱，能拖就拖。针对一些承包商拖延工期的问题，我们项目部和监理曾经想了个办法，叫作签订“备忘录”。具体做法是把业主和承包商之间遗留的问题做一个了断，然后根据按时完成工程的要求，商定我们要承诺什么、他们要承诺什么，再用“备忘录”的形式把它肯定下来。这样的“备忘录”，其他工队都签了，唯独铁道部第十六工程局没有签。问他们的现场指挥，究竟是什么问题？这位指挥长说了一大堆的困难，说来说去，说到底是要钱。问他，工程款不是按照合同给你了吗？他说给得不够。他说，最重要的是现场能吃上饭，至于利润他们并不在乎。铁道部第十六工程局的例子说明，国内的一些企业当时尚没有现代市场经济的新思维，考虑的不是利润最大化，而是吃饭最大化、就业最大化。他们的策略大都是低报价，先进来，进来了就给你拖。拖来拖去，工期完不成了，你着急了，那么好，拿钱来！对这样的工队，什么“备忘录”也没有用。你准备的“备忘录”里说，如果1999年底你还完不成工程，晚一年就扣万分之二。你什么时候才可以判断他能不能完成？如果到1999年12月31日才能判断，看一看他的财务，欠业主和周围老百姓的钱就有400万元，他工地上所有资产加在一起还不到300万元。这300万元还要折旧，去掉折旧，有一半就不错，总之是资不抵债。到时候你能拿他怎么办？

另一家是山西水利工程局。水工局的情况要好一些，但也有问题，最大的问题是施工设备太差。现场干活的人大都是农民，是自带口粮来的。你不带3个月的口粮钱就不招你当工人。工程队的副队长也想加强管理，想了不少办法，但由于设备不行、车辆不够、轨道很差，效果并不理想。虽然意识到设备是最大的限制因素，但是设备应该由谁来投入？不知道。因此，工人的报酬低、积极性下降和较差的设备结合在一起，就成了恶性循环，情况越来越糟。业主入冬前付给他们 30 万元，不知道到哪里去了。按照我们跟这家工程队订的合同价不应该是这种烂设备，现在用的这种烂设备显然支撑不到年底。怎么办？现行的体制没有约束机制，管不到这里，拿不出办法来。

第三家是铁道部第三工程局。现场指挥长苗壮说："我不误你 2001 年通水，总行了吧！"他嫌你啰唆，嫌你麻烦。你对山西的老百姓把话讲出去了，说 2001 年通水到太原。那好，我配合你，2001 年底以前把洞子交给你，这还不行吗？这就是我们国内的工程队！他没有合同的概念，他不说合同上订的是哪一年，你说 2001 年通水，他就 2001 年交工。可是，你把洞子交给我，就可以通水了吗？洞子是打通了，但还有许多别的事情要干呢，他就不管了，不给留时间了。实质上是什么问题呢？是因为他知道，即使他干不完你也不能把他怎么样，肉烂在锅里了，你没有手段治他。到了那时候，他们只有一点未付工程款了，拿不上他也认了。在合同培训时特别讲到，"威胁"要成为可以置信的威胁。现在的"备忘录"规定完不成任务罚款万分之二，应该说是"威胁"，却是不可置信的威胁，因为这时候他不怕你罚了，你不能把他怎么样了。

拖延工期是国内承包商普遍的问题，这个问题不解决，影响是十分严重的。在这方面，我们特地请教了起草《菲迪克条款》第四版的主持人，问问有没有什么好办法。他们回答说，对付延期是《菲迪克条款》的薄弱环节。对质量控制有很多条款，但怎么对付延期目前还没有杀手锏。看来这是一个需要我们认真研究的问题。

土建工程国际标的承包商虽然进场不久，但也已经出现了不良信号。奥中联营体的技术力量上不来，奥方、中方都上不来。按照合同书，奥方 8 个人只来了三四个，而且来回换，中方则只上了一个会计。现在没有耽误进度，是因为他们分包给水利部第六工程局在做。显然，这是有问题的，但合同的规定不具体，将来质量、工期怎么办？

从合同博弈的角度看，大工程的业主一开始一定要把脸绷得紧紧的，让对方知道不好惹，不敢拖。如果形成拖的惯例，越往后对业主就越不利。到那时候请他走，代价会很大。谁也不愿意揽这半截子买卖，不愿意吃夹生饭，拖来拖去还得请他来，那时候就更难讲话了。所以开局很重要。当时宏观经济形势对我们很有利，物价指数下降，通货膨胀指数是负的，上马的工程少，很多工程队没活干，让他们去竞争，我们是主动的。因此一定要抓住难得的机遇。

另一家国际承包商万隆联营体的问题是主要设备进不来。4 台双护盾全断面隧道掘进机进不来，要推迟 5 到 15 周。联营体的主体是意大利的英波吉洛公司，这是一家国际名牌公司，在二滩、小浪底都干过，但名牌公司要用行动来证明自己，你的优势就在你的设备好，现在你的机器进不来，怎么办？这是个大问题，一定要说清楚。机器什么时候到位？延误的工期怎么补救？如果做不到，该受什么样的惩罚？这些都要有个说法。二滩的徐总工程师对我们说，英波吉洛的惯用策略就是前期给你拖，拖得越往后，中方越着急，事情就会有变化。

国内工程队也好，国际承包商也好，有一个共同点，就是拖。低价竞标，进来就给你拖。站在他们的角度看，这么做是理性的，因为对他们有利。从我们的角度看，这种情况就很糟糕。出现这样的问题说明我们没经验，认识没有到位、管理没有到位。这样的问题不解决，我们会一步一步走向被动。特别是通水的期限已经公告天下，承包商就会拿这个期限做文章，逼你委曲求全、加大投资、放松质量要求，最后给工程留下许多隐患。因此，这是一个需要我们认真对待的问题。

调查研究的第二块是我们自己的两个公司，即引黄工程建设总公司（业主公司）和黄河水利工程咨询有限公司（监理公司）。我们就两个公司的关系解剖了几个案例。

第一件事是 CMC 公司承包的总干线 6 号洞的裂缝。1997 年 1 月，6 号洞发现裂缝，是一个重大的质量问题。

问题是怎么解决的呢？1月8日，CMC给工程师打了报告。15日，工程师所在现场的第二项目部给总监助理部打了报告。23日，偏关的总监助理部向项目经理部致函。2月2日，项目部将这份报告上报总公司，总经理姜凯当场指示将报告转监理公司总经理刘劲军。这以后直到1998年3月，也就是一年多的时间内不再有关于这件事的文字记录。在此期间，监理公司总经理刘劲军和业主公司的一位技术部主任曾到现场看过，除此之外没有人到过现场，包括业主公司的总工程师。1998年3月2日，总公司批复了偏关上报的文。3月5日，总监助理致函要求明确处理原则和修复费用。3月7日，偏关项目经理部作了答复。这以后就没有了下文。监理公司说，主要是技术方案的问题，按照职责，这是业主的事，应该由业主组织专家提出一个解决方案来。业主方面说，他们组织中方专家进行了研究，结论是，现场要严密观察，然后才能研究出办法来。就这样，直到调研这件事的4月，问题还没有解决。

这里给人深刻印象的是两个公司之间的文函来文函去。文函当然是需要的，但那是为了解决问题，而不是为了扯皮或推卸责任。看这些文函来往的日期好像这两个公司和他们的分部不在一个省，其实不仅在一个省、一个市、一个县，甚至是比邻而居的。现在是信息时代，一个电话就能解决的事，为什么要函来函去、拖来拖去呢？

6号洞的事不是一个个案，这种函来函去的事多了。有一份函件说到“年底”，复函就问：“年底”是什么意思？于是再发一函，说：“年底”就是12月31日！另一个极端是拒收来函。业主和监理送文件，相互都说：上次你不收我的文件，所以这一次我也不收你的文件！他不收你的文件是不对的，你明知不对，为什么也不收他的文件呢？

第二件事涉及现场管理中的技术规范。这方面不少中国人说德国人做事特别刻板，一是一，二是二，但是人家的产品享誉全世界。在中国有人干活时会乱灵活，实在叫人不放心。引黄工程混凝土的坚固性有一个“小于5%的骨料”技术规定，业主的一个项目部指定一个料厂供应，而这个料厂供应的料只能达到小于 7%，不符合规定。现场监理提出报告，要追究承包商的责任。最后是业主的项目部去天津设计院开了个证明，说小于 7% 也可以，然后发文给总监助理部，说你们参照执行。《菲迪克条款》规定，工程师必须遵循技术规范与合同，骨料明明不合规范，你却去开了个证明说也还可以用，出了质量问题谁负责？

第三件事关于供图。图纸跟不上，监理报告了业主技术部，技术部回答：天津设计院不出图纸，我有什么办法？如果你是负责图纸的，你就应该与天津设计院联系，你就该去催促，怎么叫“我有什么办法”？这说明，沟通的渠道到这里就不通了，堵死了。

第四件事关于资料共享。什么叫有关资料，双方认识不一样。监理公司认为，工地现场的情况，某件事与你有关，我就报给你，无关，我就不报了。业主公司看过资料后，觉得有些情况还没有掌握，提出要更多的资料。这是有理由的，因为他们有权要求掌握工地的各种情况。监理公司则说，有关谈判、技术图纸的资料，他们往往不能及时得到。这是一个信息沟通的问题，这个问题其实很好解决。像图书馆那样，编制目录，开架陈列，随时都可以查阅。也可以给对方提供目录单，你需要什么，画一个圈，可以调阅，也可以复印。但是，这种事，你不推，他就不动。

如果一件事情解决起来很困难，一时解决不了，是并不奇怪的；如果这件事情很容易，却解决不了，问题就大了，就要认真对待了。

显然，我们虽然按照市场化的要求成立了两个公司，但行政机关中的一些老问题、老习惯、老毛病还是带进来了，互不服气、互相掣肘，互相指责、互相推诿，意气用事，闹不团结。当时我们用了一种委婉的说法，叫“把情绪化的东西带进来了”。结果“三元制衡”变成了“两元较劲，一元高兴”。“三元制衡”就像机器的 3 个轮子，它们的齿轮得互相咬住、互相带动，机器才能平稳地运转。现在是两个轮子咬住了，咬死了，把承包商这个轮子松开了。

总指挥部对以上情况进行了认真的研究，认为关键的问题是两个：一个是需要继续推进改革，一个是需要认真履行合同。情绪化的问题也要在推进改革的过程中加以解决。

从本质上讲，体制改革和机制改革的目的是要引进市场化的原则，而履行合同恰恰是市场经济的基本问题。因此，这两个问题是联系在一起的。合同签订以后，能否有效执行，就成为市场经济能否健康发展的关键。

不论是国内承包商签订的合同工期普遍超期，还是施工中规范的问题，归根到底都是合同执行不畅或者合同执行难。合同为什么这么难履行？原因可能是多种多样的，但有一个最重要的原因，那就是违背合同可以给自己带来经济利益，而损失是政府的、国家的。设备、人员、技术不到位，对施工单位是有好处的，可以用较小的成本揽下很大的工程。设计单位也一样，不及时供图，人力和时间省下来了，可以做别的设计。监理单位监督不到位，既省心，又省力，也可以节省费用。对业主来说，不履行合同是要受损失的，但对业主公司的某一个部分、某一个人员来说，却不一定是如此，有时反而会因此而得到好处。由于以上种种原因，特别是当这些原因形成合力时，违约就几乎不可避免了。

既然违约可以带来利益，我们就要研究怎样与这种利益相抗衡，怎样做才有效。至少要重视以下 3 条：

1. 要有充分的信息，而且这个信息要有一定的提前量。如果等到结果都快要出来了才知道违约，那就太晚了，来不及补救了。对有经验的工程技术人员来说，这种信息并不难发现。一个一定规模的工程，需要投入多少技术力量、人员、设备，这是事先可以估算出来的。同时要有很灵敏的信号跟踪系统，什么时候情况有异常、什么时候开始违约，要及时了解、第一时间了解。

2. 要有一组策略，根据不同的情况运用不同的策略。人是形形色色的，道德水平、合同观念、法律意识，每个人都不一样。工地上有这么多的施工队，也是各不相同的。不能用一个策略、一种办法去应对所有的工队、所有的人。通俗地说是“你一拍，我一拍”，你干得好，我就好好对你，投桃报李，“你敬我一尺，我敬你一丈”。这种策略是互动的，你信任我，我也信任你，你这次干得好，我以后更信任你。一个企业的资信等级就是这样逐步建立起来的。反过来，如果你不履行合约，我就要对你采取相应的措施，逐步升级。如果你有小的违约，我就给你警告，给你小的惩戒，同时给你机会。如果你还不改，你的违约升级，那么我的制裁也升级。这种逐步升级的策略是为了防止问题发展到无法收拾的程度，实际上是一种保护性机制，是对双方都有好处的。工程合同要重视合同的成本，因为双方都投入了大量的人力、物力，如果闹到不得不撕毁合同的程度，双方的损失都会很大。到了那时候，工程队现场的所有资源往往已经不够偿还它的债务，你就是想制裁它，也已经没有办法了。

3. 我国目前还处在转型期，指望完全依靠法律来制止违约是不现实的，必须有综合性的措施，要法律的、经济的、行政的、舆论的、政治的多管齐下。特别要强调一下加强行政管理。我们主张市场经济，但不是乌托邦主义者，不是说有了市场经济所有的问题就都能解决了，有许多问题还是需要用行政手段来解决的。山西省市场化改革起步较晚，情况更是如此。

## 升级治理，强化惩戒

在这种情况下，我们决定采取“升级治理”的战略，以求全方位、多层次地达到治理的目的。从第一个层次看，“升级治理”是针对国内承包商拖延工期提出来的，治理的目标实际上涵盖工期、质量、概算、安全生产、文明施工等各个方面，而且国内承包商只是治理的第一步，治理的范围同样包括国际承包商，以及业主、监理、设计等各个方面。

这里，我想先提出安全生产的问题。由于引黄工程修建在地质情况十分复杂的山区，经常会碰遇到碎石地段和湿陷性黄土地段，打洞极易发生塌陷。这里还是山体滑坡和山洪的多发区，可谓危机四伏。1995 年 12 月 3 日，意大利 CMC 公司承建的总干线 8 号隧洞出口处发生山体滑坡，有 12 位民工遇难。噩耗传到太原时已是深夜，我和郑友三分头行动，赶赴事故现场，代表省委、省政府慰问死难者家属，及时处理善后事宜。省委书记胡富国向死难者家属发了慰问信。中国人民保险公司山西省分公司和 CMC 公司向死难者家属发放了保险费和抚恤金。在处理事故的过程中，忻州地委书记赵凤翔、偏关县委书记温福亮和县长高文艺自始至终积极参与，做了大量的工作。12 位民工都是附近的年轻人，为了建设引黄工程，当地的人民不仅让出了土地，付出了劳动，还献出了宝贵的生命，这是人们应该永远铭记的。

这一事故使我们得到了十分惨痛的教训。12 月 8 日，由郑友三主持在偏关分指挥部召开了引黄全系统的安全管理工作会，公布了经修订的《加强安全管理和安全防范的措施》，对各个施工单位和管理环节进行了全面的安全大检查。此后，工地的安全生产管理趋于规范化，安全生产检查趋于经常化。尽管如此，每当进行工程质量检查时，安全生产仍然是同样重要的内容，这次“升级治理”也不例外。

“升级治理”不是常规意义上的治理，会加大力度，带有一定强制性的。同时它又是逐步的，第一级治理如果收不到应有的效果，那就要升级，采取更为强硬的措施。

我们认为，当时是实施“升级治理”策略的极佳时机。东南亚金融危机的影响还没有完全消失，我国的宏观调控政策正在发挥积极作用，但同时基本建设的步伐也放慢了，许多工程队没活干，就业形势很严峻。山西 80 万人的土建队伍，1/3 没活干，2/3 吃不饱。在这样的背景下，有理有利有节，分步实施，逐步升级，治理是能够取得成功的，引黄工程中的违约行为是能够得到制止和纠正的。

下面分开来谈“升级治理”在国内工程队、国际承包商和监理、业主两个公司中实施的情况。

第一个阶段是国内工程队。

国内工程队数量较多，我们决定用召开会议的方式进行“升级治理”。5 月 13 日至 15 日，“升级治理”现场会在偏关召开，各工程队的代表，设计单位代表，业主公司、监理公司、管理局以及有关单位的人员共 150 余人参加了会议。

我在会上做了一个题为“确保建设工期，责任重于泰山”的讲话。我说：“2001 年通水到太原的目标已经昭告天下，务必成功，没有退路。各方必须统一认识、统一意志、统一步调，形成强大合力，确保‘三控制’的目标实现。这次实行‘升级治理’是背水一战，必须言出法随，说到做到；没有讨价还价的余地。我们要求 1 个月初见成效，3 个月彻底扭转局面，并在今后把好的势头保持下去，直到各自的项目完工，直到整个工程建成通水。”

接着，业主公司总经理姜凯在会上宣布了升级制裁的具体办法，这也正是这次会议的重点所在。他说，为了全面实施“升级治理”战略，坚决执行合同，确保“三控制”目标，根据“惩前毖后，吸取教训，落实责任，限期整改，升级制裁，严格履约，扭转局面”的方针，制定本办法。姜凯先从对业主公司自身的要求说起，他说：“打铁先得本身硬。工程总公司全体员工都从工资中拿出一大块实行浮动，同工期、质量、概算‘三控制’目标挂钩考核。工程全线除了不可抗拒的原因造成的延误以外，只要有一项工程拖了工期或者出现重大质量和安全事故，就要相应扣发工资。如果由于工程公司违约直接造成工期拖延，将接受总指挥部给予的不同级别的制裁。与工程公司签订合同的另一方也有权追究其责任，在‘三元制衡’体制内或合同法的范围内予以解决。

按照新的约定工期和分解确定的进度，作出了惩罚的规定，例如承包商当月完成进度在 90% 以上，达不到计划要求的，当月提出批评，责令提出赶工措施，从第二个月起扣结算款的 2%；如第二个月仍如此，则提出警告；到第三个月仍如此，则要求撤换其现场经理；半年仍然如故，则清退出场，索赔延误工期的损失，并在新闻媒体曝光。依次类推完成进度越少，所扣的结算款就越多，并且最终取消山西市场准入资格。

同时对设计单位不能按协议供图和监理公司存在的问题都制定了严格的惩罚制度。

会议期间，业主公司按“升级治理”的要求，经过谈判，与国内 15 家承包商签署了按时保质完成工程的《履约保证书》。

7 月，铁十六局、铁十三局未能实现自己的承诺，受到了咨询公司的制裁。铁十六局在当月进度款结算时被扣除 10%。铁十三局的情况要好些，也被扣除 3%。这两家的情况说明会议提出的要求和措施不是说说而已的，不是闹着玩的，确实具有“可置信威胁”的性质。

这以后，各工程队采取了各种有力措施以实现自己的承诺。到了 11 月底，除了铁三局一家以外，其余 14 家国内承包商（包括铁十三局和铁十六局）都履行了自己的承诺，普遍建立健全了内部管理制度和奖惩制度，增加了机械设备和科技人员，加大了资金投入，积极进行技术革新，指挥长坚持长驻工地，主管局处领导也经常深入工地，现场解决具体问题，从而有效地加快了施工进度，提高了工程质量。

只有铁三局承包的南干线 1–1 标工程进度依然滞后，连续 4 个月没有完成计划。11 月 25 日，我和李文芳等人一起到铁三局引黄指挥部现场办公，就改变施工现状的问题进行了研究。我对他们说：“‘升级治理’的要求不能含糊，协议必须兑现。根据现在的情况，只好给你们曝一次光了。……我们这么做也是不得已的。‘言必信，行必果’，只有这样才能服众。铁三局的声誉是很好的，是来之不易的，希望你们加以珍惜，切实采取措施，把工作赶上去。”

11 月 28 日，咨询公司总经理李文芳致函铁三局局长刘成山，就改变南 1–1 标施工现状的问题提出了意见和要求。12 月 9 日，咨询公司向引黄全系统发出通报，对南 1–1 标承包商正式提出警告。

从这时起，我们对这一家采取了5天一考核的办法，同时告诉他们，如果12月份仍然不能完成任务，将坚决按照“升级治理”的原则办。

进入12月后，铁三局对南1–1标加大了资金和设备投入，对生产任务进行了目标分解，在内部实现任务包干制和激励机制，充分调动职工的积极性，使得施工形势迅速好转。12月计划开挖隧道156米，实际完成210米。

这说明，“升级治理”作为一种既不同于传统办法又不完全是市场化办法的特殊措施，是有效的，是适合山西当时的具体情况的。

## 拉偏架的国际仲裁

“升级治理”的第二阶段是解决国际承包商的问题。国际承包商的数量较少，我们采用的是国际上常用的约见方式进行“升级治理”。

在我们约见国际承包商以前，于1998年1月12日，由引黄工程总公司与万隆联营体签订了关于成立国际Ⅱ标、Ⅲ标争端审议委员会的协议。早先签订的施工合同中规定，业主和承包商可以各自聘请一位与双方未发生过任何利益关系、具有独立咨询人身份的第三国专家，由这两位专家再聘请第三位专家，组成争端审议委员会，并由第三位专家担任主席，协助双方解决工程施工过程中的争端，以免进入仲裁程序。根据这一规定，引黄工程总公司聘请了英国专家皮尤先生，万隆联营体聘请了美国专家布雷迪先生，这两位专家又聘请了美国专家佛斯特先生，组成了国际Ⅱ标、Ⅲ标争端审议委员会，以协助解决工程中的问题。后经工程总公司和奥中联营体协商，决定聘请这三位专家同时担任国际Ⅰ标的争端审议委员会，并签订了协议。

4月12日和16日，我在奥中联营体工地和太原分别约见了奥中联营体和万隆联营体的代表，指出万隆联营双护盾体全断面掘进机不能按时到位的问题，指出奥中联营体人员、设备不足的问题。我明确告诉他们：我们现在对你们感到担心，而我们的担心是有理由的。我们有些国内承包商，低价竞标，拿到工程就拖工期，希望国际承包商不要染上这种毛病。今后，我们将对所有承包商采取“升级治理”战略，延误工期和影响质量将受到严厉制裁。希望你们拿出积极的补救措施，把因为设备和人员不能按时到场所延误的时间补回来。我说：“你们以往在我们国内承包工程时赢得了声誉，有的公司甚至被称为‘王牌军’，希望不要在引黄工程中砸掉自己的牌子。”

约见以后，奥中联营体工地上的状况较快得到了改善。万隆联营体的双护盾全断面掘进机直到 9 月份才运到。经过组装、调试，11 月 7 日，2 号掘进机在位于温岭的南干线 6 号洞出口处正式启动。11 月 14 日与 11 月 26 日，3 号机和 4 号机也分别在 7 号洞的进口和出口相向掘进入洞。

万隆联营体承建的国际Ⅱ标、Ⅲ标是引黄工程南干线最关键的工段，决定着工程的成败，也最为我们所关注。国际Ⅱ标南干线 4 号、5 号、6 号隧洞，总长 47 公里，由 2 台双护盾全断面掘进机从 4 号洞进口和 6 号洞出口相向开挖掘进。国际Ⅲ标的主要工程是 7 号隧洞，长 42.5 公里，是整个工程最长的隧洞，也由 2 台掘进机从进口和出口相向开挖掘进。掘进机长 300 多米，比旅客列车还要长，是真正的庞然大物。这是继英吉利海峡隧道集中使用 11 台双护盾全断面掘进机后，又一次集中使用这种大功率的先进机械。4 台掘进机启动以后，标志着引黄工程现代化机械施工已经全面展开。

但兴奋的时间并不长，我们很快就冷静下来了。由于掘进机进场的时间耽误得太久，工期已经延误。万隆联营体表示将通过增加每日的工作时间和缩短机械的维修时间来挽回损失，但实际效果并不明显。不仅如此，管片安装的质量问题更让人担心。双护盾全断面掘进机施工时掘进和衬砌是同时进行的。衬砌用的是预制的大型混凝土管片，四片弧形的管片正好构成一个与隧洞相应的同心圆。这种管片的体积和重量都很大，需要事先用吊车装到掘进机的后部。管片很笨重，但安装的精度要求很高，不能有一点错位，不能留一点缝隙，否则过水时就会有渗漏。

万隆联营体在施工过程中没有完全解决管片安装的质量问题，这不能不引起我们的严重关注。

直到1999年1月，情况并没有改变。1月25日，总指挥部在神池县召开了国际Ⅱ标、Ⅲ标工程进度检查汇报会。参加会议的有万隆联营体的代表、英波吉洛公司副董事长兼国际标项目经理扎法罗尼等。专家组周其仁教授也参加了会议，并作了重要发言。总指挥部要求承包商在5周内彻底改变工地现状，保证质量，加快进度，否则将根据合同采取进一步措施。

针对承包商提出的工地周围的治安问题，2月5日，省政府副秘书长、引黄工程副总指挥王晓林和忻州地区副专员杨晋生召集有关市县领导和公安局负责人会议，予以专题研究解决，为承包商提供更好的施工环境，支持他们改进工作。

2月11日至13日，举行了一次技术论证会，集中研究隧洞管片止水条在设计和施工操作中的技术应用。专家们到工地进行了实地考察，经过分析研究，提出了4条结论性意见，最主要的一条是应引进并保持更有效的质量控制体系。这一点对制造（模具和管片生产）、衬砌和灌浆都适用。同时要求对一台TBM的运行参数进行核查。

2月24日，以我的名义致函争端审议委员会主席佛斯特，通报国际Ⅱ标、Ⅲ标现场进展不顺，质量问题严重的情况，并表示我方的关切。

3月7日，引黄总指挥部与万隆联营体的高层在北京香格里拉饭店举行会议。对方出席会议的有英波吉洛公司首席执行官蒙特万奇、CMC公司总裁苏蒂、水利部水电工程四局施工局长程国银以及扎法罗尼、费拉索尼等。郑友三代表总指挥部表示，如果现场的情况不能得到改善，我们将不得不考虑部分或全部中止合同，同时指出现场的负责人有必要更换。

遗憾的是，这一会议并没有取得明显的效果。由于对方一再拒绝合作，3月12日，监理工程师不得不向万隆联营体发出了停工令。

发布停工令是最严厉的制裁手段，下一步就是出场了。国际Ⅱ标、Ⅲ标的质量直接影响引黄工程的成败，承包商搪塞腾挪、软磨硬顶、打太极拳的态度，已经使我们感到没有退路。如果不是被逼到这一步，我们是不会采取这样的措施的。

停工令产生了巨大的影响。3 月 29 日，争端审议委员会的全体成员来到山西，对国际Ⅱ标、Ⅲ标的施工质量、进度和设计问题进行考察。他们与业主、工程师和承包商的负责人举行座谈，建议采用新的填料止水，并提供了几种方案，希望尽快进行试验。

两天后，世界银行项目官员古纳也来到了太原，与他同行的还有张泽祯、李晓凯两位专家。

我们注意到，在处理我们与承包商的争端时，古纳是有倾向性的，是明显向着承包商的。有人说，外国人向着外国人，这很自然。原因恐怕并不那么简单。古纳对引黄工程的干预过多，超出了一个贷款方的范围。这样说，并不意味着否定他们所做的贡献，而只是说明人本来就是多面的、复杂的。这一点，也正是古纳向我们强调过的。争端审议委员会也表现出了同样的倾向性。但是，倾向性归倾向性，基本事实是无法改变的，问题必须解决。

英波吉洛公司最终不得不按照我们的要求，更换了现场负责人。他们派来了格兰多利先生，由他出任国际Ⅱ标、Ⅲ标项目副经理。格兰多利是一位国际知名的隧洞掘进专家。他来到工地后，从实际出发，重新组织配备了工地资源，制定和实施了质量控制系统，同时注意与工程师密切配合，改善了工程质量和进度，满足了复工的要求。

在这种情况下，4 月 3 日和 4 月 5 日，工程师李文芳相继发出复工令。从 3 月 12 日开始停工的国际Ⅱ标、Ⅲ标工地至此全面复工。

我们并不希望施工过程中出现类似的波折，但有时这种波折是不可避免的。业主与承包商应该是一种通力合作的关系，这也正是我们所追求的，但这种通力合作的关系并不是通过一团和气就能造就的，需要坚持原则，用一句老话说，需要通过斗争来达到团结，在大的原则问题上要寸步不让。对英波吉洛这样的著名公司，更应该注意防止他们产生傲气，防止傲气导致的漫不经心，那样将会给工程带来难以估量的隐患。经历了这一个回合的较量，这家公司显然变得谨慎了、专注了，也就为克服后来的困难创造了条件。5 月，6 号洞的掘进机遇到了溶洞，溶洞中充塞的是含水量很大的松软的红黏土，掘进机机头难以掌握。经过 16 天的奋战，终于胜利通过了溶洞，同时积累了在类似地质条件下施工的经验。后来，7 号洞的掘进机又顺利地通过了摩天岭 300 多米的区域性大断层，可以说创造了掘进机施工的一个奇迹。

在与国际Ⅱ标、Ⅲ标承包商交涉的过程中，周其仁教授发挥了重要作用。周其仁教授为引黄工程拟定了具有前瞻性的出色的体制改革方案，向引黄工程的管理人员传授了大量关于市场、商业化原则、竞争、合同的新观念，使得传统体制下形成的沉沉暮气为之一扫，这是他对引黄工程作出的突出贡献。但他并不满足于这些。他是一个特别重视实践的经济学家，因此始终关注着引黄工程体制改革的进展，关注这种进展对工程本身的影响。他多次挤出时间到工地作实地调查，发现问题，研究对策，提出建议。指挥部与国际承包商交涉期间正值旧历新年，周其仁再次放弃休假，深入木瓜沟、头马营等地作实地考察，提出了重要的意见。

## 总指挥部后撤 30 里

前面谈到，两个公司之间的不协调已经严重影响到工作，但这只是问题的一方面。经过分析，我们认为，问题的关键还在于改革的措施没有落到实处。两个公司虽然已经成立，但还处在一个过渡时期，实际上还没有完全独立运作。“有了问题可以找总指挥部”，这又是过去老体制下“有矛盾就上交、多请示多汇报、出了事没自己的责任”的另一种老毛病。这样的思维定式一时改不过来，许多可以由公司解决的问题还要拿到总指挥部来研究。引黄管理局和总指挥部处理的行政事务太多，这样一来，最终的责任就落不到两个公司和它们的总经理头上。与此同时，建立和真正落实激励机制、约束机制和监督机制都还有很长的一段路要走。从这样的认识出发，我们认为，只有加大力度推动改革、深化改革，认真落实各项改革措施，才能真正解决问题。我们决定从以下几个方面着手：

1. “总指挥部后撤 30 里”，引黄工程管理局也相应收缩。工程上的事情完全由两个公司根据各自的职责范围去处理。以前有一句话叫“扶上马，送一程”，看来是不行的。就像学游泳，靠别人扶着是学不会的；没有人扶了，自己奋力扑腾，即使免不了喝几口水，但很快也就学会了。

这样做，意味着授权到位、责任也到位。这就意味着公司化改造又迈出了实质性的一步。

对总指挥部来说，后撤并不是后退，而只是管理方式的转变。也就是说，要从原来的过程管理转变为目标管理。怎么干是你的事，我们不管；我们只看结果，最后如果完不成任务，那我们可就要找你算账，而且是算大账、算总账，看看你们是不是还有闲工夫和闲心情去搞摩擦！

2. 完善激励机制。“干多干少一个样，干好干坏一个样”，在中国不是一天两天的事了，激励机制是否成功要看它能不能真正改变这种状况。报酬收入要与工作绩效直接联系起来，而且差距要拉开、拉大，大到足以使人为之付出全部努力。与激励机制相对应，制约机制也要建立起来，而且要严格执行。要从报酬中拿出相当大的一部分用以浮动：干好了，这部分就是你的；干不好，对不起，这部分就没有了。

3. 进一步分清职责。首先是要求双方认真学习《菲迪克条款》，许多问题在《条款》里是有明确规定的，只要认真学习，准确理解，就可以解决问题。《条款》里没有涉及的问题可以通过协商解决，并用文字确定下来。我们特别强调这样一个事实：一个大型的复杂工程会遇到种种难以预料的情况，要想事先用文字把责任完全写清楚是不可能的。最关键的一点还是要有相互合作的精神，要有互谅互让的精神。这就是说，在许多情况下，强调职责不清只是推卸责任的一种借口。如果今后再出现类似的情况，双方都要挨板子。

分清职责有一个重要问题，就是对监理公司的授权要清楚、要到位，以提高效率，强化现场的监理工作。6 月中旬，我们又采取了进一步的措施，那就是按照国际上通行的“小业主，大监理”的模式，对两大公司的职能做了调整，进一步明确责任，加强薄弱环节，增强快速反应和应变能力。

除了上面的解决方法，班子调整也是我们采取的重要内容。我们的队伍面临一个年龄结构老化的问题，尤其是领导班子，成员大都“垂垂老矣”。早在 1998 年 1 月全体员工述职评议时，我就明确提出今后要改变“老帅老将”的格局，要逐步变为“老帅少将”，再变为“少帅少将”。这是战略考虑，要用年轻人，要把着眼点放在 40 岁以下，看素养，看心态，看品质，看专业背景，看实践经验，看真抓实干的能力。

这一年的 9 月，工程总公司总经理姜凯和咨询总公司总经理刘劲军因为年事已高感到力不胜任，分别提出了辞呈。9 月 19 日，总指挥部、管理局和两大公司的领导在平鲁举行会议，经过研究，决定对两大公司领导班子进行调整，接受姜凯和刘劲军同志的辞呈，聘任张振杰为工程总公司总经理，聘任李文芳为咨询总公司总经理。

这次会议充分肯定了姜凯和刘劲军同志就任两大公司总经理后所作的贡献，他们已经实现了宣誓就职时的诺言，完成了自己的使命。他们出任总经理时年龄已经不小了，姜凯已经 62 岁。我们心里很清楚，要让他们长期挑这副重担是不现实的，他们能够把架子搭起来、摊子铺开来，就已经尽了很大的努力了。

工程总公司新任总经理张振杰时年 35 岁，太原理工大学水利系本科毕业，西安理工大学水工结构硕士研究生。1989 年来到引黄工程后，先后任技术处干事、电信总站工程科负责人、引黄管理局世界银行项目办负责人，1998 年 6 月被聘为工程公司副总经理。咨询总公司新任总经理李文芳时年 34 岁，华北水利水电学院毕业，在引黄工程从事水工专业技术工作。1997 年被聘为咨询公司合同部经理，1998 年 6 月被聘为咨询公司副总经理。两人都有较强的外语能力。这次改组是一个大动作，大多数人是赞成的，认为这是人事制度改革的重大突破，必将对工程建设产生积极的影响。也有人不太赞成，认为操之过急了，要担风险。其实不论做什么事情都是要担一定风险的，好处越大，风险也越大。我们面临的问题是必须要对旧的用人思路有所突破，必须及早解决新老更替的问题。引黄就是在新旧观念更迭、冲突和激荡中前进的。至于风险，我们心里都很清楚，那是难免的。“摸着石头过河”，难免有踩空了的时候，难免有失足落水的时候。落水并不要紧，抬起脚来，重新去摸下一块石头就是了。

事实说明，这一次的交替带来了活力和生机。两个公司的工作有了明显的进步。闹意气、搞摩擦的情况没有了，配合渐渐默契了，工作效率明显提高了。3 个“轮子”的“齿轮”开始咬紧，“三元制衡”机制的作用发挥出来了。

◇ 第三部

# 山河入梦情几重

◇ 第十二章

# 安营扎寨，与邻为善

建坝的地址与线路的选择密切相关。早年想通过引黄解决全省的工农业用水问题，所以就有“北引黄”“中引黄”“南引黄”之说。坝址的选择，“北引黄”考虑万家寨，“中引黄”考虑军渡，“南引黄”考虑龙门。后来收缩战线，只考虑“北引黄”，万家寨就成了考虑的重点。但除了万家寨以外，还有托克托、天桥、黑峪口、军渡等地可以备选。为了慎重起见，又对这几处的优劣做了充分的研究。

## 万家寨，一举成名

万家寨是山西省偏关县的一座山村，据说原来叫庄窝铺，几十户人家散落在几个山坡的窑洞里，四面是望不断的荒山，脚下是流不歇的黄河。明代有一位姓万的官员在附近立寨驻守，寨子叫万家寨，后来村子也改称万家寨了。

古寨在黄河边上，三面环崖，一面临河。古寨的下面是缘崖修筑的古城堡，上方的山头上则耸立着一座烽火台。三座相互呼应的古建筑形成了一个整体，虽然因为年代久远而有些缺损，但总体上看尚称完好。长年的朔风黄沙使它们蒙上了苍凉的色彩。看着它们，使你很容易联想起大漠孤烟、长河落日，联想起月黑风高、金戈铁马。

从形制上看，古寨很像一座大型的碉堡；从神态上看，它更像是一位阅尽沧桑的老人——他孤独地站在山头上，听着黄河的河水从他脚下呜咽流过，似乎在默默地沉思着什么。

这是几百年以前的古迹，修筑的年代与北京八达岭长城、慕田峪长城相当。从保存原貌的状况看，万家寨是原汁原味的，也许更具有研究和观赏价值。但是，八达岭长城、慕田峪长城地处通衢大道之侧，得以蜚声海内外，游人如织，万家寨则由于僻处一隅，数百年间无人问津。

现在不同了，由于引黄工程枢纽修建在这里，“万家寨”这 3 个字传遍众口，响彻云霄，成了重复率最高的地名之一。

枢纽的左岸是山西省偏关县，右岸是内蒙古准格尔旗。

说到枢纽工程，那就离不开一组数字。这个工程是由水库的拦河坝、泄水建筑物、电站厂房、开关站、引黄取水口等建筑物组成的。拦河坝是混凝土重力坝，最大坝高 105 米，坝顶长 443 米，坝顶海拔高程 982 米。厂房是坝后式的，装有 6 台单机容量 180 兆瓦的发电机组，总装机容量 1080 兆瓦。水库总库容 8.96 亿立方米，调节库容 4.45 亿立方米。泄水建筑物位于河床左侧，包括 8 个底孔、4 个中孔、1 个表孔，均采用长护坦挑流消能。220 千伏六氟化硫全封闭组合电器开关站位于电站厂房上方，长 173 米，总高度 31.27 米。引黄取水口位于大坝左岸边坡坝段，948 米高程，有两条引水钢管，单孔引水流量每秒 24 立方米。

如果不是一个搞工程的人，这一组数字对他恐怕没有太大的意义：不亲自到现场看一看，很难想象出枢纽的形象和气势。

从偏关县城乘车出发，在一条顺着山势曲曲弯弯忽上忽下的公路上行驶，三四十分钟的车程就可以到万家寨枢纽了。这条公路是专为枢纽工程施工而修建的，起点在薛家村，总长 31 公里。

接近枢纽时，透过车窗可以看到远方山坡上有一片楼房，白墙红瓦，在满目荒凉的土黄色的背景上显得分外夺目。这就是枢纽的生活区了。

这时，公路也开始分岔，有的向左，有的向右，有的向上，有的向下，好像在向人们暗示：枢纽的功能是多样的，工作是繁重的，涉及的范围是广大的，因此需要有一个公路网络予以支持。

汽车不再爬坡，而是沿着“之”字形的道路向下，驶过了一座 12 孔的大桥。这也是黄河中游第一座大型的公路桥，这座桥结束了当地千百年来依靠摆渡的历史。

过了桥，汽车就来到了黄河右岸，来到了内蒙古一侧，有一条道路直接通向电站厂房。下了车，面前的景象立刻会使你的视觉和心灵同时受到巨大的冲击。

黄河的两岸是峭壁。令人称奇的是，这些绵延不断伸向远方的峭壁是那样的整齐，那样的高峻，那样的平整，就像特制的花岗岩墙面。这时你会立刻想起鬼斧神工之类的字眼。不过，你心里明白，这不是什么鬼斧神工，而是水的力量，是“奔流到海不复回”的黄河水，在花岗岩的山体中生生地为自己劈开了一条出路。

更令人震惊的还是正面的大坝。它是那样的巍峨雄壮，那样的气势磅礴！它那硕大的身躯纹丝不动地踞坐于两山之间。河水从它左下方的泄水孔中宣泄而出，喷珠溅玉，腾烟起雾，发出喧闹的声响。这时的黄河，与其说像一条怒吼的黄龙，不如说更像一个顽皮嬉戏的孩子。

登上坝顶，展现在眼前的又是情趣迥异的景象。那是一片清澈的湖水，清澈得透亮的湖水，片片涟漪，点点帆影，俨然是江南风光。如果从更高的地方俯视，那么你将看到：湖水在莽苍的群山间画了一个大大的、蓝蓝的“S”形，在灰黄暗淡的背景的衬托下，显得那样熠熠生辉、生机勃勃。就这样，一个枢纽工程把塞北的粗犷雄浑与江南的明媚秀丽奇妙地结合到了一起。

站在坝顶向前方看，有一座索桥高高地悬挂在两山之间；那是工程开工时两岸之间最早的通道，现在则成了游览的观赏点。走在微微摇晃的索桥上，观赏两边不同的景色，应该别有一番滋味。

## 为了太原不搬家

水库为什么要建在万家寨？这是经过多年反复勘察、反复比较后确定下来的，是十分慎重的。

建坝的地址与线路的选择密切相关。早年想通过引黄解决全省的工农业用水问题，所以就有“北引黄”“中引黄”“南引黄”之说。坝址的选择，“北引黄”考虑万家寨，“中引黄”考虑军渡，“南引黄”考虑龙门。后来收缩战线，只考虑“北引黄”，万家寨就成了考虑的重点。但除了万家寨以外，还有托克托、天桥、黑峪口、军渡等地可以备选。为了慎重起见，又对这几处的优劣做了充分的研究。

托克托引水线是从内蒙古托克托县的大石窑提水，向东北输送到内蒙古的岱海，由丰镇入御河，沿御河干流直下，一直到大同。这条线路的主要缺点是引水口没有调节水库，保证率低。沿线固然可以利用岱海调节，但岱海是一个闭塞的内陆湖，水的矿化度高，难以保证达到饮用水的标准。这条线路的优点是距大同较近，但是如果兼顾朔州和太原，输水线路就过长，而且扬程也大于万家寨。另一个缺点是线路大部分在内蒙古境内，施工和将来的运行管理都有可能遇到种种不便。

天桥在万家寨的下游，这里已经有一个电站可加利用，这是它得以备选的原因之一。但这是一个径流电站，库容小，调节能力低。还有一个大缺点，那就是黄河流到这里，晋陕两省黄土高原的洪水都冲进来，含沙量就高了，多年平均含沙量达每立方米 13.06 公斤，而含沙量的多少是引黄蓄水所必须考虑的一个主要因素。

黑峪口在天桥的下游，军渡又在黑峪口的下游，都在晋陕两省之间黄河峡谷里，位置愈偏下，泥沙就愈多，从军渡引水需要避开每年洪水季节的高含沙期，全年引水时间大约只有 212 天，比万家寨的 304 天要少得多。引水天数少了，要保证总水量就要加大提水的装机容量，工程量和投资也都要相应增加。从黑峪口引水线路倒是比较短，是个优点，但引水口在水库淤积区内，保证率低，地质条件也差。这两处位置都偏南，虽然距太原较近，反过来向北边的朔州、大同输水就很困难。

经过这样的比较，万家寨的优越性就突现出来了。在作出最佳选择的过程中，黄河水利委员会、海河水利委员会、天津设计院、北京设计院、内蒙古水利设计院等都投入了大量的精力、物力，山西省的水利部门就更不必说了。最后大家得出了一致的意见：万家寨。这里是黄河干流经内蒙古托克托后流进山西的第一站，两岸均为石灰岩峭壁，建坝的地质条件好，河水的含沙量小，水库建成后的淹没区小，引水线路适中，可以同时兼顾太原和大同、朔州，有许多优越性。山西省引黄指挥部、水利部、能源部和国家计委也都逐一同意了这个意见。

坝址的选择直接关系工程的成败，领导同志都很关心。1989 年 10 月，我在北京向钱正英副主席汇报引黄工程的前期准备工作，听完汇报后她很高兴，坚持要亲自到万家寨去考察水库的坝址。她说，耳听为虚，眼见为实。显然，作为长期掌管国家水利事业的部长和专家，她在这方面有过许多教训，我们当然是求之不得。她当时虽然已经离开了水利部，担任了全国政协副主席，但她的专业知识、经验、智慧和她在水利界的权威对引黄工程来说都是十分宝贵的，十分重要的。但这段时间钱正英的日程排得很紧，而从太原到偏关的路又十分难走，按照正常的走法，时间根本来不及。再说，那样的颠簸摇晃，我也担心她是否受得了。钱正英却说，我这把老骨头硬朗着呢，只要时间赶得上就行。

我打电话到太原跟王森浩省长商量，他说："不要推迟，这样的好机会决不能放弃！时间紧，我们可以想办法。"

他和白清才商量后，通过省民航局与国家民航局联系，租赁了一架直升机。白清才亲自到京，从北京把钱正英副主席直接接到了平朔安太堡煤矿；稍事休息等待飞机加油，然后由白清才和我陪同，直飞万家寨。

在万家寨，钱正英副主席仔细听取了北京水利水电规划院总工程师马敏维的汇报，又在黄河岸边来回察看，向同行的专家提了一些专业性很强的问题。最后她说："坝址的选择是有道理的。"语气很肯定。有了她的这句话，坝址选择在万家寨就成了"铁板上钉钉"了。

回到太原后，钱正英和省委书记李立功、省长王森浩等举行了座谈。她说："听了汇报，看了坝址，很好！你们已经做了大量的前期工作。从前也谈引黄，你们的陶鲁笳、王谦、刘开基，后来还有贾冲之，都谈引黄，说实话，当时我并不想听，因为一是没有条件；二是用很大的成本引水浇地，太不合算。现在不同了，改革开放，经济发展，能源越来越重要。引水主要是解决能源基地建设和城市生产生活用水的问题。山西有煤，但山西缺水，引黄势在必行，不能动摇。遇到大旱，天津北京好解决，只要有钱就行；太原就不行了，就不那么容易了！”接着，她又加重语气说：“如果长期干旱，太原恐怕就要搬家了！”

听了这番话，书记和省长都频频点头称是。

这时有一个同志说：“我们该怎么感谢您呢？山西人民永远不会忘记您！”

钱正英立刻就不高兴了。她沉下脸来说：“同志！你说得不对了，根本就不是那个意思！”

这位同志说的其实是真心话，但钱正英最不爱听的就是类似奉承的话。

我自然也很赞成钱正英的这番话。这番话还透露出她的个性、人品和处事方式，这些更令人钦佩。钱正英喜欢实的，不喜欢虚的。没有条件上引黄，你跟她说引黄，她就不爱听。有了条件，她就不仅爱听，而且要实地去看，要眼见为实。

那几年，我们搞小流域治理，每两年开一次工作会议。20 世纪 80 年代中期以来，这已经成为山西水土保持工作中的一项制度。每次开会我们都想请钱正英来，她说：“有言在先，你们的会如果确实能解决问题，我就去；如果是摆样子，开给别人看的，我是不会去的。”因此每次她都要先看会议的主报告，然后派有经验的同志来看材料，看准备工作，了解我们的思路和具体措施。经他斟酌，觉得确实不错，有新东西，便给她打电话。这时候，你就是不叫她来，她也要来了。1988 年、1990 年、1992 年一连三次她都参加了我们的会议，每一次都发表了重要的、有长远指导意义的讲话。1988 年 9 月 9 日讲话的题目是“户包小流域大有可为，户包小流域贵在坚持”；1990 年 9 月 16 日讲话的题目是“小流域治理是一项长期伟大的事业”；1992 年 9 月 9 日讲话的题目是“把小流域治理引向商品经济的大道”。

钱正英对小流域治理投入了极大的热忱。她对沙棘种植尤其感兴趣。她认为这种植物耐风沙，耐高寒，容易成活，根系发达，固土面积大，而且沙棘的果实富有营养和药用价值，也就有很高的经济价值。在她的大力倡导下，沙棘在许多地区得到了推广。她在几次讲话中一再强调，治理小流域，领导是关键，坚持是关键，与经济利益挂钩是关键，要让群众眼下就得到好处，也就是说，要把眼前利益和长远利益结合起来。她的这些话，给了我们很好的启发。

钱正英主要是搞大型水利工程的，怎么会对小流域治理那么感兴趣呢？这里面的道理是不难明白的。早期搞水利工程强调的是人定胜天、征服自然，结果却并不那么简单，往往是你破坏了它，它反过来狠狠地报复你。钱正英是我国水利界最早明白应该换一种思路的人，人与自然只有和谐相处才能达到可持续发展的目的。在她的心里，水土保持就成了一个特别重要的课题，而像山西这样的黄土高原如何解决水土保持的问题，也就成了她关注的重中之重。

令人印象深刻的还有她那强烈的责任感。一件事情如果有哪一个方面、哪一个局部甚至哪一个细节做得不够完满，她就会感到不安，好像是她自己的过错。她担任水利部部长期间，由于当时国家经济力量的限制，没有在山西搞过大的水利工程以解决水资源严重短缺的问题，这使她总是感到有些遗憾。她对引黄的关心，那种超出想象的关心，据我看，与她的这种遗憾是不无关系的。除了山西，还有新疆和宁夏。她离开水利部后，组织了一个庞大的多学科的专家组到新疆实地考察塔里木河的情况，为新疆各水系特别是塔里木河的治理提供科学的决策建议。这是她对新疆的一个交代。在她看来，似乎每一个地方她都需要有一个交代。早期主要精力用于拦河筑坝，晚年就要拿出相当大的精力用于治山治水，从某种意义上说，这也是一种补偿、一种交代。

如果说上面这些特点是令人钦佩，那么她的不留情面就令人敬畏了。如果你做得不对或者话说得不对，她会立刻拉下脸来，一点也不客气。

这一点我在郑州的时候就领教过。那是因为《山西日报》刊登了张文佑教授关于山西富有地下水的意见给引黄工程的立项造成了困难。她的批评声色俱厉，真叫人有些下不了台。

这就是钱正英！有时候我想，高风亮节，说的也许就是这种情况吧。

## “两好合为一好”

枢纽是“引黄入晋”的水源，兼有发电、防洪、防凌的功能。水库的正常蓄水位 977 米，总库容 8.96 亿立方米。设计年供水量 14 亿立方米，其中向山西省供水 12 亿立方米，向内蒙古准格尔旗供水 2 亿立方米。

枢纽和引水渠道其实是一个工程，一个是龙头，一个是龙身。没有水源，怎么引水？对于整个“引黄入晋”工程来说，枢纽实在是太重要了。从另一方面说，如果不是为了引水，这座水库也未必建得起来，未必有存在的必要，至少未必能建得那么快。这里涉及一个观念的问题，进入 20 世纪八九十年代以后，人们已经认识到人和自然应该和谐相处，应该保护环境，以达到可持续发展的目的。引水是为了改善生态，单纯的拦河发电则需要付出影响环境的代价，现在单纯为了发电而在黄河上建水电站的时代已经过去了。

既然是一个工程，我们自然就希望由我们统一建设，以便于将来统一管理。我们当然知道水库的建设涉及河的两岸，涉及两个省区，我们希望通过协商取得内蒙古方面的理解和支持。如果一时难以取得一致，就请国务院出面协调。

内蒙古方面一些同志果然有不同的想法，他们认为枢纽应该由内蒙古负责建设。1988 年，天津勘测设计院编制出万家寨水电站初步设计方案后，内蒙古自治区政府向国家计委和能源部报送了《关于对建设万家寨水电站具体意见的函》。具体意见有 5 条，其中一条是：“万家寨水电站 90％淹没区在内蒙古自治区境内，因此，万家寨水电站的发电和效益应主要考虑我区的需要。万家寨水电站是我区主要电力建设项目，应在国家扶持下，由我区负责建设。工程建成后，水电站和水库均由我区负责经营管理。”另一条是：“原设计水库水位 980 米，要求降低到 975 米以下。”再一条是：“要求施工临建、进厂公路、管理机构、水电站厂房均安排在我区境内。”最后两条对淹没区和移民的经济补偿以及水电站电力接入系统的设计等提出了具体要求。

内蒙古方面的意见很具体、很明确，与我们的意见几乎完全相反，使我们感到很为难。有两点应该特别指出来：（1）内蒙古方面的意见并不是没有道理，淹没区确实主要在内蒙古一侧，而且内蒙古沿河一带确实缺少电力。（2）内蒙古是一个少数民族地区、一个边疆地区，准格尔旗又是一个贫困地区，他们的意见是应该得到尊重的，或者说，是必须得到尊重的。可是，这枢纽工程是“引黄入晋”工程的龙头，如果真要按照他们的意见办，工程的建设和今后的管理显然会有许许多多不方便。

这真是一道难关，是一道不得不过的难关。

怎么办？只能退一步，由两家合作来建设枢纽工程。也就是说，原来的一个工程，因为建设主体的不同不得不变作“龙头”和“龙身”两个工程。

由两个省区合作兴建一个工程，当然是可以的。但也有问题，遇到意见不统一怎么办呢？那就会一边一票，相持不下。所以还需要有一个国务院的有关部委来牵头。由哪一家来牵这个头呢？在我们看来，答案是明确的，那就是水利部，这主要是一个水利工程，而且水利部早就为这个工程做了大量工作。但枢纽同时也承担着发电任务，有 18 万千瓦的水轮发电机组 6 台，总装机容量 108 万千瓦，设计年发电 27 亿多度，因此能源部也有很高的积极性。1989 年 1 月，能源部向国务院上报了《关于万家寨水电站和引水工程项目建设问题的请示》，明确提出：“两工程的项目建议书、可行性研究报告、设计任务书、初步设计报告，应该报能源部和水利部，由两部共同主持审查。”从中可以看出，他们的意见是要以能源部为主。上文已经提到，内蒙古的报告是上报国家计委和能源部的，显然他们也倾向于由能源部为主来主持这个工程。这样一来，问题就更复杂了。

俗话说，龙多不治水。参与的部门多了，难免会产生相互推诿、相互扯皮这一类的事，会影响工作的进展。怎么办呢？只能找国务院领导同志来协调了。我们再一次找到了邹家华。

记得是 1990 年 9 月中旬的事。当时邹家华已经出任国务委员，还兼任着国家计委主任，有时仍在计委办公。他的两个秘书，一个叫高金榜；一个叫袁永绪。引黄的事听得多了，他们对引黄也很关心，一听说引黄又遇到了困难，也替我们着急，很快就为邹家华安排出一个上午的时间来听我们的汇报。事先我们又与金熙英沟通情况，取得他的支持。

汇报时，我们介绍了内蒙古、水利部、能源部各自的想法，着重阐述了我们的理由。我们认为，这个工程是以引水为主的，主要是为了解决山西的水资源紧缺问题，这应该是考虑问题的出发点。引水工程的技术问题要靠水利部解决，以水促电、以电养水，也要靠水利部筹划，所以工程还是由水利部牵头为好。同时，我们也表明了态度：我们决不会做伤害民族感情的事，决不会做伤害邻里感情的事。内蒙古是少数民族地区，受损地区，我们一定尽可能满足他们的要求，谋求互相合作、共同发展。

邹家华副总理认真听取了我们的意见，答应了我们的要求。

9 月 20 日，邹家华在国家计委小会议室主持召开了由有关各方参加的协调会，研究万家寨水利枢纽和“引黄入晋”工程的建设管理问题。参加会议的有国家计委副主任叶青，能源部部长黄毅诚，水利部部长杨振怀、副部长张春园，山西省省长王森浩、时任常务副省长的我，内蒙古自治区副主席裴英武，中国国际工程咨询公司董事长金熙英等，该来的都来了。经过充分的研究磋商，在一些重要问题上基本取得了一致的认识，并以纪要的形式肯定了下来。其中有这么几条：一是肯定工程的任务以引水为主，兼有发电、防洪、防凌等作用，要求把枢纽和引水工程作为一个整体进行统一规划建设；二是万家寨水利枢纽工程由水利部牵头组成领导小组，负责建设和管理；三是鉴于淹没区大部分在内蒙古自治区境内，水电站的经济利益分配要适当照顾内蒙古，同时请内蒙古对这一项目予以支持；水电站厂房位置的确定要服从经济技术的合理性。此外，还对开发性移民和抽水用电的电价、新增用水的水价等问题提出了原则性意见。

这次会议解开了影响枢纽建设的几个大难题，领导和管理体制理顺了，山西和内蒙古两个省区之间密切合作的关系也建立起来了。

3个月以后，12月29日，水利部、山西省、内蒙古三方经过协商，在北京签订了《关于联合建设万家寨水利枢纽和引黄入晋引水工程的意向书》，本着团结协作、互惠互利的原则，同时也本着市场经济和经济体制改革的原则，明确了万家寨水利枢纽建设的投资来源、领导体制、产权占有、利润分配等重大问题。万家寨水利枢纽建设所需资金，由水利部、山西省和内蒙古自治区三方各负担1/3，同步投入。按照概算，共需资本金21亿元，三方各注入7亿元，其余向开发银行贷款。

1992年1月，万家寨水利枢纽建设领导小组正式成立，组长由水利部副部长张春园担任，我当时作为山西省的常务副省长、引黄工程总指挥，和内蒙古自治区政府副主席张廷武分别担任副组长。

同年10月，水利部、山西省和内蒙古自治区三家联合向国家计委报送了《关于万家寨水利枢纽和引黄入晋引水工程立项和开工建设的报告》，请求尽快批准立项。

1993年10月，枢纽建设领导小组在朔州召开第一次会议，经过讨论和协商，确定了枢纽施工的总体安排，要求1994年底前全部工程正式开工；1998年大坝下闸蓄水并争取发电；2000年工程全部竣工。会议还对工程的资金安排、施工征地、移民安排等问题进行了讨论研究。会议形成了要求三方共同遵守的纪要。

至此，枢纽工程的建设开始步入正轨。

在这一过程中，我们深深体会到了内蒙古方面的支持对工程有多么重要。经过国务院领导同志协调以后，他们采取了与我方密切合作的态度，短期内就使工程进入了实施的阶段。特别是，工程的受益方主要是山西，主要的淹没区则在内蒙古，应当说，他们的支持是无私的，是感人的，是难能可贵的。还应该特别指出的是，工程不仅在筹备阶段、立项阶段需要内蒙古的支持，在建设施工阶段更需要内蒙古的支持，譬如库区移民工作，由于大部分移民在内蒙古，主要要依靠内蒙古去做；即使竣工以后，在长期的运营中仍然需要内蒙古的大力支持，譬如防治库区水质污染也要依靠内蒙古在上游去做。防治污染是一个头等重要的大问题。如果引来的是污水，那还有什么意义？几十年来我们为引黄工程付出的努力都将因此而付诸东流！因此，内蒙古的支持对我们来说是太重要了，也太宝贵了，一定要十分珍惜，永远珍惜！

当然，合作必须是互惠的，支持必须是双向的。只有双向互动，情谊才能持久，古人叫"投桃报李"，百姓叫"我心换你心""两好合一好"。我们在珍惜内蒙古支持的同时，也必须考虑他们的困难和需要，给以应有的回应。当时，我们能够做到的有这么几点：

一是不再坚持水电站的厂房设在左岸，尊重内蒙古的意见，同意坝后式设计，将厂房安排在大坝之后的内蒙古一侧；引水工程的管理机构，则当然应该设在山西一侧。

二是建议加强高层互访，及时沟通，以枢纽的建设为契机扩大经贸等多方面的合作，进一步密切兄弟省区之间的情谊。

三是在移民拆迁的补偿问题上，对内蒙古移民的补偿要足额按时到位，合情合理，有情有义，以支持内蒙古各级地方政府做好工作。

四是为了保障工程的顺利进展，我方承担的工程款要及时足额到位，在内蒙古有困难时我们要尽量给以支持。

五是每年要在适当的时候，采用特殊的方式，来表达我们对内蒙古人民和政府的感激之情。

最后还有一条，那就是尽管一个工程分成了两个工程，一家变成了三家，我们心里要十分明白，山西才是工程的主要受益方，因此工程要靠我们来推动，不能指望别人。这是绝对的，不能动摇的。

◇ 第十三章

# 胡富国：“你不能扔下这件事不管！”

12 月 5 日当天便开始拆除一期上下游围堰，使河水从左岸导流孔分流。12 月 7 日开始抛投进石，抓住部分河段封冻、流量减少的有利时机，迅速推进。先后历时 52 小时 27 分钟，共抛投石料、土料 2.4 万立方米，到 12 月 14 日 0 时 27 分，终于实现了胜利合龙。

## 得道多助与好事多磨

工程步入正轨并不意味着从此一帆风顺，还是经常会遇到波折和困难，首先是人事变动带来的问题。

1994 年间，张春园乘坐一辆中巴，从太原出发到万家寨去视察。车子过了宁武，还没有到朔州，便翻了车。张春园头部、胸部都受了伤，被送往朔州医院抢救。好在伤势不重，张春园很快就痊愈出院了。但他回京后不久，人事有变动，他的工作做了调整，枢纽领导小组的组长由水利部另一位副部长严克强接任。这样，工作要有一个交接过程，这个过程又拖得长了一些，而这时正是需要再接再厉，一放松，工作自然就要受到影响。严克强副部长是一位非党人士，办事认真，作风严谨，他心里也着急。我们便向邹家华副总理汇报了情况。邹家华为此召开了三方会议，要求水利部抓紧时间，负起责任，推动工作。

水利部万家寨枢纽工程建设管理局也有过几次人事变动。1993 年成立时的负责人是马云良，后来的局长是周玉文，接着是王文珂。

另一个经常遇到的困难是资金不能按时到位。开工后不久，钱的问题就出来了。最头痛的事就是资金短缺，一文钱难倒英雄汉，我们就是有天大的本领，没有钱，工程照样要停下来。

不过我们也有一条底线，那就是决不能让工程停下来。别人家一时拿不出，我们就先垫付着。尽管我们手头也很紧，咬咬牙也要垫付。基本态度是：尽量做到什么时候要什么时候给。

1995 年 12 月，枢纽工程即将迎来一个关键时刻：二期围堰截流。

一期围堰截流在左岸，围住左岸泄水建筑物坝段，让河水从右岸一侧宣泄。左岸的坝段和泄水建筑物按时完工，按照工程进度安排，在 1995 年汛期结束后，就要抓住有利时机进行二期围堰截流。也就是说，要围住右岸基坑，使河水从左岸已建成的泄水坝段的临时导流缺口和导流底孔宣泄，修建右面的坝段和坝后的水电站厂房。这也就意味着工程进入了施工的新阶段。

就在这样的关键时刻，有人提出了一种新的设想，认为引黄可以考虑无坝引水或低坝引水，这样就可以避开资金、技术等种种难题，也可以避开合作方之间的纷争和摩擦。这样，二期围堰截流是按期进行或者是暂缓进行，还是干脆就不需要进行，就成了悬案。

这个设想是在一个重要场合提出来的。李鹏总理和国家计委主任陈锦华都在场，水利部部长钮茂生、煤炭部部长王森浩和省里的主要领导同志也都在场。胡富国一听就急了，说了一些情绪激动的话。陈锦华赶紧说：“这件事交给我来协调吧！”

当天晚上，陈锦华和钮茂生一起跟我们研究，从晚上 8 点一直工作到 12 点。最后，陈锦华说：“你们放心，我和钮部长一定会把这件事情协调好！”

不过，影响已经造成了，协调起来也就不会那么容易了。

5 月 3 日，我和副省长纪馨芳、省计委主任张奎、引黄管理局局长郑友三、水利部万管局局长周玉文等 18 人进京汇报贯彻李鹏总理对引黄工程指示的情况，钮茂生作为水利部部长，与国家计委主任陈锦华一起，代表李鹏总理听取了汇报，对工程和山西省采取的措施表示充分肯定，支持截流。7 月，万家寨枢纽管理局开始对截流问题进行研究，多次请示水利部要求对汛后截流尽快决策。9 月 15 日，万管局局长周玉文专程从万家寨赶到太原，向在太原主持召开全国农田水利基本建设会议的钮茂生请示关于截流的问题。钮茂生表示，今年要千方百计实现截流，不管定什么方案，截流不能动摇。钮茂生的态度是坚决的。他对引黄工程的支持是一贯的。

不过，这一次钮茂生关于“截流不能动摇”的意见并没有立即产生作用。根据他的指示，周玉文立即赴京向水利部有关领导汇报截流问题。没有想到，有关领导表示，现在搞不搞无坝引水的方案还定不下来，在这以前，后续工作先不要做，停一停再说。

这时眼看秋去冬来，再不决策，就会延误一年。在这种情况下，10 月中旬，我和引黄管理局局长郑友三专门跑了一趟北京，找到水利部副部长严克强，要求抓住时机实现截流。

10 月下旬，水利部建设司的一位司长带领一批专家来到万家寨工地，实地考察了工程情况，经研究后决定于 12 月 15 日实施二期围堰截流。

10 月 27 日，工地召开了做好截流准备工作的动员大会。在太原，我和刘松深、周玉文一起研究确定了 907 米高程的截流意见。11 月 5 日，我又和有关人员赶到枢纽工地，与万管局、施工单位一起现场办公，解决资金、交通、气象服务等具体问题。随后孙文盛省长也来到枢纽工地，检查、了解截流的准备情况。一切都在紧张而有序地进行着。

意外的是，11 月 22 日，万管局再次接到水利部建设司的通知，通知说：“因工程方案尚未批复，故不能截流。”

老实说，这样的反反复复实在令人不解。停止截流意味着什么？那就意味着前功尽弃！如果搞无坝引水、低坝引水，水量怎么保证？水质怎么保证？污染怎么防治？泥沙怎么解决？因为一个完全没有把握的设想，就放弃多年的努力，放弃成熟的、正在实施的工程，放弃已经投入的大量资金、人力和物资，真是不可思议！

情况紧急，胡富国、孙文盛和我商议后，决定立即到北京向当时的国家计委主任陈锦华和水利部部长钮茂生汇报，说明截流的一切准备工作已经就绪，如不及时截流工程将全面停顿，将会造成巨大的、难以弥补的损失。

陈锦华的答复来得异常迅速。第二天，他就通知我们说，他已经向总理办公室汇报，总理办公室正式通知，工程按原计划进行，同意截流。

在有关截流的协调工作中，陈锦华起了决定性的作用，这对于枢纽和整个引黄工程来说是太重要了。有时候我想，每当引黄遇到很大困难，遇到似乎是难以逾越的困难时，总会有人出来帮忙，逢凶化吉，遇难呈祥。用老百姓的话来说，是“遇到贵人”了。这当然不是宿命，而从中可以悟出一个道理：像引黄这样救人饥渴的人性化的工程必然是“得道多助”的。但这种办事体制必须改革，总不能叫人老是提心吊胆，祈求神仙下凡帮助逢凶化吉吧！

11 月 28 日，水利部也将这一意见通知了万管局。

这一次，大家悬着的心本可以踏踏实实地放下来了，但有一句老话叫“好事多磨”，用来形容二期围堰截流，真是一点也不差。截流刚刚得到上级的批准，负责截流的万管局局长周玉文却病倒了，住进了山西医科大学第一附属医院。

这真叫怕什么有什么。我们赶紧到医院去看望他，了解他的病情，希望他尽可能到第一线指挥截流，一定要把这件事关全局的大事办好。如果他的身体确实不能支持，也请他组织得力的现场指挥班子，保证截流一次成功。

周玉文脸色苍白，精神疲惫，病情虽然看起来不太重，但情绪显然不高。当时有一些人正在告他的状，审计部门正在审查。他在病床上向我们倾诉了他工作中的难处和委屈。

我很干脆地对他说：“山西省委和省政府一是理解你，二是支持你，到时候会站出来替你说公道话的，但这一次你一定要负起责任来，把截流工作做好！”

周玉文说："主席，一个人把乌纱帽看重了就不能做事了。"他又拍着胸脯说："什么也不用说了，我会带着点滴上前线，保证截流一次成功！"

这是12月2日的事。最后商定，12月14日正式截流，截流完成后15日举行庆祝大会。

周玉文没有食言。12月3日，他回到工地，首先宣布了总理办公室和陈锦华主任同意截流的决定，接着便开始精心组织截流工作。12月5日当天便开始拆除一期上下游围堰，使河水从左岸导流孔分流。12月7日开始抛投进石，抓住部分河段封冻、流量减少的有利时机，迅速推进。先后历时52小时27分钟，共抛投石料、土料2.4万立方米，到12月14日0时27分，终于实现了胜利合龙。

二期截流的成功，意味着枢纽工程进入了一个全面施工的新阶段。

12月15日，山西和内蒙古的领导分别从太原和呼和浩特两地赶来，可惜未能目睹合龙的庄严时刻，只赶上了参加庆祝大会。

庆祝大会开得很隆重。山西省五大班子的领导胡富国、孙文盛、卢功勋等都来了，原正省级老同志王庭栋、李修仁等也来了。水利部副部长严克强在讲话中说："枢纽工程是一项造福晋蒙两个省区人民的工程。现在工程建设已经取得了阶段性成果，我们要加倍努力，把它建设得更好。"胡富国在讲话中强调："要继续高举改革开放和艰苦奋斗两面旗帜，进一步抓紧万家寨水利枢纽和引黄工程建设，谱写晋蒙两省区互助合作、团结治水的新篇章。"会上，胡富国、孙文盛代表山西省委、省政府，向水电工程四局万家寨施工局赠送了绣着"实现截流，功不可没"8个大字的锦旗。内蒙古方面的代表经大平也代表自治区党委和政府赠送了锦旗。

后来，1996年5月，陈锦华来山西视察引黄工程（这是他第三次为引黄工程来山西）。陈锦华考察枢纽工程的时候，我们主动向他汇报了周玉文的情况，他在截流中的表现，他的施工经验、组织能力和雷厉风行的作风，也谈了他遇到的困难。主要是有人一直在告状，3个问题：工作作风、招投标和特殊化财务支出。陈锦华说："这些问题我在北京都听说过。搞这么大的工程，即使有些问题也不奇怪。周玉文是干事业的，是对工程负责的。对他的工作应该肯定，应该支持。”

第二天傍晚，在工地检查工作时，陈锦华在大坝右端现场，当着枢纽工程领导和许多职工的面说：“有的同志反映周玉文的情况，告状的材料我看过。我们是了解他的。干这么大的工程，有些问题是难免的。今天我是给周玉文消气来了。周玉文领导大家干枢纽，是有成绩的，大家应该支持他。在这样艰苦的条件下，抛妻别子，把工程干好，不容易。我们要理解他，大家要支持他，我们要上下一心把这个大工程干好！”

听了这番话，周玉文泪流满面，握着陈锦华的手说：“我一定豁出老命，把造福晋蒙人民的事干好！”

回到太原后，胡富国、孙文盛召开了一次由省五大班子领导成员参加的汇报会，孙文盛省长主持，请陈锦华主任指导工作。

在陈锦华讲话前，我先介绍了一下他对引黄工程支持的情况。

我说几句心里话。陈锦华主任对我们山西的工程特别是对引黄工程的关心支持，令我非常感动。我们觉得，陈主任平易近人、一丝不苟、高度负责，确实是难能可贵，感人至深。引黄工程的同志到北京，陈主任对我们总是有求必见、有求必应。

8 日我陪了陈主任一天。上午 8 点从古交出发，顺着河道到汾河水库，在水库前后都进行了仔细的察看。中午到宁武，吃过饭又动身沿着引黄南干线、总干线到枢纽，晚上很晚才回到朔州。大家想想，年过花甲，14 个小时没有休息，而且是边看、边问、边议、边指导。全国重点工程可以说是成千上万，哪一个项目陈主任是从头看到尾的？陈主任一路上讲了很多，我体会主要有这么几个意思：

第一，“引黄入晋”是山西无路可走的选择。陈主任把这个认识深刻地总结了出来。第二，要重视知识，重视人才。第三，要善于总结经验，积累经验，否则就会吃亏。第四，在任何情况下都要敢于负责，敢于站出来为干部说公道话。特别是在枢纽的一幕，我觉得十分感人。当时周局长汇报枢纽的问题，一口气讲了40分钟谈了10个问题，情绪也比较激动。陈主任耐心听下来，对他讲，我回去一定给你解决！你还有什么要说当面对我说，我回去一定给你想办法！周玉文掉下泪来，我的眼眶也湿了。

1992年11月27日，正当我们的截流遇到困难的时候，截还是不截？用周玉文的话讲，叫作风雨飘摇。陈主任挺身出来与总理办公室协调，准许了我们截流，在我们引黄工程史上留下了非常重要的一笔。

1993年3月11日，我们的世界银行贷款遇到困难的时候，谈还是不谈？贷还是不贷？如果贷款谈成，就从根本上保证了引黄工程；如果贷款告吹，就从根本上动摇了引黄工程。在这个节骨眼上，陈主任给我们解决了贷款中的主要问题。我们永远铭刻于心。

1994年1月20日至22日，陈主任带领国家计委农经司、投资司等部门的同志专程考察了万家寨及总干、南干的几处地方，然后在太原进行了座谈，推动了工程的进展，给我们选择更加优化的线路提供了重要的指导。

1995年，陈主任陪同李鹏总理来山西，按照李鹏总理的指示，召集我们省有关的领导同志，就南干、北干分步走的实施方案和水资源补偿费的出台这两个重大问题进行研究，给了我们巨大的支持。

这次考察引黄工程又是一整天。我觉得，我们山西的这项重点工程能够有今天这样一个局面，首先是党中央、国务院，总书记、总理、邹家华副总理、钱正英副主席的支持，但是一个一个实质问题的解决都与陈主任一次次挺身而出、推动、协调、解决有分不开的关系。我没有别的话讲，除了深深的感激之外，只有一句话：竭尽全力，克服一切困难，把引黄工程的事办好！

我想，谁都可以看得出来，我说的这一番话绝不是那种应景的场面话，它完全发自肺腑！

陈锦华也从“三到山西”说起。他说：“刚才文盛同志讲到，我到计委工作三年，三年三到三晋。咱们可能是有点什么缘分，我也解释不清。反正我是来过三次，一年一次。”接着，他又故意前后左右看了看，风趣地说：“我还可以给你交个底，河北和内蒙古我到现在都没有去过，这些是不能外传的。”

说到这里，他自己也乐了。接着说到一再过问引黄工程的事，他说：“项目的事我本来很少过问，我觉得没有必要。不信，你可以问问你们山西人的儿子、山西人的女婿，计委还有那么多负责同志，干吗要我过问呢？”

他所说的“你们山西人的儿子、山西人的女婿”，指的是他的两个秘书。这两个秘书，一个叫刘琦，山西左权人，自然是“山西人的儿子”；一个叫陈建安，是山西清徐人的女婿。我们去找陈锦华，我们身边的年轻人像王亚、孙春生，就和他们在一起，都是山西人，都是年轻人，好沟通，谈得来。没过多久，这两位秘书对山西水资源紧缺的情况，对引黄的情况，就都了解得一清二楚了。这些情况也就逐渐反映到了陈锦华那里。这里又说明了一个问题：只要你对山西的情况，对引黄的情况有足够的了解，你就会毫不犹豫地支持引黄！

说到这里，我要特别提到在我身边工作过的同志：吴晋安、巨宪华、侯文正、王学农、王亚、马彦平、孙春生、常青，还有新闻工作者闫晓明、成允德、李伟等都曾经为引黄做过大量的、各种各样的工作，而且是任劳任怨地做，默默无闻地做。每当想起这些，我都会由衷地为他们感到骄傲。

陈锦华说，他与山西有一种说不清的“缘分”，究竟是什么“缘分”呢？其实他后面的话也说清楚了。他说：“山西是国家倚重的能源重化工基地，山西就是煤嘛！我们的南方靠你们送去温暖，送去光明，国家的建设离开了山西的煤是不可思议的事情！”

因为这个“缘分”，陈锦华在许多方面给了我们帮助，在推动工程立项的程序，在协调增加世界银行贷款的额度等方面，他都起了重要的作用，他还积极支持太原水厂的建设，以充分发挥引黄工程的效益。

接着，陈锦华转入正题。他先从枢纽的问题讲起。他说：“枢纽的告状风，很重要的原因是基建的事，不应该那么早就盖房子，这是不对的。但已经做了，就让他检查一下，批评一下，也就行了。要让他过去，不能老拖着。再说干部也是很辛苦的，他在前线风里雨里，家属在后方住得好一点，从情理上说就一定怎么样吗？找一找国家审计署，疏通疏通这个事，把它了了。这类事可以做做工作。你们在太原，我们在北京，离工地都很远，谁在那里干？是他们啊！当然，我们不是迁就不好的作风，讲清楚，以后不许干，就行了嘛！枢纽是你们的源头，它要建不成，你引黄工程建成了又怎么样？这不是无源之水吗？”

陈锦华的这番话提醒我们，处理问题的时候要有大局观，要有孰轻孰重的分寸感。陈锦华关于枢纽的一段话，实在耐人寻味。“我们在北京，你们在太原，是谁在第一线工作？是他们啊！”这是设身处地替人着想的话，多么有人情味！作为一个领导，就应该设身处地替下面的人着想，就应该从大处着想。如果什么事情都把眼睛瞪得大大的，苛察细碎，无所不至，那么这样的领导恐怕很快就会变成光杆司令了。说到这里，我不禁想到古代帝王的礼帽，正式的名称叫作“冕”，这种帽子的前方有用五色彩绳穿起来的一串串的玉，呈流苏状垂在眼前，两旁耳朵边也有两块，据说是表示帝王不应该看得太清楚、听得太真切。民间的俗谚则说：“不哑不聋，不能作婆作公。”看来这里面的道理，不论是宫廷民间，古人今人，可谓“英雄所见略同”了。

在第一线工作的同志需要我们的体谅和帮助，需要我们为他们解决后顾之忧。我们始终注意从解决具体问题入手，支持枢纽领导班子的工作，为他们创造良好的工作环境。万家寨水利枢纽管理局是 1991 年开始筹建的，第一任局长是马云良，第二任是周玉文，第三任是王文珂，省委、省政府都一如既往地全力支持他们的工作。从开始的注册登记，在太原市内租用办公用房，征地，搞基本建设，各种税费的减免，人员迁入，户口办理，子女就读等等，都为他们提供了便捷的办事通道。总工赖纯久长期在野外工作身患疾病，我们亲自慰问，安排就医。管理局的主管会计马树银说，他们走了那么多地方，还从来没有受到过这样的关怀和优待。三任领导都很努力，能够连续接力，有很好的团队精神和工作状态，所以枢纽的工程进度很快，质量很好，节约投资也为数可观，多次受到水利部的表彰。

## 一家亲，到内蒙古拜年

1995 年这一年中，枢纽和引水工程的建设都取得了很大的进展。大家心里都很高兴。1996 年 1 月，春节临近，按照惯例省委和省政府机关要举行团拜会。胡富国说，今年我们要改一改，先到内蒙古去拜年，向自治区的领导和淹没区的群众表示慰问和感谢。

这次慰问的声势很大，省里五大班子的领导，引黄总指挥部的成员，还有演艺界、新闻界的同志，总计有 100 多人。胡富国说：“规模就是要大一些，这是因为我们的感情深。感情深，表现出来的声势就大。这就叫内容决定形式！”

慰问团里有一支演出队。这是因为内蒙古呼和浩特、包头以南一带的老百姓爱听晋剧，老一辈的人里有许多晋剧的戏迷，所以我们特地邀请了王爱爱、田桂兰等晋剧名家，准备让那里（特别是淹没区）的老百姓好好地过一把戏瘾。

其实，那一带的百姓不仅爱听山西的戏，许多爱好和习惯也与山西人相同，甚至连说话的口音也相仿。自古以来，两地的人群一直在频繁交往。一批批原来住在内蒙古的人带着他们的牲口从阴山下迁往内地，第一站就是山西；而山西人遇上天灾人祸，过不下去了，就只好“走西口”，到内蒙古去找活路。这里面的朋友关系、亲戚关系、血缘关系是说也说不清楚的，一条行政区划的虚线怎么能割得断这样的关系呢？这是血浓于水的关系，是打断骨头还连着筋的关系啊！

本来打算用几辆大客车把慰问团直接送到呼和浩特，没有想到突然下起了雪，只好改乘火车先到大同，再换乘汽车去呼市。一行百十号人，浩浩荡荡的队伍，谁见过走亲戚有这样的架势？在当地引起了轰动也就是自然的了。

既是拜年走亲戚，免不了要带些土特产当礼物。山西有煤，但内蒙古也有。除了煤，山西也就只有红枣、核桃和汾酒了。于是我们就带了9000 斤红枣、9000 斤核桃和 120 箱汾酒。红枣是补血的，取血浓于水的意思；核桃是补气的，取气壮山河的意思；酒的谐音是“久”，取天长地久的意思；120 箱汾酒表达的是山西人民对内蒙古人民十二万分的感激，而且这种感激就像汾酒的余味那样绵远悠长。

1 月 14 日，内蒙古自治区党委和政府举行盛大的欢迎宴会，自治区党委书记刘明祖、自治区政府主席乌力吉和人大常委会主任王群、政协主席千奋勇等五大班子的领导同志全都到场。烤着全羊，斟着奶酒，大家频频举杯，说了许多掏心窝子的话。

刘明祖在致欢迎词时说：“这次胡富国书记、孙文盛省长、郭裕怀主席在百忙之中亲自率团来到淹没区进行慰问，把我们之间源远流长的传统友谊推向了崭新的阶段。”

孙文盛在致答词时说：“万家寨水利枢纽和引黄工程的建设必将增进两省区人民的传统友谊和互助合作，走向共同发展、共同繁荣之路。”

乌力吉手里举着酒杯，眼里闪着泪花，大声说：“山西、内蒙古是两个穷兄弟，山西人民的需要就是我们的需要，山西人民的困难就是我们的困难，我们内蒙古人民一定会竭尽全力支持山西人民把万家寨水利枢纽工程搞好！”胡富国马上站起来，接过话头说：“山西人民是永远不会忘记内蒙古人民的，山西人民是永远感激内蒙古人民的！”

当时气氛之热烈，情绪之激昂、感情之真挚、令人久久不能忘怀。

接着，慰问团又与主要淹没区清水河县、准格尔旗的领导和乡、村的干部群众座谈，充分听取了他们的意见。当时的准格尔旗党委书记赵志华、清水河县县委书记高志康在发言时都表示，一定按照国家有关的政策法规做好移民迁建工作，为引黄工程做出贡献，决不辜负慰问团的厚望和两省区人民的传统友谊。

慰问团的演出队举行了演出，受到了当地群众的热烈欢迎。

## “三王闹枢纽”

二期围堰截流以后，浇筑大坝、兴建厂房等各项工作全面开展起来，工地上一派繁忙景象，但困难依然存在，主要是两条：一条是资金不能到位，内蒙古有困难；一条是原来的组织形式已经不能适应工程施工的需要，必须尽快建立项目法人制。

1996 年 5 月 22 日邹家华在协调会上讲话时也曾讲到了枢纽的问题。他从引水工程的整体性谈起。他说，这个问题世界银行叫整体考虑，我们叫统筹规划。

统筹规划的意思就是从工程的源头直到用水户都要考虑，形成一个完整的系统工程。

源头部分，即水利枢纽，具体由水利部负责，严副部长管这件事，要狠狠地抓。

枢纽工程总投资 64 亿元，其中电站投资 27 亿元，按水利部讲的，内蒙古只投资 9 亿元，占工程总投资的 15%，占电站投资的 33%，但要按发电量的 1/3 分电。内蒙古的这个意思，绕了这么个大圈子，说来说去一句话，就是少出钱、多分电。如果按这个办法，将来会有打不完的官司。水利部是国家的水利部，水利部的钱是国家的钱，拿国家的钱给内蒙古入股，那不是个道理。不是要成立董事会吗？董事会就要按董事会的办法办。

三方投资要走资本金，贷款不算资本金。如果按总投资 64 亿元算，有 24 亿元为资本金，各投 1/3，剩下 40 亿元用贷款，各自承担还贷，枢纽不还贷。具体怎么办，由水利部尽快提出办法和意见，三家搞一个协议。

（关于公司化）批办文件好说，早一点抓紧时间批了就行了，实质性的工作是抓紧这三个部分（指枢纽、引水工程、城市管网）项目法人制的建立，简单地说就是业主，有的也叫公司，这都可以，就是要将这个单位赶快组建起来。现在工地管理方叫万家寨引黄管理局，但现在这个管理局代替不了或不能履行经济组织的功能。项目法人就是要形成一个经济组织，要履行经济组织的功能，包括建设任务在内。

随后，枢纽领导小组于7月16日至19日在北京召开了扩大会议，经过协商，三方签订了《联合建设万家寨水利枢纽协议书》，同时决定按现代企业制度和公司法的要求组建由投资各方参加的董事会，成立黄河万家寨水利枢纽有限公司，公司实行项目法人责任制和董事会领导下的总经理负责制。会议还研究了库区的淹没处理和移民安置等多项工作，取得了一致意见。

7月19日，协议书在北京正式签署，水利部副部长严克强、我（时任山西省政协主席）、内蒙古自治区政府副主席张廷武代表各方在协议书上签了字。

协议书解决了一个最困难的问题，也就是筹资问题。所需的建设资本金由水利部、山西省和内蒙古自治区三方投入。内蒙古自治区所需投入的9亿元由水利部帮助解决银行贷款，其余部分由水利部和山西省各负担50%。

协议书明确了各方的权益，规定还清全部投资本息后三方各占有枢纽全部产权的1/3，分享工程收益的1/3，同时承担工程风险的1/3。协议书上还对电力送出工程、水费计算标准等问题做了具体规定。

在协商的过程中，内蒙古方面态度积极，与我们互谅互让，表现出了很好的合作精神。

同一天，枢纽工程领导小组组长严克强又召集了黄河万家寨水利枢纽有限公司第一届董事会第一次会议。会议确定董事长由水利部派员担任，选举内蒙古电力局局长乌力吉、山西省万家寨引黄工程管理局局长郑友三为副董事长，确认马云良、赵生荣等人为董事，同时确定由王必胜、武功、牛文等人组成监事会。

有意思的是，成立董事会最重要的一个问题，也就是董事长人选的问题，这次会议并没有解决。这大概也是“换牌子”式的公司才会有的一种现象。这也可以说明，换一块牌子并不难，但要真正实现现代企业化管理是有很长的一段路要走的。

董事长没有确定也有一个客观的原因，那就是一时没有合适的人选。工程全面展开，需要找一个有学识、有技术、有经验、有事业心而又年富力强的人，这样的人一时间到哪里去找呢？只好暂时空缺。

1996 年 8 月 16 日，我向省委常委扩大会议汇报我们在北京的工作时也详细汇报了关于枢纽的情况。我说，这一次不仅签订了协议书，成立了董事会，帮助内蒙古解决了最困难的资金问题，而且把工期清单也排出来了：1998 年就要建起大坝，蓄水，第一台机组发电。

我说：“万家寨枢纽工程不仅是引黄工程的龙头，同时也是效益工程的龙头。1998 年第一台机组发电，现在的高峰电价是每度电 0.8 元，我们估计每年的收益是 4 个亿，1999 年如果 5 台机组发电，每年的收益就将近 20 个亿，到 2000 年 6 台机组全部发电，每年的收益就是将近 27 个亿。这是一个看得见，拿得着，眼前、长远都很可观的效益工程。这个工程的效益，不仅领导层要了解，我们还要让全省的干部群众都知道，这样可以回答一些问题。因为有人讲这个工程是个债务工程，给山西人民背上债了；还有人说这是一个包袱工程，山西人民背上包袱了。这些说法是不对的。”

我又说：“枢纽作为龙头，我们这一次举起来了。当然不是我们一家，关键是内蒙古，内蒙古这一次确确实实是和我们站在一起了。这和我们去年慰问、他们有了灾情我们关心是有关系的。内蒙古和我们站在一起推进这个工程，所以枢纽作为龙头就举起来了，我们整个工程就有了保证。基金有了保证，工期也有了保证。”

董事会在北京成立后不久，董事长的人选就有了着落。水利部从黄委调来了王文珂。1996 年 8 月 30 日，第一届董事会第二次会议一致同意王文珂担任董事长，推举王必胜担任监事会主席。后来董事会又聘任王冰等人为副总经理。

这里我还要特别说一说王冰。王冰是山西人，毕业于清华大学水利系，曾由水利部派往青海的一个工程项目工作。这个年轻人有技术，有学识，有经验，有事业心，愿意为家乡出力。因此我们有意等到枢纽的工作告一段落以后请他回来主持或参与领导引黄工程的工作。我们已经征得了水利部钮茂生部长的同意，就在准备办理调动手续的时候，没有料到他出了车祸，突然离开了人世。这真是一件令人十分痛惜的事情！

## 倒计时，没有退路

前面曾经说到，1996 年 11 月 5 日，省委在太原湖滨会堂召开了一次“保枢纽，促引黄”誓师大会。为什么要再开一次誓师大会呢？除了前面说到的动员改革的原因以外，常委们还认为，枢纽已经到了冲刺的阶段，要再加一把劲，再添一把柴，一鼓作气地把它搞上去。按照工期的安排，1998 年第一台机组要发电，余下的时间也不多了。把枢纽搞上去的意义非常重大，不仅可以早见效益，以电促水，而且可以带动整个引黄工程——龙头抬起来了，龙身自然也就活了。

引黄工程这时面临的是什么状况呢？资金的问题已经基本解决，世界银行的贷款成功在即，国际标的标书正在编制，国外承包商就要进场，管理体制有待与国际惯例接轨，竞争机制有待建立，这些在前面已经一一讲述过了，总之已经到了一个新的关口，有一系列新的问题需要解决，也需要好好地促进一下。

胡富国在会上发表了长篇讲话。对我们压力最大的是，他当着全省干部群众的面说：

“在今天这个大会上，我代表省五大班子向全省人民宣布：第一条，引黄第一期工程，就是南干到太原的供水系统，到2001年完成。只能提前，不能推后！第二条，枢纽工程1998年蓄水，第一台机组发电！”

讲话结束时，他又重复了一遍。这就是说，把底交给了大家，没有退路了。他还要求大家立“军令状”，到时候完不成任务是绝对不行的，是要“军法从事”的。

这次讲话，胡富国还强调“不许吃唐僧肉”，这使我们很感兴趣。因为这种“想吃唐僧肉”的现象几乎是普遍存在的，不论什么地方，不论什么部门，都想变着法子咬一口，或明或暗咬一口。这种事情叫人伤透了脑筋，也使工程增加了制度成本。胡富国在大会上大声疾呼地说这件事真是说到了点子上。他要求大家“识大体，顾大局”，全力支持引黄，“特别是引黄工程沿线的各级党政领导机关，工商、税务、公、检、法、司和企事业单位包括工人和农民群众都要提高认识，全力支持引黄建设。绝不能以为引黄有钱，就打引黄的主意，想吃‘唐僧肉’。引黄现在是有钱，有上百个亿，但这钱是全省人民，特别是煤矿、电力工人，用血汗挣来的，每一分钱都要用在引黄工程上，不能流入部门或私人的腰包。这是铁的原则，谁也不能含糊”。会后薛荣哲副省长召开专题会议进行落实，并定出了有效的规则。

就在这次会后，胡富国要求立即安排在太原“五一广场”竖立一块倒计时牌，为枢纽的蓄水发电倒计时。

事先他征求过我的意见，我不太赞成。那时正处在香港回归前夕，天安门广场立有一块香港回归的倒计时牌。但香港回归是一回事，其政治影响巨大，而且回归的日期也是确定的、不可改变的；引黄工程就不同了，工程就是工程，工期按照合同执行就行了，不一定要搞什么倒计时，弄得不好反而会束缚住自己的手脚。

重视工期是十分必要的。工程早一天完成就早一天产生效益，拖后一天就造成一天的浪费。从这个意义上说，工期也就是钱。质量重要，工期也重要，两者必须兼顾，但在处理两者之间的关系时最好还是要留有余地。钱正英晋祠宾馆讲话的“七条”里有一条就是讲这个关系的，她说要“统一对质量第一指导思想的认识。对质量的复杂性、重要性，质量和工期的矛盾要取得一致折认识。应在保证质量的前提下，争取工期。要有高度的责任感和忧患意识。要着眼于最后建成的考验，防止领导的短期行为”。钱正英的嘱咐令我印象至深，所以我总希望能够更加审慎地处理质量和工期之间的关系，最好不要把话说死。

我不太赞成也没有用，积极支持这件事的人很多，造牌子的人也已经从北京请来了。同时竖立起来的还有阳城电厂的牌子。揭幕的那天我也参加了。

当然，倒计时牌也有它积极的意义：没有退路了，破釜沉舟了，只剩下往前冲的一条路。我随后召开会议贯彻大会精神，要求枢纽工地采取措施，倒排工期，务必按时完成任务。枢纽的同志并没有使我们失望，工程的进展十分顺利。从这个结果看，胡富国的设想并没有错。

这块倒计时牌在“五一广场”上一直立到了 1998 年。枢纽蓄水发电以后，我让引黄局的人打报告，说，这块牌子已经完成历史使命，请予拆除！

## 我可以作一个交代了

按照原来的安排，枢纽的第一台机组要在 1998 年发电。到了 1996 年，水轮机、发电机的招标采购就成了当务之急。为了做好这件工作，我们直接请示了熟悉机电专业的邹家华副总理。经过公开招标，哈尔滨电机厂、天津阿尔斯通有限公司、上海希科设备有限公司中标，合同总金额为 43 亿元。签字仪式于 1996 年 12 月 2 日在北京举行，我们请了邹家华副总理到会。邹家华是这方面的专家，这对制造商保证质量是一个约束；与此同时，一个副总理代表国务院参加这样的合同签字仪式是少有的，这对双方信守合同、提高履约能力也是很大的鼓舞。

签字仪式后，邹家华与诸家厂商代表进行了座谈。他强调指出，万家寨水利枢纽 1998 年能否发电，关系到山西和内蒙古两省区经济的发展和人民生活的提高，关系到华北电网运行条件的改善，对全国的经济发展也有促进作用。中标厂家一定要认真履行合同，精心组织生产，保质保量按时交货，并努力做好售后服务。

签字仪式一个月后，我们给邹家华写了一封信，汇报进展情况。邹家华在1月3日加了一个批语："很好。有了一个好开端。还要定期检查督促和协调，及时解决问题。"为了落实邹家华的批示，我们以省人民政府的名义，分别向黑龙江省政府、天津市政府、上海市政府致函，又派人分别赴上述三地，请当地政府予以支持。由于多方的努力，发电机和水轮机如期制造完成，质量也很好，保证了按时发电。

随着下闸蓄水时间的临近，移民搬迁成了一个火烧眉毛的紧迫问题。归纳起来说，移民的困难是两个方面。一个是观念问题，我国"安土重迁"的观念影响着移民。另一个是安置问题。要以高度负责的精神，把搬迁出来的移民安置好，要讲人道主义，使他们的生活比以前有明显的提高，就要挤出足够的土地或提供足够的就业机会，就要建设好移民区或移民点，就要充分考虑他们各方面的需要，包括饮用水、用电、道路交通、就医、子女入学、文化娱乐等等。这就不仅需要有大量的经费，还需要做大量的工作，包括协调工作。过去的工程移民，往往是一声令下，强制搬迁，只求移民迁得走、工程建得起，其他的问题就管不了许多了，结果留下了许多掺和着血泪的遗留问题。这样的教训是十分深刻的。做好移民工作，首先必须有以人为本的观念，必须有人道主义的精神。

对于我们来说，枢纽库区移民还有一个特殊的问题，需要搬迁的群众一共5，078人，其中只有198人是山西万家寨的，其余全是内蒙古的。也就是说，绝大多数的移民在内蒙古方面，这就需要依仗内蒙古的支持。内蒙古方面的态度是积极的，但移民是一件十分困难的工作，需要经历很长一段时间，遇到进展不是那么顺利的时候我们就难免要干着急、干瞪眼。

1995 年 12 月 15 日，枢纽工程建设领导小组会议在万家寨召开，会议由领导小组组长、水利部副部长严克强主持，我和内蒙古自治区政府副主席张廷武都参加了会议。会上我特别强调了移民问题，我说："随着工程建设的加快，库区移民已经显得很紧迫。这件事还要拜托和依靠内蒙古的同志解决，当然还需要水利部同志的指导和协调。主要是移民规划报批问题、实物量折算问题，最后还有个标准的确定问题。把这几个事情定下来，该给的钱按时到位，剩下就是内蒙古做工作的问题了。我们非常相信内蒙古老区人民、少数民族。我们理解内蒙古，内蒙古也理解我们。我们深信他们一定会把这件事做好！"会后，我又和张廷武副主席就这件事情做了进一步的商讨。

当然，我们先要把自己的事情做好。万家寨的 198 个人，很快就安置妥当了。就在离旧镇子不远的高处盖了一个崭新的万家寨：整齐的房舍，宽敞的院子，笔直的道路，栽种未久的杨柳已经迎风摇曳，呈现出一派新农村的气象。附近有成人上班的企业，有孩子上学的学校，生活设施一应俱全，大家都很满意。

我们这边的人数毕竟很少，做起来自然要容易些。内蒙古那边就不同了，好几千个人，各种各样的情况，工作中遇到的困难自然就很多。尽管他们做了努力，但进展并不快。1997 年 12 月，自治区政府副主席张廷武召开了关于万家寨库区移民安置的紧急会议，有关盟、旗（县）和各有关部门的领导同志参加了会议。他说："国家重点工程万家寨水利枢纽的建设形势很好。对自治区来讲，首要的任务是切切实实做好库区的移民安置和厂矿的迁建工作。移民安置是枢纽工程的重要组成部分，受到国家有关部委和自治区政府的高度重视。最近，国家计委对水库淹没专项迁建的补偿投资概算已经批复，内蒙古全部投资为 3.26 亿元（不包括管理费、设计费、预备费等）。其中清水河县 2.53 亿元，准格尔旗 0.73 亿元。两盟市和两旗县对移民安置做了大量工作，但至今完成的进度较慢，与枢纽工程要求明年 9 月底以前完成农村 5000 多人的安置任务及专项拆迁工作的差距比较大。为了加快移民安置和大型专项迁建工作的进度，特地召开这次紧急会议。”

接着，张廷武讲了6点意见，集中起来是一个意思，就是要加强领导，集中力量，加快进度，保证按时完成任务。他强调说：“保证明年9月底前完成5000多人的安置任务，这是自治区政府包括主要领导的承诺，一定要做到！”

在此期间，我们山西方面不断与内蒙古沟通、磋商，请求他们加快进度。1996年4月，副省长薛军到呼和浩特与内蒙古自治区副主席包文发就移民问题举行了会谈。同年11月，“保枢纽，促引黄”大会开过以后，引黄工程管理局局长郑友三、副局长王必胜又一次到了呼和浩特，向内蒙古方面通报大会的情况，希望对方加快移民工作，给我们以大力支持。

1998年6月，引黄工程环境和移民国际咨询专家组在太原召开会议，研究总结环境和移民工作。专家组对移民工作的进展感到很不满意。到1998年上半年，枢纽共移民1880人，其中内蒙古清水河县和准格尔旗分别仅占到应迁人数的28%和35%，与10月份下闸蓄水的要求相比还有很大的差距。

1998年9月，大坝即将封顶，水位急剧上升，清水河县淹没区的移民必须尽快搬出，但一部分群众的思想仍然不通。在这关键时刻，内蒙古自治区党委书记刘明祖、政府主席云布龙都作了严肃而明确的指导工作的批示，同时还派出公安、武警，对不听规劝、阻挠滋事的人实行强制措施。从此移民迁徙工作一路顺利。内蒙古领导同志的大局意识和果断作风使我们深为感动。

1998年10月1日，万家寨枢纽工程正式下闸蓄水，在坝顶举行了隆重的庆祝仪式。内蒙古自治区政府主席云布龙，山西省委书记胡富国、省长孙文盛等五大班子的领导都参加了庆祝活动。

1998年11月，万家寨水库蓄水至960米高程，蓄水量达4.5亿立方米。11 月 28 日上午 10 时 44 分，省委书记胡富国发布发电上网令，一号机组并网发电成功，比原计划提前 33 天。这标志着引黄工程的龙头已经高高地昂起，枢纽已经具备了供水条件，工程建设取得了阶段性的伟大胜利！

胡富国在庆祝大会上发表了讲话，他说："首台机组发电，意味着枢纽龙头工程全面告捷，引黄工程的胜利指日可待，意义非同小可。工程走到今天这一步很不容易。这里边包含着党中央、国务院的关怀，国家有关部委的支持，历届省委、省政府的努力，内蒙古自治区、水利部的通力合作，以及建设者的艰辛和血汗。枢纽工程的 8000 名建设者和万家寨水利枢纽有限公司的负责同志是为山西人民作出了大贡献的大功臣。全省煤炭、电力系统广大职工顾全大局，在很困难的条件下，义无反顾地支持了工程建设，全省人民是不会忘记的！"

毫无疑问，对于"引黄入晋"工程来说，1998 年是取得重要的阶段性胜利的一年。对我个人来说，这也是一个重要的时刻。我可以长吁一口气，心安理得地交班了。

1995 年，我离开政府到政协工作的时候就向省委提出，引黄属于政府工作的范畴，我既然离开了政府，这一块工作当然应该交出来。但我的要求当时未被接受。从那以后，又是 3 年过去了，引黄工程也确实取得了巨大的进展。1995 年提出交班时胡富国对我说了一番话，话里充满对我的信任和期待，但同时也可以听出这样一个意思："你交代得了吗？"当时我无话可说，现在我可以回答了："是的，我可以交代！"

1998 年 10 月 1 日，也就是枢纽第一台机组发电庆祝大会的当天晚上，中央电视台的新闻联播节目播完后，我便走进了偏关引黄分指挥部胡富国所住的房间，郑重地向他提出了交班的问题。我的理由简单明了：其一，引黄工程确实已取得了重大的阶段性成果，在这场接力赛跑中，我这一棒已经跑完了。其二，我身在政协，长期管引黄的事不太合适，社会上会有一些不同的看法和说法。

我原以为这次他应该会同意了，出乎意料的是，胡富国一下子激动起来，用他特有的方式，张口就说："你怎么可以这样！你我相处一场，你不能扔下这件事不管！"接着，他又说："第一，有没有什么说法，我没有听到；第二，这是省委、省政府一致同意，交给你干的，不能半途而废！"

胡富国说话向来直来直去，但话只要说出口就要算数。这一点我是太清楚了。听了他的话，我一时不知该怎么回答。他见我不说话，以为说服了我，高兴地说："对了！我就知道你不会忍心把这么大一件事中途放下！"

这时，《山西日报》总编李东喜、山西省委办公厅主任李才旺进来了。我感到，关于这件事的谈话现在是继续不下去了。

就这样，我在引黄的工作又延续了一段时间。

◇ 第十四章

# 匿名信，无风不起浪

基本建设项目特别是大型基础设施建设项目必须有各方面的监督检查，其中包括上级单位突击式的负责任的深入检查。从目前的情况看，这种检查不是多了，而是还很少。在这个前提条件下，我们再来考虑如何提高检查的质量问题，即提高它的客观性、公正性和准确性的问题。

## 突如其来的挑剌

1999年五六月间，工程施工和体制改革均取得顺利进展，这时候国家计委的调查组突然到来，对引黄工程进行了20多天的调查研究。这以后，水利部的调查组和省审计厅的几个审计组也相继到来，分别进行检查和审计。密集的检查和翻箱倒柜的检查方式不能不在队伍中引起震动，引起惊诧甚至反感。指挥部一再要求各部门和全体人员一定要密切配合调查组的工作，需要什么材料就提供什么材料，需要了解什么情况就介绍什么情况。

就我个人来说，一开始我还认为这次检查来得正是时候。这一年我已年满65岁，下了决心，交班的事不能再拖了。交班就要有一个交代，应该对工作作一个全面的总结，其中最重要的是两条：一条是要对工程的财务状况作全面的审计；一条是对工程的质量作全面的检查。现在上级单位的检查组不请自来，正好做这两件事。这两件事由他们来做也更有说服力。

另外，引黄工程自试开工以来已经进行了将近8年。由于没有经验，“摸着石头过河”，也由于我们的能力、水平和精力有限，工作中难免有失算的地方，难免有失察、失误的地方。有些问题我们已经发现并改正了，有些问题可能直到现在还没有发现。俗话说，“旁观者清，当局者迷”，外来的检查组可能更容易发现这些问题并帮助我们改正，这对引黄工程来说是有益的事情。

当然，我们对引黄工程多年来的工作有一个基本估计：从总体上看，工程的进展是顺利的，成绩是显著的，不存在大的问题。也就是说，它是经得起检查的，翻箱倒柜也好，掘地三尺也好，都没有关系。有些同志为此感到不安和担忧，我认为是不必要的。

结果说明，我的想法实在是过于简单了，过于天真了。国家计委这个调查组的特长好像在于从没有问题的地方发现问题，甚至是从我们历来认为是成绩的地方发现问题，而且往往是带有根本性的原则问题。从工程的前期准备，到决策，到立项，到概算控制，到资金使用，到工程质量，到体制改革，调查报告全都作了否定的评价。这等于是说：引黄是个“一无是处的工程”！

这确实太出乎意料了！

这样的调查研究对引黄工程造成的影响是可想而知的。一个重要的结果是，种种反对引黄工程的议论又重新泛滥起来，就像用一根棍子在水缸里猛地搅动一下，沉渣又都泛起来了，关于该不该搞引黄的争论又持续了很长一段时间。一年多以后，2000 年 6 月，水利部部长汪恕诚视察引黄工程后发表重要讲话，首先就谈了这个问题。他说：“对山西来讲，随着经济的发展，从黄河调水是必然出路。这个战略是没有问题的。……各种困难都要通过我们自己去克服，不要去否定兴建这个工程的决策。建设引黄工程是山西经济发展的必然结果，就如中国北方的经济要发展，南水北调不可避免一样。……如果现在由于种种非议、种种困难停下来了，让历史作结论的话，我看我们就会犯新的更大的失责错误。”汪恕诚还感慨地说：“看了引黄工程以后，有两个出乎意料：一是引黄工程工作量之大、气魄之大，在中国水利史上是比较少见的；二是这个工程难题之多也是令人吃惊的。”

汪恕诚说得对，结论是要由历史来作的。一份不客观的、带有强烈倾向性的调查报告，它的影响毕竟是不能持久的！

## 省委班子调整前的“群众来信”

为什么会有这样的调查，还要从一封“群众来信”说起。

1999 年 4 月间，有一封举报引黄工程挤占挪用建设资金、兴建楼堂馆所和购置小汽车的“群众来信”，送到了朱镕基总理那里，总理加了一个批语：

> 请家宝同志批示查处。抄请曾培炎、汪恕诚并胡富国、孙文盛同志阅。

3 天后，时任副总理的温家宝作了批示：

> 请山西省政府查处，计委、水利部督促。

这是一封匿名信，署名“一名老会计”，有一个标题叫“山西省引黄工程资金挪用反映”。信中说：

> 朱总理：您在不同场合多次指出，严禁挤占、挪用基础设施建设资金，绝不允许把资金拿出去补助经常性开支或搞其他建设，甚至搞楼堂馆所，并且珍惜人民的血汗钱。但山西省引黄工程却大量挪用工程资金搞项目外工程和挥霍浪费。如投资 4000 余万元，在太原河西区建了长河大厦（宾馆），用 3000 多万元在太原育翠园高档住宅小区购置住宅，用 4000 多万元在五一路购置了 10 多亩地拟建引黄调度大楼，用 1.2 亿元在南内环街购置了约 100 亩地拟

建引黄基地。以上项目共用掉资金 2.3 亿元，若这些项目建成，将耗掉近 10 亿元的建设资金。他们在北京和万家寨还建有相当规模的宾馆和高级住所，并且购置了上百部的高档小汽车。

对于一般的群众来信，我们不能要求它所反映的情况没有偏差，因为群众的信息来源有种种局限，不可能那么全面准确地了解情况。但这封匿名信的情况不同，从信中涉及的内容看，它的作者对引黄工程的情况是了如指掌的，可是他却故意用虚虚实实、虚实相生的手法来调动读信人的想象力，使他们觉得问题确实十分严重。

什么叫虚虚实实、虚实相生呢？信中说我们盖了许多房、买了许多车，这是实的，是确有其事的；但他说搞楼堂馆所，则是虚的，是并无其事的。引黄工程盖的房屋是太原总部和偏关、平鲁等分部的办公用房，是直接为工程服务的，属于工程建设的范畴，不是搞其他建设。信中特别提出“投资 4000 余万元，在太原河西区建了长河大厦（宾馆）”，好像与楼堂馆所沾边，其实不对，这个长河大厦是总指挥部和管理局的办公用房，也有一部分用做接待用房。尽管它根据前人的诗句“大漠孤烟直，长河落日圆”起了一个响亮的名字，但 8000 多平方米的面积只投资了 2400 万元，每平方米的造价只有 2500 元。北京、上海的高档公寓每平方米要卖到 2500 元，每平方米 2500 元人民币的楼房能变成星级宾馆吗？

信中说，“用 4000 多万元在五一路购置了 10 多亩地拟建引黄调度大楼，用 1.2 亿元在南内环街购置了约 100 亩地拟建引黄基地”，有没有这两件事？有，但这两件事其实是一件事，就是为了建造引黄工程总的调度大楼。调度大楼是引黄工程的中枢神经，就像人的大脑，是非建不可的，绝不是搞其他建设。我们先在五一路找到一块地，16 亩，要价 3328 万元，后来又在南内环街找到一块地，106 亩，要价 1.2 亿元。后者自然要合算得多，于是我们将五一路的地转让给了山西裕德公司，收回资金 3540 万元。

南内环街的地原来是大华汽修厂的，还有一些建筑，包括一座高 6 层的旧楼房，可以用作办公用房，长河大厦就可以腾出来自主经营以增加收入。这里的土地面积大，除了修建调度大楼，还有余地可以用来建造职工宿舍。全国都在努力解决职工的住宿问题，引黄工程系统有近千名职工，我们当然不能只要求他们努力工作，而不去帮助他们解决后顾之忧。这也是我们要选择南内环街的重要原因。

这是一件事情的两个阶段，这位“老会计”当然是十分清楚的，但他却说成好像是同时存在的两件事，能说这不是在故意误导吗?

信中还说“用 3000 多万元在太原育翠园高档住宅小区购置住宅”，这很容易造成一种印象：这些住宅好像是给官员或高级管理人员购置的。其实不是。购置住宅的事发生在引进世界银行贷款以后，是用于接待国内外的专家的。专家们更喜欢这种公寓式的生活，比较自由，有家的感觉。这样，入住高级宾馆的一笔可观的费用可以节省下来，而这些住宅在使用完毕后，可以出让变现。一般说，房价的趋势是不断走高的，这样做可以保值增值。应该说这是一举数得的事，如果说有什么问题，那就是认为这是不会赔钱的事，一时间控制得不够严格。

信中最后说到买了许多高档小汽车，这也是事实，但都是工作用车。调查报告在说到车的问题时，也只是下了这样的结论：“从山西省的经济水平及与全国其他大型世界银行贷款项目的比较状况看，引黄工程购置的高档车数量偏多。”为什么“偏多”，道理其实很简单：其他的世界银行贷款项目，如二滩水电站、鲁布革水电站，都是一个点，是集中的，而引黄工程是一条线，是分散的。在这条长 240 多公里的线路上，正在施工的项目有 40 多个，有 527 位监理工程师穿梭往来，指挥部的人、业主公司的人、设计院的人、国际咨询公司和技术专家组的人，都要坐车在这条路上来往奔波，所以需要的车就“偏多”了。就在此前不久，世界银行项目部来函，要求再为外籍专家购置 12 辆柴油驱动的越野车，他们认为提供良好的交通工具是提高工作效率的必要条件。这与我们常说的“好钢用在刀刃上”道理是一样的。世界银行的评估报告根据引黄工程施工线路长的特点，为车辆购置费开列了 1270 万美元的预算（折合人民币 10541 万元）。引黄工程支出的车辆购置费约合世界银行预算的一半。

匿名信的作者在文字上所玩弄的花招，使人不能不对他的真实用意产生怀疑。尽管如此，信中提出的要珍惜人民血汗钱的观点是正确的，即使只是一个幌子，并不影响这个观点本身反映了群众的要求，而且与我们的一贯主张也是完全一致的。因此我们以此为契机，在全系统开展了一次节约开支、反对浪费的检查，同时要求全面清理现有的房屋，处置暂时闲置的公寓，停止购置小汽车，包括世行要求为外籍专家配置的 12 辆越野车。

这封信在传递和处理的过程中也颇有特殊之处：

第一，这是一封匿名信。信访部门在处理这一类信件时一般都是转到原单位或它的上级单位，要求查实处理，不大可能直接交到重要领导同志手里。因为这一类信件实在太多了，领导同志是处理不过来的。不要说写信，就是直接到北京上访，也很难把“状子”递到紧要人物的手里。于是就有了“上访专业户”，成天在北京转悠。但这封“群众来信”完全不同。它是 4 月 9 日写的，5 月 2 日朱镕基总理就批了，用时只有 23 天，不到一个月。由此可以想见，这封信坐的是“直通车”。说它是一封有背景的信大致不会错。

第二，温家宝副总理的批语是：“请山西省政府查处，计委、水利部督促。”意思是很清楚的。那么，山西省政府为什么不遵照温副总理的指示办事，却要请求国家计委组织调查组来查处呢（调查组的调查报告说得很清楚，他们是“应山西省政府的要求”来的）？这也是令人费解的。

总之，这封匿名信不同于一般的群众来信。1999 年四五月间正处在中共山西省委调整班子的前夕，引黄工程则是省委、省政府主要领导同志倾其全力抓的一项重点工程，与这样的背景联系起来看这封特殊的

“群众来信”，也许更能理解其含义。

## 《调查报告》给我“定罪”

国家计委调查组的《调查报告》在肯定“群众来信”举报的问题属实以后，又列举了 5 个方面的大问题，每个大问题又分若干问题。这些问题大都是带有原则性、根本性的。下面就其中最主要的几个问题作一些介绍和分析，看看问题究竟出在哪里。

“先开工，后立项”:《调查报告》首先提出来的是立项的问题。对于一个工程来说，这也是最根本的问题。如果立项有问题，这个工程就成了“违章建筑”了，大家都知道，“违章建筑”是可以拆除的。

《调查报告》说：“‘引黄入晋’工程 1992 年开工建设，1993 年国家计委批复可行性研究报告，当时的建设方案是从万家寨水利枢纽工程引水到大同、平朔地区（即总干和北干工程）；可行性研究报告刚批复，山西省即提出调整建设方案，增加从总干引水到太原的建设内容（即南干工程），且作为引黄一期工程，在此基础上注入外资进行建设；为避免水质污染，应世界银行要求又增加了联接段工程。直到 1997 年，南干、联接段工程的可行性研究报告和一期工程利用外资方案才获准批复。到调查开始前夕（1998 年 4 月 27 日），山西省政府和水利部正式批复一期工程（即总干、南干和联接段工程）的初步设计，其开工报告于 1998 年 6 月才报到国家计委，目前正在审批。而工程从 1992 年开工到现在，累计完成投资占总投资的比例已达到 24.2%。”

按照规矩，纳入国家计划的大型工程建设项目要由国家计委批复预可行性研究报告和可行性研究报告，这以后要批复初步设计方案，然后再批复开工报告，这才可以开工。引黄工程呢，可行性研究报告是 1993 年批的，可是 1992 年它就开工了；批的是总干和北干，省里却要求把先上北干改为先上南干；南干、联接段的可行性研究报告 1997 年才获准批复，开工报告更是直到 1998 年 6 月才迟迟报到国家计委，而工程早已全面铺开了。

看起来这里面的问题确实是很严重的，但是，这一段简短的文字概括的是从1982年到1998年16年间的复杂过程。在本书的前半部分，我用了几章的篇幅来叙述这个复杂的、艰难的、拖沓的、充满反复和种种意外的过程，也只能说介绍了一个大概。用如此简短的文字加以叙述，许多重要的情况自然就遗漏了，或者被忽略不计了。

有一点需要说明，1993年5月22日的奠基典礼，中共中央政治局委员、国务院副总理邹家华，全国政协副主席钱正英，以及国家计委、水利部、电力部、煤炭部、地矿部、交通部、农业部等主任、副主任、部长、副部长参加了，其在国内外也造成了相当大的影响。《调查报告》的文字却使人得出山西省是自行开工的印象，是不符合实际的。他们心里很清楚，国家计委的主要负责同志也是参加了开工典礼的。

总之，如果一个工程立项的过程经历了16年，既没有被叫停，又不能完成，那么管着它的体制和程序肯定是有了问题了。

“突破概算”：《调查报告》提出的第二个严重问题是大幅度超概算。引黄一期工程的概算是1247800万元，我们平时说一个概数：120亿元。

与大城市的国家基建项目不同，引黄工程修在一个后进省份的贫困地区，解决的是最简单、最基本的饮水问题，似乎不值得夸耀，这样的工程竟要花这么多钱而且还突破了概算，难怪会引起调查组所谓的“震惊”。《调查报告》是这样叙述突破概算的问题的：

> 初步设计概算超可行性研究报告严重。可行性研究报告批复总干、北干的投资为292000万元，南干、联接段的投资为557200万元。据此，整个项目（包括一期、二期工程）可行性研究报告批复总投资为849200万元；但最近批复一期工程（即总干和南干工程）初步设计的投资即达1247800万元，超过整个项目（即一期、二期工程）可行性研究报告批复总投资598600万元，超46.9％。

从可行性研究报告到初步设计中间会有一些变化，因而影响到概算，应该说这是一种普遍现象。当然，这种情况应该尽可能予以避免。

造成引黄工程概算变化的主要原因是，批复可研与批复初步设计之间的时间跨度很大，政策变化、取费标准、物价因素对此都有影响，更主要的是，可研报告考虑的是全部使用内资，初步设计是在引进4.3亿美元外资后编制的，增加了不少新的投资内容，例如增加全线自动化系统项目投资5.58亿元、国际采购增加进口设备关税及增值税5.26亿元等等。这样，一期工程初步设计的概率就增加为124.48亿元。

因为有引进外资这样重大的改变而导致概算增加是很正常的事情，国家计委在批复一期工程的初步设计时肯定也是这样认为的，否则怎么会批准投资1247800万元呢？调查报告在叙述概算的增加时不仅刻意回避了如此重要的原因，而且还回避了增加的概算本来就是国家计委批准的这一事实。

调查报告的客观与公正是它存在的价值。刻意回避或夸大事实的调查报告是没有客观公正可言的，它只剩下了倾向性。这种上下其手的报告只能误导公众和领导。

国家计委调查组的成员不会不知道，水利工程设施建设超概算的情况是相当普遍的，幅度也往往是惊人的。就拿同样建在黄河上的小浪底水利工程来说吧，据我们所知，预可行性研究报告时概算是55亿元，到初步设计时涨到110亿元，1995年又调高到360亿元，超了6倍多！我们经常可以从各种媒体上看到或听到对小浪底水利工程的表彰，却似乎从来不曾听说对它超概算有什么说法。国家计委调查组衡量事物的标准为什么如此不一样呢？

“贪大求全”：《调查报告》提出的另一个问题是：“沿用传统的建设模式，贪大求全。一些本来可以由社会提供的设施也列入工程建设。”列入其中的主要问题有修建平万（平鲁至万家寨）公路、输变电工程、通信工程等项目。

应该说，在20世纪80年代中期开始筹建引黄工程的时候，全国都还在沿用传统的建设模式，山西也不可能例外。但是，通路、通电、通水以及保障通信，对于任何基建工程来说都是必不可少的前期工作，不属于“贪大求全”之列。引黄工程的“四通”工程量大，是因为引黄的线路长、跨度大，穿越山西省西北部到中部的广大贫困山区，这些地方没有什么基础设施可言。要搞引黄工程，你就得先把路修进来，把电通进来，把通信线路架进来，把水从地底下打出来。如果要等这些贫困地区把基础设施都搞好，我们再舒舒服服地去修建引黄工程，岂不是大白天说梦话？当然，“四通”的结果不只是为引黄工程所必需，也将带动当地经济的发展。这又有什么不好呢？

“盲目决策造成经济损失”：《调查报告》说引黄工程“盲目决策造成直接经济损失近9000万元”，它讲了两件事：一是已经开工的“4号01支洞”“7号14、15支洞”等3个支洞被迫废弃，损失700万元；二是用5879万元从美国买了一台TBM掘进机，没有用起来。

决策失误肯定是有的，但从工程学的观点看，这里涉及的其实是优化设计的问题，是施工中的变更问题。如果一定要把它说成是失误，那就应该找一找是什么原因造成了这种失误？

引黄工程的建设过程可以截然分作两个阶段：引进世界银行贷款前，是用国内的资金、技术和施工队伍施工的阶段；引进世界银行贷款后，同时也引进了国外的先进技术和工艺，通过竞争性招标引进了国际承包商，这就进入了一个新的阶段。

在前一阶段，最使我们发愁的是长隧洞施工。几百公里隧洞，最长的隧洞40多公里，用传统的钻爆法施工一天只能掘进3米左右，40多公里的隧洞要将近40年才能打通。这怎么能行呢？当时的副总指挥乔贵江与技术人员一起想出了“长洞短打”的办法，就是先打一些支洞通向主洞经过的线路，把长洞分解成几个短洞，然后两面掘进。于是就有了这几个支洞。到了第二个阶段，国际承包商带来了TBM掘进机，一天可以掘进三五十米，用不着“长洞短打”了，几个已经开工的支洞只好停下来，尽可能地另作他用。

人们或许要问，为什么不等到世界银行贷款的问题解决以后再确定施工方式，而要“匆忙决策”呢？

现实的情况是，在工程的前一阶段根本就不存在从世界银行贷款的可能性，立足点只能是自力更生。正因为经过前一阶段的努力，工程取得了一定的成果，而资金缺口过大的问题也显得日益突出时，引进世界银行贷款的问题才提了出来，并在国务院的支持下得以解决。这是一步套一步，有了第一步才有第二步。要求处在第一个阶段中的人根据第二阶段的情况决策是不现实的。

买 TBM 掘进机的事要晚一些。乔贵江、王必胜等人参观“引大入秦”工程时亲眼看到了这种威力惊人的大家伙。回来一说，指挥部的人都大喜过望，一个天大的技术难题可以解决了，于是决定从美国罗宾斯公司购买一台。省计委以“晋计基农字〔1993〕119 号文”列入省基建投资计划，费用由概算中的特殊技术装备费中列支。机器购进后配备给省水工局，由他们派出技工到美国原生产单位参加培训，学习技术。这时还没有世界银行贷款的事。等到引进了贷款，进行国际招标，省水工局的施工队伍连资格预审也通不过，而中标的国际承包商又都自带掘进机，这台自购的掘进机就搁置了。这种决策确实有一时冲动的因素，同时也是因为对国际工程承包太缺乏了解、完全没有这方面知识的缘故。

暂且抛开具体的问题不说，从一个更广泛的角度看，大型工程的建设是一个十分复杂的过程，是要不断地优化设计和改善工艺的，希望一开始就把一切都设计好的想法是完全不切实际的。

优化设计也好，改善工艺也好，替换材料也好，反映在合同里叫“变更”。正常的施工合同中都会有关于“变更”的内容。好像中国人总带有一点理想主义的倾向，所以往往不喜欢“变更”这个词。DRB（国际工程争端审议委员会）的专家佛斯特告诉我说，在二滩水电站开始一谈到“变更”人们就紧张、不愿意，因此在执行合同的前两年内没有一个变更。后来才慢慢认识到变更是必须的，变更就慢慢多起来了，结果一共有了 200 多项变更。他说，像引黄这样的项目，这么大，这么复杂，变更是不可避免的。

就引黄工程来说，隧洞施工由钻爆法改为使用 TBM 掘进机是一个带决定意义的改变，首先意味着可以极大地缩短工期。工期是什么？用市场经济的观点看，工期就是钱。极大地缩短工期也就是可以节省大量的投资。要算经济账就应该先算这一笔账。再说，3 个支洞并不如《调查报告》所说“完全废弃”了。南干 7 号隧洞长 42 公里仍然需要支洞，因此 7 号洞的 14 支洞交给了国际承包商，由他们继续掘进。其余的两个支洞也利用了起来。在工程完工以后，这 3 个支洞可备检修之用。至于为水工局购置的 TBM 掘进机，征得世界银行同意，在第二次国际招标时以租赁方式列入国际 V 标标书，租赁费 2346 万元，用以完成长 13 公里的隧洞掘进。一台 TBM 的寿命在掘进 28 公里左右，因此它仍有一定的使用价值。笼统地把 3 个支洞的施工支出和 TBM 的购置费用说成经济损失，实在有失公允。有人开玩笑说，这就好像是把集市上的“黑心秤”拿到这里来了，哪里还有什么公平？

“工程质量不过关”：质量是工程的生命，特别是像引黄这样的长隧洞输水工程，出了问题就是大问题。

钱正英早就告诫我们，一定要把工程质量放在第一位，要认真检查，排除一切隐患。不要等到水来检查，那时就晚了，水是不留情面的。因此，我们欢迎对工程质量进行的检查，不论这种检查采取什么形式，用多么严格的标准。

国家计委《调查报告》的第二部分集中谈了工程质量问题，详尽地点出了工程质量的缺陷。按种类归纳，缺陷主要是两种，一种是管片安装错台；一种是管片接缝渗漏。问题都出在隧洞里，而且都出在国际承包商施工的长隧洞里。

原来我们更担心国内施工队的施工质量，因为相对来说，这些施工队的技术力量相对薄弱、设备落后，而且有些施工队有“老油子”习气。没想到问题反而出在设备、技术都比较先进的国际承包商那里。我想可能有两方面原因：一是国内施工队进场后，对他们进行过多次大刀阔斧的清理整顿。二是由于施工方法不同。国内施工队用的是钻爆法，先钻孔，放炸药，引爆，出渣，然后用混凝土现浇的方法衬砌洞壁。国际承包商则用 TBM 掘进机，掘进、出渣、衬砌一条龙作业，一次性完成。衬砌用的是预制的钢筋混凝土管片，4 张管片可以构成一个圆。管片的上下两端突起，呈长条状的六边弧形，衬砌时错开向前推进。用现浇的方法虽然也要隔一段距离留一条伸缩缝，但数量毕竟是有限的，用预制块（管片）就不同了，片与片之间的距离小，而且不仅纵向有接缝，横向也有接缝，接缝是密集的，渗漏的概率就大了。

这是一个专业性很强的问题。在这里我们不可能用专业的术语准确地加以叙述，不妨打一个比方。比如盖楼房，楼板可以用预制块也可以现浇。现浇的楼板一般是不会漏水的。用预制块就不行了，拼装得再好，也难以做到不漏水，因此还要再加上一道防渗处理。

管片是厚 28~35 厘米的大家伙，每片都有几吨重，要在 TBM 掘进机前进的过程中把它安装到位，自然是不容易的。后来的情况说明，这个问题实际上是一个世界上还没有得到完满解决的技术难题。

为了解决这个难题，从 1996 年起，我们召开了多次研究会、攻关会，请来了国内外众多著名专家，包括中国水利水电科学院、总参工程兵工程学院、武汉岩土力学研究所、电力部成都勘测设计院、西北水利水电设计院、上海地铁总公司、甘肃“引大入秦”指挥部等单位的专家，也请来包括美国、英国、加拿大、法国、奥地利等国的著名专家，他们对改进管片的制造、贮藏、运输，止水条的选择，施工工艺的完善以及缺陷处理，都提出了有益的意见。与此同时，我们对国际承包商提出严格要求直至下达停工令，要求他们采取强有力的措施，提高衬砌质量。

经过长时间的多方面的努力，终于使这一技术难题得到了破解。可以说，这是引黄工程对 TBM 掘进衬砌工艺所作出的重要贡献。

当然，已经衬砌的部分不可能用新的工艺重新去做，但完全可以用缺陷处理的办法加以解决。这里需要特别指出的是，缺陷修复是工程建设中必不可少的一环。一般来说，大的工程是不可能一次完成的，需要经过检查，发现缺陷，加以修复。修复后达到设计要求的工程是不折不扣的合格工程。认定一个工程是否合格，应该在它完成了缺陷修复程序以后，而不是在这以前。

从事工程建设的人都知道，缺陷是难免的，也是可以修复的。但一般人并不明白这一点，很容易引起误解。譬如说，有一段时间互联网上盛传三峡大坝有了裂缝，引得有人甚至担心大坝会不会倒塌，以致三峡公司总经理陆佑楣不得不亲自出面澄清。他说，大坝坝段中间是出现了一些裂纹，但很细小，深度在 1~2.5 米之间，并不像有些媒体所说的“手都能伸得进去”。他说：大坝裂纹在国内外水电工程中均不可避免地存在，属正常现象。他又说，尽管这些裂纹不会影响大坝的整体结构，但三峡总公司仍然邀请了 17 位著名专家（包括 4 位中国工程院院士）共同会诊，设置了 5 道防线，确保不留任何隐患。裂纹是确实存在的，应该认为是缺陷，但缺陷是可以修复或处理的，经过处理后大坝仍然是安全的。人们不能因为大坝曾经有些缺陷便说它有严重的质量问题。

引黄工程 2001 年已经通水。黄河水在源源不断地穿过隧洞流进太原。无孔不入的流水已经在两年多试运行期间里对工程进行了全面的检查，客观而雄辩地告诉世人：引黄工程是合格的！

2005 年 8 月 1 日至 7 日，由水利部和山西省政府联合组织了为期一周的引黄一期工程竣工初步验收工作，工程质量等级被评为优良。

验收期间，《引黄工程报》记者李佳丽采访参与验收的工程设计大师林昭。林昭早年毕业于清华大学，现为南水北调专家委员会委员、水利部科学技术委员会委员，参加了小浪底工程、三峡工程、南水北调工程等多项大型水利工程的设计、鉴定、咨询和验收。他在接受采访时感慨地说："引黄工程给我留下了深刻印象。我见过三峡工程，见过小浪底工程，也了解南水北调的规模和技术难度，但我在亲眼看了引黄工程的建设规模，了解了引黄工程的技术难度和挑战后，觉得用'奇迹'来形容这个水利工程应该是一点也不为过的。"在谈到引黄工程的特色时，他说："因为整个施工线路建筑物多，就像一个串起来的冰糖葫芦，目标多，施工队伍多，因此任何一个环节稍有不慎都有可能酿成严重后果。我原来以为，这么个'冰糖葫芦'式的水利工程，战线又这么长，总是会漏点水的。但我在现场看到，经过两年多的试运行，这个工程没有出一点事故。这充分证明引黄工程技术上是非常可行的，它的建设成果几乎可以说是一个'奇迹'。"林昭在采访中还一再强调，引黄工程是水利工程的典范，应该申报"国家优秀设计和优良工程"。

在正常情况下，考察检验一个工程的质量，是要充分考虑这个工程的特殊性和技术难度的，是要考虑在解决技术难题时有哪些突破与创造，对施工技术的发展作出了何种贡献，林昭在评价引黄工程的质量时正是这样做的，他的评价十分客观与公正。

引黄工程的这些特点决定了施工过程中必然会遇到前所未有的困难。克服这些困难，除了有坚韧不拔的精神以外，还必须充分发挥创造性，以新技术、新工艺来应对面临的挑战，从而对水利工程施工技术的发展作出贡献。这里不妨举两个得到国内外专家普遍高度评价的例子：（1）创造性地运用特长输水隧洞群贯通测量技术。引黄工程隧洞众多，最长的隧洞长 43.5 公里，是世界上最长的输水隧洞。如何使隧洞开挖线路与设计线路的偏差控制在 10 厘米以内是一个极具挑战性的问题。为了高质量地解决这个问题，引黄工程采用了目前世界上最先进的 GPS 测量技术，建立了由 133 个二级 GPS 测量控制点组成的施工测量控制网，使长隧洞施工包括特长隧洞由两台 TBM 掘进机从两端相向施工始终处于测量精度的控制之下，保证了隧洞贯通的误差率控制在设计规定的标准之内。（2）使用计算机监控系统对输水系统实行全线控制。机组、泵站均有自己的监控系统，设在太原的调度中心则实行远方实时控制、安全监视和输水调度管理，可以做到对处于正常情况和异常状态的所有设备进行自动控制，实现遥控、遥信、遥测、遥调，达到了国内领先和国际先进水平。

凡此种种，在一个新的层面上雄辩地回答了引黄工程质量如何的问题。

“挤占、挪用建设资金”：“大量挤占、挪用建设资金”是那封“群众来信”举报的主要问题，也是调查组“师出有名”之“名”，是他们进行调查的依据。但在《调查报告》中他们用了另一种表达法：“用工程建设资金办实体搞经营，进行长期投资和贷款。”

这是一个大题目，可以扯到当时中央领导同志高度重视的金融安全、宏观调控这一类的问题上。涉及金额最大的是这个问题中的第三项：“未经批准设立基金，进行计划外投资和贷款。未经中国人民银行批准，报经省政府同意，自行成立引黄工程偿债基金，把工程建设资金转为基金进行投资和贷款。已运作的资金包括：用7亿元水资源补偿费参股万家寨水利枢纽项目建设；承诺给万家寨水利枢纽电力输出工程（山西侧）和汾河二库长期贷款45800万元，其中已贷出30440万元。”以上两项共计11.5亿元，是一个惊人的数字。

一个100多亿元的工程，开工未久就被挤占挪用了11.5亿元，将近1/10，这样的事不管说给谁听谁都会感到吃惊、震怒。

但这里面有好些叫人感到很奇怪的地方。

先说偿债基金。为什么要设立偿债基金？《中华人民共和国国民经济和社会发展“九五”计划和2010年远景目标纲要》第八节第三款规定：“地方和部门要建立对外偿债基金，保证按时偿还外债。”财政部世字〔1995〕135号关于颁发《世界银行还贷准备金管理暂行规定》的通知第十二条规定：“凡承担世界银行贷款债务的项目单位应建立还贷准备金。”在与世界银行谈判的过程中，山西省根据以上规定向世界银行承诺将建立“万家寨引黄工程世界银行贷款偿债基金”。借债还钱，天经地义。世界银行贷款启动后，省委、省政府即于1997年9月19日批复了关于成立偿债基金的请示。

基金的名称多种多样，可以按照它是否在社会上进行投融资活动而区分为两大类，其中一类是可以进行投融资活动的，这样的基金需要报经中国人民银行批准。《引黄工程体制改革大纲》要求设立“黄河基金”，代表省政府作为工程公司和监理公司的投资主体，并在社会上进行其他的投融资活动，像这样的基金是必须得到中国人民银行的批准的。但偿债基金不同，它的目的很单一，就是偿还世界银行贷款的债务；它的资金来源目前也很单一，就是水资源补偿费。《调查报告》似乎把偿债基金当作《大纲》里的黄河基金了，于是它先有了一项大罪：未经批准，非法经营。

其实偿债基金并没有从事任何投资活动。《调查报告》说到的那些活动都是在偿债基金成立以前发生的，由引黄指挥部代表省政府实施的。偿债基金是1997年9月批复的，投入枢纽的7亿元发生在1993年至1997年6月之间，向枢纽电站送出工程借款发生在1997年5月，向汾河二库借款发生在1994年和1995年。

下面再说说这几个具体项目。

向枢纽工程投入7亿元，根据的是国家计委“计农经〔1993〕250号文”和国家计委“计办建设〔1997〕651号文”。这都是国家计委自己的正式文件。枢纽是什么？是引黄工程的龙头。没有枢纽的水库，水从哪里来？花那么大的劲修引黄工程还有什么用？国务院批准山西收取水资源补偿费，就是为了解决水资源紧缺的问题，用在引水工程的首部怎么能说成是挪用？

向枢纽电站送出工程借款和向汾河二库借款出于同样的原因。电站送出工程是枢纽工程的组成部分，枢纽电站送电的收益可以“以电补水”，是将来降低水价和还贷的重要来源。汾河二库是引黄水的备用水库，一旦汾河水库通向市内的管道发生故障，引黄水即可经由二库进入市内。从广义上讲，它们都是引黄工程的组成部分，当它们的建设资金发生困难时用借款的形式提供支持是必要的、自然而然的。

“改革是失败的”:《调查报告》提出的最后一个重大问题是改革，认为引黄工程按照省委、省政府批准的《引黄工程体制改革大纲》进行的改革试验是不成功的，似乎应该推倒重来。

当时引黄工程的体制改革正处在试验过程中，进展是顺利的。当然，体制改革是一个渐进的过程，不可能一蹴而就，需要不断改进和深化。

令人不解的是，我们采取的改革举措几乎都遭到了《调查报告》的指摘。

譬如说，为了改革传统的建设管理模式，我们组建了业主公司和监理公司，由业主公司分别与监理公司和承包商签订合同，形成符合国际惯例的“三元制衡”的建管体制。这本来是重大的改革举措，《调查报告》却认为成立监理公司是错误的，把它列为“挪用工程建设资金办实体搞经营”的主要例证。又说“咨询公司的前身是管理局的总监办”，“由总指挥部指定承担引黄工程监理工作”。实行政企分开，精简管理局的机构和人员，这有什么不对呢？精简出来的人员中，有一部分熟悉监理工作，以他们为基础，通过调配和招聘等方式加以补充，组建山西省自己的水利工程监理公司，又有什么不对呢？

《调查报告》指出监理公司的“前身是管理局的总监办”是想说这是换汤不换药。这样看问题是不对的。监理公司是一个独立法人，性质完全变了。至于总监办的人员流向了监理公司，那只是人员流动的问题。许多适应市场经济需要建立的新机构，例如证监会、保监会、银监会、国资委，都需要从原有的国家机构分流职能和人员，不能因此便在这些新机构和它们的母体之间画上等号。至于说“由总指挥部指定承担引黄工程监理工作”，那是很自然的。

当时，在我国的建筑业，监理公司还是一种新事物。所有的监理公司都是组建未久的，有从原有的建设单位分离出来的，也有主要由离退休人员组建的，应该说，力量都不是很强。没有一家公司可以独立承担像引黄工程这样规模的监理任务，因此引黄工程不得不按子项目聘请多个监理单位。这些分散的监理单位迫切需要统一管理起来，以提高监理工作的质量。我们成立山西省自己的监理公司正是为了适应这样的要求。如果总指挥部不让它去“承担引黄工程监理工作”那才是真正的怪事。客观地说，当时国内所有的监理公司还都处于起跑阶段，对于山西省自己的监理公司来说，机会是均等的。经过引黄工程的锤炼，它完全可以成长为一流的监理公司，打出自己的品牌。

再譬如说，我们在用人制度上引进了竞争机制，在分配制度上引进了激励约束机制。谁都知道，这是体制改革进程中最关键的一步，也是最困难的一步，因为这要打破“大锅饭”，搬掉“铁交椅”，直接涉及职工的切身利益。但这一步必须跨过去，才能迈进一个新的天地，就像蚕蛾必须咬破蚕茧，仔鸡必须啄破蛋壳一样。这样做是需要勇气的，尤其是在山西这样改革比较滞后的地方。经过几上几下反复充分的酝酿，我们坚定地跨出了这一步，取得了良好的效果，在山西开了一个好头。但这同样遭到了《调查报告》的非议，它从拉大了收入差距的角度来谈这个问题。说这样做的结果“是中高级职员与一般职员收入差距拉大”，一般职工收入增幅很小，而两大公司总经理的年薪达到54000元，相当于全系统职工人均年收入的3倍多。《调查报告》认为，这是不能接受的。引进激励机制，使职工的收入与他们的职务和工作绩效挂钩，必然会拉开职工之间的收入差距，而且这种差距必须达到一定的程度才能起到激励的作用。这是再明显不过的道理。当然，我们同样不赞成差距过大，就像有些国企和上市公司高管的年薪动辄几十万元，甚至上百万元、几百万元，那样必将导致收入差距过大，引发广大职工的不满。这是对激励机制的曲解，是过度使用、畸形使用激励的结果。而在当时来说，引黄的问题不是收入差距过大，是在于长期形成的平均主义的分配观念难以突破。不同职级人员的工薪不拉开一定差距，既难以收到激励的功效，也难以真正触动平均主义，使人们的分配观念有所改变。不久前，全国政协副主席徐匡迪表示，有关部门将对国企高管的年薪实行限制，使之不得超过职工平均工资的14倍。我们当时把差距控制在4倍以下，现在看来尽管显得有些保守，但总体上看应该说还是适宜的。《调查报告》连这样的差距也不能接受，是难以理解的。

两项重大的改革举措均遭到《调查报告》的否定，一些一般性的改革措施也逃不过它的指责。例如，为了改变承包商采购材料以次充好、提高价格等现象，我们经省计委批准成立了引黄工程物资供应运销总站，负责直接从太钢、长钢和大同水泥厂等大型企业采购钢材、水泥等材料，并直接运送到工地，以保证质量，提高效率，节省开支。这是一件行之有效的好事，《调查报告》却把它定性为违规经营。再如，引黄的主要施工点在偏僻山区，车辆往来无处加油，我们不得不自己搞一个加油站以提供方便，《调查报告》认为这是违规搞了经营实体。又如，引黄工程的北京接待站有十几间房子，接待任务时紧时松，有相当一部分时间房屋是空置的。当时主张"盘活存量资产"，我们便在北京注册了一家公司把这些房子充分利用起来，在此基础上与北京的两家公司合作经营楼宇的改造出租。公司经理王庆玲是个责任心很强又有经营能力的人，几年来除偿还全部本金外，还为工程赢利260万元。《调查报告》却认为这钱不该赚，甚至连引黄工程的钱为什么存在这家银行而不存在那家银行也要过问。水资源补偿费是存入省信托投资公司的，为什么？因为省财政厅等7个厅局的文件规定，这一笔省财政的预算外资金要集中存入省信托投资公司专户。有一部分资金存的是一年期定期存单，《调查报告》又问：为什么不存活期要存定期？道理很简单，因为这些钱至少要到一年以后才用，存定期利息高，可以为引黄工程多积累一点资金。1998年12月底在省信托投资公司存的一年期32张存单共68205万元，比活期存款增加利息收入3112万元。在工商银行国际业务部和省信托投资公司分别存的1000万美元，共增加利息收入72万美元，按当时汇率计算约合595万元人民币。以上两项合计，多收入4000多万元人民币。《调查报告》在这样一些问题上纠缠不休，难免会给人留下“鸡蛋里挑骨头”的印象。

## 必须远离的“斗争哲学”

国家计委调查组的《调查报告》尽管在当时闹得满城风雨，但放在引黄工程建设的全过程中来看，毕竟只能算一个小的插曲，没有造成根本性的影响。这已经是陈年往事了，加以澄清也好，加以反驳也好，都没有什么意义。那么，为什么要旧事重提呢？这是因为：第一，它毕竟是引黄工程建设过程中发生的一件事，在这本带有回忆录性质的书里是不宜遗漏的；第二，这件事既然发生了，花费了好大的精力，付出了好大的成本，那么就应该从中汲取一些有益的东西，免得白交了学费。

在阐述上面这个过程的时候我也对此作了一些思考。当然，这些思考只是初步的，许多地方都还没有想明白。

首先必须明确一点，那就是基本建设项目特别是大型基础设施建设项目必须有各方面的监督检查，其中包括上级单位突击式的负责任的深入检查。从目前的情况看，这种检查不是多了，而是还很少。在这个前提条件下，我们再来考虑如何提高检查的质量问题，即提高它的客观性、公正性和准确性的问题。

我想，至少有以下几个问题是需要注意的或者是需要避免的。这些问题有些是检查过程中存在的，有些是检查本身反映出的问题。

（1）要避免使基础设施建设工程成为牺牲品，成为人际关系、人际斗争的牺牲品。毋庸讳言，由于利益的冲突，也由于长期“斗争哲学”的影响，人与人之间的关系有时会处于紧张的状态，接着而来的是冲突，是斗争。这种冲突和斗争，本来应该通过正常的渠道和方式去解决，但在现实生活中却往往不是这样，有些人只要能够打击对方往往是能操起什么家伙就操什么家伙。如果对方曾经支持或主管某一建设工程，而工程一般又很难无懈可击，那么这个工程就要倒霉了，就会变成一种牺牲品了。坦率地说，这种现象不是个别的、偶然的。如果把人际关系、人与人之间的矛盾冲突看作一种狭义的政治，那么工程建设项目就必须远离这种“政治”，必须保持它的独立性和连续性。希望依靠习惯于这样做的人提高觉悟来避免这种现象是不现实的，至少在短期内是不现实的，领导人对此应该保持警惕，应该考虑作出一些予以防范的制度性安排。

（2）要维护派出单位政策的连续性。检查组（调查组）的派出单位一般都是被检查单位的上级领导单位。后者对前者是有重大影响的，下面的一些重大决定一般都是在上级的领导或支持下作出的。这一点检查组应该正确对待，不能因为情况有所变化而予以回避，甚至推脱，尤其不能因为领导岗位人事的变动而在这里面做文章。在这种时候，尤其要避免使用那些喜欢贬抑前任领导以取悦现任领导的人参加检查组，这样的人肯定会在没有问题的地方查出问题，或者把小问题查成大问题。

（3）检查组（调查组）不能抱着“有罪推定”的心态去查问题。到一个单位去检查工作自然不同于司法调查，不同于案件侦破，但是，既然要组成检查组去检查，可见这里“肯定是有问题的”。这实际上是“有罪推定”思想在工作中的反映。抱着这样的思想倾向去检查工作是很容易出偏差、走极端的。有个寓言说，有人丢了一把斧子，怀疑是隔壁一个老头偷的，他就仔细观察这个老头的行为举止，越看越像是个贼。后来斧子找到了，再去观察这个老头，觉得一切都很正常，没有一点地方像贼。这就是说，带着先入为主、“有罪推定”的思想去做检查工作是容易误入歧途的。应该作出这样一种安排，在评价一个检查组的工作成绩时不能只看它查出的问题有多少，还要看它是不是客观、公正，懂不懂得“过犹不及”，是否把握分寸。片面地根据查出问题的多少来论功行赏是危险的。我们古代根据将士斩获的敌人首级论功行赏，于是就有人去把老百姓的头颅也砍来凑数。对于某些检查组的成员来说，他们从来不会发愁查不出问题。

（4）权力需要制衡和监督，否则就会滋生腐败、专断以及其他一些严重问题。检查是对权力进行监督的一种方式，是必要的。与此同时，还应该看到，检查本身也是一种权力，一种更加厉害的权力，一种类似于所谓“尚方宝剑”式的其锋不可犯的权力。这样的权力同样需要制衡和监督。这就需要作出制度性的安排，防止权力的滥用。在这样安排中，不要遗漏对检查团成员的行为规范，否则集贸市场管理中常见的“吃、拿、卡、要”那套东西很容易被移植过来。如果你满足我的要求，什么都好说；满足不了我的要求，那么对不起，就要你的好看！

（5）要让被检查的单位有澄清和申辩的权利。古人早就说过“兼听则明，偏信则暗”，而现行的检查汇报方式是单向的，检查组说什么是什么，被检查的单位没有发言权。从形式上看，检查结束时会安排一次会见来听取被检查方的意见，但那只是一种形式、一个过场，没有任何实质性意义。一般来说，在这种场合下，被检查方说什么都是没有用的，甚至是有害的，因为这还可以被认为是态度有问题。因此，要真正保证被检查单位作出澄清和申辩的权利，不仅需要作出制度上的安排，而且还需要从上而下更新观念。犯罪嫌疑人都有为自己辩护的权利，剥夺（这里说的是事实上，而不是形式上）被检查单位申辩的权利是完全没有道理的。这一事实上存在的问题，希望能引起有关方面的高度重视。

对于一个基础设施建设工程来说，对它的监督必须是全方位、全过程、多层次的，检查组定期不定期的检查只是其中的一种形式，更重要的是它本身必须有健全、严密的机制。这就需要深化改革，需要与时俱进，也就是说，需要根据情况的发展和变化不断加以改进，使之趋于更加严密与健全。

◇ 第十五章

# “山川满目泪沾衣”

水资源紧缺是个世界性的问题，我国的情况更严重，山西省的情况又尤其严重，而且会越来越严重。国家分配给山西省的黄河水要尽可能引回来，这是最宝贵的资源，不能让它白白流走。让它白白流走了，我们这一代人无法向子孙后代交代！

## 16年的长跑

1999年10月，当年满65周岁的时候，我再次提出了辞去引黄总指挥部总指挥职务的请求，新一届省委接受了我的辞呈，同时聘请我为引黄工程领导小组的顾问。范堆相副省长任引黄工程领导小组组长，引黄工程管理局局长由王新义接任。

从1983年我接手引黄工程算起，到这时已经过去了16个年头。这期间我曾经两次要求引退，都没有得到准许。如果说引黄是一个接力工程，那么我这一棒也已经跑得够长的了，不管从哪一方面看都应该也可以交班休息了。

令人感到欣慰的是，几个直接关系引黄工程命运的问题都已经得到解决：（1）经过艰苦的努力，工程的立项终于得到批准（我要赶紧声明，立项过程中原来还可以挑出毛病来，并且推演成复杂的严重问题，这些上面已经说了）。（2）资金有了着落。开征了水资源补偿费，有了自筹资金；引进了世界银行贷款，基本解决了资金缺口的问题。（3）建管体制的改革已经启动，随着新体制的成熟和改革的深化以及一大批年轻优秀的水工、监理、机电、财务、熟悉导则“条款”的管理人才已成长起来，这必将对工程的进展产生积极的重要影响。从工程建设本身看成绩也是喜人的。这时候，万家寨水利枢纽的大坝已经高高矗立，水库已经蓄水，第一台和第二台机组已经并网发电，其余 4 台机组也正在相继安装。这就是说，引黄工程的龙头已经高高地抬起来了。枢纽如此，引水工程的情况也令人满意。总干渠已经建成了，南干渠的一部分隧道已经贯通，1999 年计划掘进 28 公里，到 10 月份已经提前两个月完成任务；水泵等关键设备和联接段土建工程的国际招标正在有条不紊地进行；太原市自来水厂和市内管网工程的立项也已经完成。也就是说，这条人们期盼已久的蛰龙在晋北山区大地上奋鳍鼓鬣、翻腾游走的时候已经为期不远了。

成绩是显著的，甚至可以说是伟大的。这些成绩的取得是各种合力共同作用的结果，有党中央、国务院的关怀和支持，有历届省委、省政府的不懈努力，有兄弟省区（特别是内蒙古自治区）和有关部门的协作配合，有山西省人民群众（特别是工程沿线群众和广大煤电工人）的无私支援，更有直接从事引黄工程建设的工人、干部和工程技术人员年复一年、日复一日的辛勤劳动。我本人作为引黄工程的一名工作人员，16 年来也尽了自己的绵薄之力。

又过了两年多，南干线的剩余部分和联接段工程相继完成。2002 年 10 月 18 日，在南干线 7 号隧洞的出口处——头马营举行了隆重的试通水仪式。

省委书记田成平、省长刘振华参加了试通水仪式。仪式由常务副省长、引黄工程领导小组组长范堆相主持。至此，人们盼望已久的黄河水终于流进了太原。

## 第一是水，第二是水，第三……

作为一个长期参与引黄工程运作的人，尽管交了班，我还是觉得有几个重要问题需要引起有关方面有关人士的充分重视。近几年来，我曾经在不同场合就这些问题谈了我的看法、忧虑和希望。

南干线一期完工后要不失时机地上北干线，不抓紧，事情就会有变化，那就不好办了。南干线和北干线是引黄工程的两条腿。不上北干线，引黄就是个“一条腿”工程。水资源紧缺是个世界性的问题，我国的情况更严重，山西省的情况又尤其严重，而且会越来越严重。国家分配给山西省的黄河水要尽可能引回来，这是最宝贵的资源，不能让它白白流走。让它白白流走了，我们这一代人无法向子孙后代交代！引来的水应该让生态系统分享，要有足够的保证生态健康的生态水量。这是营造人与自然和谐相处的重要保证。经费是问题吗？应该不是问题。当年煤炭销售市场疲软，我们还能靠水资源补偿费把南干线搞起来，现在煤炭旺销，产量翻了两番，发电量由250亿度增加到700多亿度，水资源补偿费的征收应该得到继续。国家发改委下发了《煤矿瓦斯治理经验五十条》，第一条就是要按吨煤15元提取瓦斯治理专项资金，山西省所收水资源补偿费为吨煤2元，数目并不大。我们曾经设想，要按照费改税的思路，经过法定程序将水资源补偿费改为一种地方税种。这件事现在可以做起来，一旦成功，山西就有了一块长期稳定的生态建设资金，这是很重要的。

引水不忘节水，而且首先是要节水。要进行缺水危机教育，让节水观念深入人心，节水制度落到实处。节水工作点多面广，头绪繁多，是一项社会系统工程，非一时一日之功，非一市一县之力可成。要有时不我待的紧迫感、咬定青山不放松的韧劲、从小事做起的较真精神，真正从观念上、制度上、节水器具上、特别是水价机制上下功夫，让水价反映其价值。北京市水务局长表示，北京市的水价将上涨至每立方米6元左右。他说，北京市人均水资源占有量不及以色列，以色列的水价是每立方米10美元。我不赞成不顾群众的承受能力去涨价，但适度适时地调整水价以逐步反映水的实际价值是必要的。不要一说涨价就拿引黄说事，北京没有引黄，但北京的水价比太原高，这是水作为一种紧缺资源的内在价值决定的。应该充分利用水价机制来推动节水工作，改变长期实行福利水价所造成的水浪费。不同性质用水实行不同水价。超量用水要实行“累进制”加价。对用水器具、工艺、设备、计量设施、再生水回用系统和雨水收集利用系统进行改造、更新、配套、完善。我国人均水资源拥有量仅相当于世界的 1/3，但我国农业灌溉的亩均用量是美国的 4 倍，是以色列的 17 倍。对于山西省来说，情况更为严峻。难怪有人说，如果不增强节水意识、没有好的制度保障，即使我们再增加几倍的水，也不能从根本上解决缺水的问题，可持续发展只能是一句空话。

治理污染是一个大问题。我国现在还处在以高投入、高消耗、高排放为特征的粗放增长的发展时期，水污染的问题在一个时期内还可能愈演愈烈。治理污染要分两大块来考虑。一块是省内，也就是汾河上游的治理。汾河上游 4 县的粗沙治理是有基础的，这项工作还要抓紧做下去，不能放松，不能中断。沿河的工业污染和生活污水处理还没有得到充分的重视，应该及早抓起来。1995 年沿途的排污企业就有 183 个，排出的污水量约 430 万立方米，现在恐怕更多了，抓紧治理是一件很紧迫的事。另一块涉及省外，涉及黄河上游的甘肃、宁夏、内蒙古。黄河现在也成了一条污染十分严重的河流，据黄河流域水资源管理局的报告，2004 年 3 月中旬，该局对宁夏至内蒙古河段 14 个重点排污企业抽调，发现没有一家企业排放达标。这个问题又不是我们一个省所能解决的。我们曾经与内蒙古的领导同志商量过沿河各省区合作和推动国家立法的意见，后来因为人事变动没有付诸实行。现在不能再等了，要立即行动起来，采取有力的措施，否则，费了九牛二虎之力引来的会是一池污水！这里我想特别强调一下，一定要搞好与内蒙古的合作。在引黄工程特别是枢纽的修建过程中内蒙古给了我们极大的支持和帮助，这一点我们永远不能忘记！还要记住，黄河是从内蒙古那边流过来的，治理污染同样离不开他们的帮助。

流域整合和水资源的统一管理，有些兄弟省市已经走在前面，建立了统一管理水资源的机构。我们也应该赶快做，把地表水、地下水、汾河水、引黄水统一管起来，把洁净水和污水统一管起来，以便于节约水资源和降低水价。这里要特别提到超采地下水的问题，要坚决关闭限额以外的地下水井。限额以内的可以开采的地下水，可以采取拍卖的办法，价高者得，发给采水许可证。超采地下水已经引起一系列生态问题，解决这个问题正是引黄的主要目的之一。就太原市而言，还应该考虑将城市供水系统由一套改为两套，一套供应饮用水，另一套供应非饮用水，各计各的价。

改革也是带有根本意义的一件事，要坚定不移地推行体制改革。引黄的建设过程需要改革，引黄的运营过程同样需要改革。像供水这样带有公益性质的垄断行业最终也要走市场化的道路。如何统一管理、如何建立合适的投资体制和运营体制，要靠改革、靠开放、靠市场来解决。应该按照《山西省引黄工程体制改革大纲》的要求组建投资控股公司，管理和经营引黄工程的资产。与此同时，要以经过评估的资产为纽带组建股份公司，将引黄工程和其他的涉水企业如汾河水库、汾河二库、自来水厂、自来水公司管网以及污水处理企业等统一管理起来，以充分提高效益。在这方面，《体制改革大纲》有具体的规定和详细的阐述，应该予以落实。这也是世界银行的要求。当时山西省对世界银行作出了承诺。

当然，一个工程的建成到它充分发挥效益，要有一个过程，这期间还有许许多多的事情要做。我相信，后来者会为此做出不懈的努力。

20世纪50年代，陶鲁笳汇报引黄入晋的设想时，毛泽东讲了汉武帝曾经乘着龙舟在汾河上游览的故事，由此可见当时的汾河是一条真正的大河。大约800年以后，唐朝的李峤写了一首长诗来讲这件事，其中有这样4句："山川满目泪沾衣，富贵荣华能几时？不见只今汾水上，年年唯有秋雁飞！"后人将这4句剪裁出来当作一首绝句，加了一个题目叫"汾阴行"，因此而流传很广。从这首诗看，到唐朝时汾河似乎面貌依旧，还是一条大河。但1000多年后的现在，情况大大不同了，汾河里已经没有多少水——不要说龙舟，木筏也用不着了。

从这样一件事情可以想见，山西的生态环境正在发生多么巨大的变化！溪流里的水少了，山梁上的树少了，植被萎缩了，土壤沙化了。水资源匮乏的严重程度，对于山西，怎么说都不为过。

“山川满目泪沾衣”，现在人们的眼泪不会为帝王不来巡游而流，而是在为生态环境的急剧恶化而流。

维护生态环境的关键在哪里？第一是水；第二是水；第三还是水！

让我们充分发挥水的作用，发挥引黄水的作用，为子孙后代造福！

◇ 跋

# 为了山西，为了全国，一腔赤子情怀

冯东书

原中国水利部部长、中国工程院院士、著名水利专家钱正英曾说，“引黄入晋”工程是“中国第一，世界少见”的引水工程。为什么她这样说呢？如果这件事不是难到山西人一代一代，一而再、再而三地想做，但每次想来想去总是感到老虎吃天无从下嘴，那今天就不值得钱正英来讲“中国第一、世界少见”8个字。

这本书既记录了过去在这件事上的梦想和传奇，又实录了今天山西人民坚忍不拔、艰苦拼搏、智慧闯关，终于把这个千年之梦变成现实的全过程。因而，它在中国水利建设史上是一本极有价值的史籍。

因为工程涉及自然科学、社会科学方方面面的难题甚多，这就使它又是一本可以为后人释疑、借鉴的科学著作。

工程是在中国经济体制正在转型的特殊环境下实现的（从计划经济管理体制转变为市场经济体制），因而过程曲折起伏，多次走到前进无路的境地，是经过顽强的努力和智慧的处理才又柳暗花明。作者如实写下来，许多地方很具戏剧性，很感动人，因而还是一本可读性强的、能激起后人在前进道路上永不言败的书。

我和这件事的关系大约是从1985年开始的。那年我到山西省驻北京办事处去看望当上山西省副省长时间还不久的郭裕怀先生。记者见官没大小，就和他神聊起来。我从1957年6月到1978年11月在新华社山西分社当了20多年农村记者，他又正好分管农业，聊的共同语言就多了。聊着聊着，我又把我在全国各地对一些地委书记、专员、县委书记、县长宣传过的观点拿出来向他作宣传。我说，你现在的那个都督府里（省政府所在地前身是阎锡山的都督府）出过多少省政府副主席和副省长？他们像走马观灯一样地过去了，现在能记得他们的人很少，为什么呢？因为他们只是在那里做了一茬大官，办了一阵日常公事，没有下功夫给老百姓做过什么大事。我说，现实中人们承认做官，是因为你掌着权，要办事不找你不行。但是，在历史中，人们却是承认做事，看谁做了什么突出的好事才记住他和赞扬他。当然，做了突出的坏事，人们也能记住，会没完没了地骂他，甚至骂得他的子孙都抬不起头来。一般化的官，人一走茶就凉，人们很快就把他们忘了。中国古时宰相多得很，宰相比皇帝还多，那是最大的官了，你记得几个？只记得做过大好事和大坏事的。我建议他除了管好山西农业的日常工作外，还要下去重点搞一个县或一个地区，搞出点名堂来。

聊着聊着，他提出一个问题。他说，山西这么缺水，农业上都不够用，还要挖这么多煤，挖一吨煤要用掉一吨水，挖透了隔水层还要漏掉更多的水，这怎么办？我笑着说，山西人风格高啊，挖了煤送给全国去用；下了雨也流到省外，让人家用；黄河的水从身边流过千里，硬是不浇本省的田；渗到地下的水也多数从地下潜流到河北去了，山西山上的土也一点一点随黄河和大大小小河流的洪水，冲到了河北、河南、山东，造出了河北、河南、山东的大平原，现在神头、大同发的电也是送到北京、天津去，自已留下一座一座从发电厂锅炉里掏出来的煤渣山。我讲这种调侃的话，他笑不起来。我看他提出这个水的问题不是在聊天，是当一件正经事来谈的，我也就不能再笑了。我说，我给你出一个主意吧！他看着我，等我的下文。我说，你们山西（这时我已经调回北京新华社总社，不算山西人了）出产的是煤，那就今后每挖1吨煤提1元钱

（当时煤价很低，不能多提）做水利建设基金（后来山西定名为水利资源补偿费），拿来搞水利建设，引水。

我当时想得很简单，只是想到要搞大的引水工程，首先要用很多很多的钱。按理来说，这是国家级的大工程，应该由国家财政上出钱来办，但经过“文化大革命”的大动乱，国家被搞得很穷，拿不出钱来。而山西本来就是一个穷省，财政上的钱除了日常开支也拿不出大笔的钱办这件事。没钱，那就什么也干不成。我根本没有想到还有极复杂的技术问题。我对山西的缺水印象太深了，我们过去下乡采访，洗澡是不可能的，洗脸有时也困难。《山西日报》一位浙江籍记者去晋西北，一盆水洗了4天脸才倒掉，但还是被批评为浪费水。我也下煤矿顶班劳动过几天，打过眼，放过炮，下班后和矿工们一起在大澡池的热水里一泡——那真是煤矿工人每天不可缺少的享受，否则一身黑煤灰怎么回家上炕？而山西随着挖的煤越来越多，有的煤矿连供应干净的洗澡水也越来越成了问题，那怎么行？正因为这样，我相信请煤矿出点钱来搞引水，从它们自己的利益出发也是会同意的，这是共渡难关嘛！按理说，作为新华社记者，我应该就这件事，好好写几篇内参，向中央反映实际情况和提出建议。那几年，我在广东、江苏、浙江、四川、甘肃等地农村调查研究，写过的内参不少，可就是没有想到应该就山西缺水的问题向中央发一些内参。这大概是因为长时间在山西农村跑，山西缺水在我思想上已经搞得很麻木了，也觉得这件事吵吵了好多年了，难办。

记者管说，管写，不管干实事。这件事我说过以后很快就忘了。没想到他们马上动起手来，从煤上攒了几亿元以后，万家寨“引黄入晋”的工程竟大胆动工了。这项大工程当然不是我一句话引出来的，山西老早就有人提出引黄河水来解山西渴的问题，国务院水利部的老部长钱正英就一直是个积极的呼吁者。这件事真正做起来是一件难度极大、风险极高的事，也不是郭裕怀一个副省长能决定得了的。这项工程的迅速动工，说明当时的中共山西省委和山西省人民政府的主要领导人是不甘于做太平官的人。他们是有极强的责任心和非同一般胆识的人。他们勇于任事，敢于决策。这件事成则为山西的历史功臣，败则要在山西永远背骂名，人们会骂他们不自量力、劳民伤财。当然，有了好的决策，还需要有人带头去干，踏踏实实、任劳任怨地去干，坚韧不拔、百折不回地去干，否则，再好的决策也只会是一纸空文。

1997 年 2 月，我在山西的《记者观察》上写过一篇《世界上最艰难的引水工程》的文章，介绍这项工程。我在文章中说，世界上大的、难的水利工程不少，但从引水工程来说，像万家寨这样艰难的，罕见。黄河从内蒙古、陕西和山西三省（区）之间壁陡的峡谷里流过。万家寨的引水龙头在山西省偏关县和内蒙古自治区准格尔旗之间，岸边的石壁上连个安放一台大口径扬水泵的地方都没有，第一级扬水泵站的 16 台大口径扬水泵要安装在大山的肚子里。那是在大山肚子里开出一个大大的厂房。如此大的泵站仅在总干线上就要建三级，第一级还要有一个小的蓄水库，这样才能在山肚子里把每秒 48 立方米的大股水流扬高 600 多米的高度。在南干线还要建扬水站，然后才能穿过近 200 公里隧洞进入山外渠道、水库，流到太原、大同、朔州的千家万户。其中一个最长的主隧洞是 5 米 ×5 米的口径，长 43 公里，火车能开进去。这等于把一条每秒流量 48 吨水的不小的河，在山肚子里举到天上，让它在山肚子里高速穿行。这些大隧洞要经过硬石层、软石层、泥土层、溶洞等等复杂地质区，谁知道会遇到多少难关？好多事是没底的。那种能把那么大流量的河水推到那么高又能耐那么大高压的大型扬水泵，中国就造不了。山西又是个穷省，不靠国家掏钱，竟自己干起这么一件令全国惊讶、难题多多的大工程来，真有点玄！将来一旦搞砸了，那么，始作俑者是会跳到黄河也洗不清的！这可真得有点儿胆量。

看来，办这件事当时在山西也确实成了当务之急，它是受保障人民生活和经济发展需要的形势所迫而上马的，人不到十分急的时候下决心拍板干这种事也不那么容易。这是一个大动力。同时那时也确实有了一种可以启动这项工程的机遇，被山西的领导人看到了并抓住了。这就是：一、改革开放了，可以自己想办法筹集资金来办事了，过去是绝对没有这个条件的；二、科学技术发展了，一些技术难题可以解决了，国家改革开放以后还可以从国外引进先进技术。所以，办成这件事是主客观条件恰到好处碰撞出来的一朵大火花。

这项工程及时开工，当时的时机也碰得很巧。开工时，缺水的问题虽在全世界、全国已经成为人们议论的一个重要课题，但在中国有的地方还没有认识它的紧迫性。从那以后，北方缺水的形势发展很快，黄河下游断流的日子越来越长，黄河河口竟发生了一年有200天无水入海的事（万家寨工程开工时尚没有调节黄河下游流量的小浪底水库），水成为河南、河北、山东越来越紧迫的危机。山西万家寨工程开工早，就少了很多麻烦事。中国北方干旱地区，争水、分水自古都是一件难处理的大事。如果万家寨晚几年开工，那黄河下游各省就有可能提出水资源共享的问题，会向中央提出要求协商解决，这就有可能把事拖黄。二是收煤矿水资源补偿费的问题，后来提高到每吨煤2元钱。发电厂也是耗水大户，每度电收1.5分钱。工程要是没及时开工，拖到全国反对乱摊派、乱收费的大风刮起来以后，尽管这是在办一件大好事，也可能会有人从中作梗顶住，扯上3年皮，即使中央最后点头同意，积极要办这件事的山西领导人的精气神也会被熬疲了。可见，办这件事，山西主要领导人当机立断、说干就干的作风是非常重要的。当然，他们当时也没估计到后来会出现那么一种可能造成麻烦的形势。

当时，对中国几十年实行的集中统一管理的计划经济体制的改革才开始启动，除广东等个别地方松动较早外，其他地方还都在老轨道上运转。中央管事的部门很多，每个部门都有若干"婆婆"分兵口，他们都有权，有时却又不敢作主，还要再请示中央领导人。这种权力高度集中的体制使地方政府做大事的权力很有限。"引黄入晋"这么大的工程，一开始起步，中央各部门也不可能马上统一认识。如收取水资源补偿费这一项，尽管山西省党政领导都同意收，收的也是山西煤矿的钱，但这要国务院的物价局批准。因为山西的大煤矿是国务院煤炭部的企业，当然也得煤炭部同意。大电厂是中央国营的，收他们的水资源补偿费也得有中央电力部门的同意。要买进口设备更得作出计划由上面批准拨给外汇。因此，只要有一个环节上有人提出不同看法，或压在那里研究研究、请示请示，下面马上就会卡壳，会运转不起来。那种体制有时会叫人哭笑不得，急煞人，曾使山西领导人多次被搞得十分为难：进，进不了；退，无路退。这就要山西的党政领导人耐着性子，找出门子，用好法子，去把那些“婆婆”的思想一个一个、一步一步打通，让他们理解，让他们同意，让他们积极支持。这项攻心工程大概要算是引黄工程中最难的攻坚工程。这是后人无法理解的。老体制的弊端，大家都说必须要对其改革。但是，此事很复杂，改革是不会一下到位的，万家寨工程又等不起、拖不起。

再有，万家寨工程是政府工程，从中央到地方的领导人到一定时候是要换届换人的，这就隐藏着危险：过去好容易统一了的认识还能保持吗？不一定。只要一个环节在认识上、情况的了解上和过去稍有差异，就会影响工程的一贯性。引黄工程是需要几届领导人的一致努力才能完成的。过去因为政治原因和人事变动“一个司令一道令”的事屡见不鲜，很误事。这是办大工程的大忌。因此我很担心工程拖下去，夜长梦多，会因为想不到的原因使第一滴水不能先流到太原。因此，我一直劝工程总指挥郭裕怀要抓紧。还好，中途虽出了一些事，第一滴水终于在2001年流到了太原。尽管还没有流到大同、朔州，这也是伟大的胜利了。好在流到大同、朔州的北干渠已无大山，比较平坦。

这么一个不是国家投资的国家级大工程，国家不会给它调配各种各样的人才，而它又是一项科学技术含量很高的工程，其难度是起初不可能都预计到的。这就要山西自己来解决，首先要发现和搜罗本省的人才，在职的、离退休的都用起来；还要水利部请一些已经退下来的老专家来支援；要从全国和世界上请一些有经验的工程公司来施工，还要有一些能和世界银行、外国公司打交道、懂得国际游戏规则的人才。你不管找多少人才来，一件件具体事还是要工程总指挥部去具体操作，不能什么都要省里的主要领导人来管。于是，工程总指挥部在总指挥郭裕怀领导下要下功夫学习很多新知识，而且学了马上就要在实践中用，因而必须学得认真，用时要思维缜密。因为谁也没干过这件事，苦头要吃，学费也总得交一点。但只允许有小挫折，不能有大挫折；大挫折代价太大了，会经受不住。这个工程真是酸甜苦辣，五味俱全。后来我对老郭说，将来你是专家了，应该到大学去讲课，当学者。为此，老郭的夫人曾对我说，老郭太累了，让别人干吧。我说，不行，这件事松不得，他得让第一滴水流到太原才能休息，后面流到大同、朔州的事由别人去干。总指挥部的一位山西老专家对我说，他老了，不行了。我说，他干这件事，累死也值得。当时，这件工程对工程上的干部、工人鼓舞都很大，大有一种决战决胜之势。

开工以后，我琢磨自己能为它干点什么呢？我是个耍笔杆的，除了写文章，其他什么也不会。1994 年，我没打招呼，一个人从大同绕到万家寨工地采访。我一路在想，要想一个好点子、好题目，在人们心中进一步提高这项工程的地位。采访完了到太原，题目还没想好。写文章没有一个好题目，叫人看了，就像谈恋爱第一眼就没有吸引力，人家就不往下看了，那就失败了。到了太原住在新华社山西分社，想到山西的煤是供全国 20 多个省用的，没有山西的煤去发电，当时包括上海等许多地方的电灯泡都会亮不起来（当时还没有西气东输、西电东送），因此，这项工程实际上是一件支援全国生产、生活的工程。于是想出了一个题目——“为了山西，也是为了全国”，意思是山西这个穷省是在为全国经济发展和人民生活出力办这项大工程。我对老郭说，这篇文章内容一般，要害是标题，要让人明白这项工程不光是为了山西，也是为了全国。当然作者要署上“新华社记者冯东书”，因为山西人自己不好自吹自擂是为了全国。老郭这样做了，《山西日报》头版头条，大横栏，很突出。据说，此稿送发到中央领导同志手中和中央有关部门领导人手中，造成了一点影响。此稿新华社总社也发了。总社有人质疑这个题目，我坚持不能改。

万事开头难。老郭从开头一直干，到主干道隧洞打通、水也快到太原了，这时他退了下来，当了顾问。在这一段创业的过程中，中共中央总书记、国务院总理等许多党和国家领导人都来视察过，都给予了充分的肯定和热情的鼓励。我对老郭说，这下好了，今后接过接力棒的人，谁也不会不把这件事办好的，办不好是难以向中央和山西人民交代的！因此我相信尽管以后还有许多难关要过，后来人一定会继承发扬过去的拼搏精神，把事办好。

（作者系新华社高级记者）

◇

# 致谢

郭裕怀

如果不是我的挚友陈建的动议，和他的鼓励、支持，这本书是不会问世的。陈建身上始终保持着原有的职业特质：敏锐、深刻、厚重。尤其是他对刚刚诞生乃至正在孕育的新事物的敏感，是我感受最深的，也最难忘怀的。这是他勤学善思中积累的，是在深入实际调查研究中锤炼的，是在从事新闻工作的实践中养成的。他在《人民日报》80 年代初撰写的名篇《亿万农民亿万机会》，真可谓笔力千钧，歌颂了中国农村产权制度的变革，深深激励感动着亿万农民和各级干部。也许正是这种敏感，使他长期以来始终关注引黄工程，以致希望通过修订本的问世，使伴随工程出现的新情况、新问题、新方案、新办法得到更多的关注。

借此机会，我还要感谢许多专家学者对引黄工程的支持，特别是要感谢著名经济学家周其仁教授。杜润生老人推荐周其仁主持引黄工程体制设计，说他“敏捷、尖锐、富有挑战性”。著名经济学家张五常称他有“猎人的风采”。这些特点在他深度全程参与工程体制设计，与世界银行、国际承包商交往博弈中，都有充分的体现，绝非溢美之词。他常常牺牲节假日，顶风雪、冒严寒、下隧洞、淌深水，深入工程一线，用眼睛去看，用耳朵去听，观察现场，总能捕捉住真问题。他对引黄工程管理人员和技术人员，不间断地进行培训。他出言明快，言简意深，有新鲜感和通透性，具备内在的逻辑力量。他的正确独到的见解，引人入胜，令人心悦诚服。在引黄人的心目中，周其仁教授具有强烈的社会文化责任感，因而对他拥有一种超出一般尊敬和爱戴的特殊感情。这也表现了引黄人朴实好学、尊重知识、敬重人才的可贵气质。

引黄工程 2002 年正式通水。第一滴水流进太原，至今已十四个年头了！实现了钱正英副主席要求的一次试水成功，长期稳定持续运行的目标。在十多年的通水运行中，无论是土建工程，还是机电设施，都没有出现一点缺陷和故障。全国水利工程设计验收大师林昭先生参与对引黄工程验收后，在接受记者采访时感慨地说："引黄工程给我留下深刻印象。我见过三峡工程，见过小浪底工程，也了解南水北调的规模和技术难度，但我在亲眼看了引黄工程的建设规模，了解了引黄工程的技术难度和挑战后，觉得用'奇迹'来形容这个水利工程应该是一点也不为过的。它的建设成果几乎可以说是一个奇迹，是水利工程的典范，应该申报'国家优秀设计和优良工程'。"他的这个评价是客观的，符合实际的。

引黄工程为什么能取得奇迹般的成就，这里我简略地做几点再认识。

在以胡富国为书记的省委领导下，省委、人大、政府、政协、纪检委五套班子齐心协力支持引黄工程打开大门，全面开放，按改革大纲扎实推进改革。在此基础上，引黄工程请高人大胆设置了四大支撑系统。

第一是以国务院副总理邹家华、国家计委主任陈锦华为主的协调上下各方，筹集建设资金的支撑系统。这是一个关键。

第二是以全国政协副主席、资深水利权威钱正英为主的技术支撑系统，在选线、设计、工程布局、标书编制、施工技术质量管理等方面全程严格把关。

第三是在杜润生指导下，由周其仁教授主持的体制改革支撑系统，从实际出发，与国际惯例接轨，并跟踪研究与指导员工培训。

第四是引进世行贷款后，随工程的进展，按世行"导则"实施的一套有关新理念、新要求的支撑系统。主要有：(1) 货币面前的人性是不可靠的。财务管理的制度设计必须从这里出发。（2）按商业化原则设置各个独立业主、监理、相关部门的主体法人公司。（3）强化实施对每个阶段每道工序每个细节的按《条款》规范严格监督，做好用好完整的旁站记录。

省委、省政府还定期不定期地将工程遇到的困难问题、解决办法和工程进度，以电视直播的形式向全省人民通报，使引黄工程在阳光下进行，在全省上下取得了广泛的认同与支持，开创了从未有过的宽松和谐，一呼百应积极支持的施工环境。这实在是可贵感人和难得的。承包商感慨地说：他们从未遇到这样好的施工环境。

正因为有了这四大支撑系统，引黄工程才能不断克服各种意想不到的困难，把山西人民多年的梦想变成了现实。

引黄不只是一个引水的工程，也是一个培养人才的工程。1997 年 5 月，按“改革大纲”的要求，宣布在职的员工经过专业专题培训后全员下岗，进入内部设置的人才市场，处于待岗和竞岗状态。同时开始进行竞岗的报名工作。每位员工根据自己的专业特长和工作经验，可以自主选择业主公司，或监理公司。由两个公司的总经理“组阁”，亲自考察审核，各自得到所需的人才。结果是各得其所。全员 645 人，最后只有 10 多个人没有被聘用。虽然从绝对数量上看人数并不算多，但激烈的竞争却在向人们宣告：从此铁饭碗已经被打破了！这是一种无形而有效的压力。经过培训竞争择优上岗后，员工们尤其是一批年轻人个个意气风发，豪情满怀，决心把滔滔的黄河水引上巍峨的太行山。他们全身心地投入了全面开工的引黄第一线，在晋西北抗风沙，斗严寒，挑战了当年大型基础设施建设能够达到的高度，创造了引黄工程建设中的种种奇迹。资深水利专家把这批才俊称为“引黄人”。这是一种很高的褒奖。

这种开明、开放、竞争、动态的吸收起用人才的体制机制，起用吸纳了多专业的各类精英人才。

有清华水利系毕业，多年从事大中型水库、水电设计建设施工管理的许四复、刘锡田、姜凯，还有河南省林县原县委书记、举世闻名的红旗渠建设的总指挥杨贵。

有甘肃省引大入秦工程的总工程师张豫生。

有思维敏捷、有较强协调能力，善于倾听，实践经验比较丰富的省计委第一副主任郑友三，由他出任引黄工程副总指挥兼管理局局长，按指挥部要求加快推进程序做了大量艰辛的工作。

有水利部建设司老司长朱应祥，水利部水电总局局长罗西北，水利部水电三局副局长刘劲军。

有长期从事中小型引水、库水和电站工程建设，积累了丰富设计施工管理经验的赵廷式、王必胜、卫耕润。还有乔贵江、曹中厚，他们两位都担任多年的县委书记主政一方，调引黄后早期先后任主持日常工作的副总指挥。

有具有基层行政管理经验和中小型水电站开发建设管理经验的孙旭敏。

还有内部不拘一格、破格任用的一批青年改革精英：杨晋生、卫亚林、牛辉林、雷天才、苏连元、张振杰、李文芳、戴建刚等。长期从事引黄入晋工程准备工作的老专家朱映、王东科也安排了最适合的岗位。

这批经过改革大纲的体制培训，外派考察学习，又在引黄工程建设过程中积累了丰富经验，且具有家国情怀的人才，已经成长为我国水利战线上的骨干力量。十几年过去了，现在来看，迄今主政引黄的樊安顺、贾伟智，总工程师李俊刚。同时还有从引黄工程走出去长期活跃在全国南水北调、北京、青海、新疆、广东、安徽、甘肃、东北大型水利工程建设的第一线的技术人员。他们抱着一种志在四方的豪情，受到各工程单位的欢迎。如今从监理公司脱胎出来的子监理公司，已成为目前全国监理单位中最具竞争力的品牌，也有了可观的收益。孙旭敏、梁晋平名声在外，被称为中国最出色的大型掘进设备 TBM 的一流专家。

引黄人中也有一批走向从政的路。曹中厚出任太原市市长；管理局局长王纯调省政府任秘书长；常青、田永清、朱晓东等出任了县委书记；李文芳、赵治安等加入纪检监察队伍，成为查整反腐败的尖兵。梁晋平受聘于意大利 CMC 公司 TBM 施工现场经理。受聘受调于国内水利行业的有：赵雄飞任成都勘测设计研究院有限公司副总经理；郭永峰任南水北调中线管理局计划合同部部长；张玉林任中国水利水电第三工程局局长；历建平任中国水利水电第六工程局局长；张玉峰任中国水利水电第十一工程局局长；李刚任中国水利水电第三工程局副局长；王彦武任山西省水工局总经理；张振杰任新华水力发电有限公司总工程师。

大多数引黄人专心本职，学有专长，坚守在引黄运行的各个环节的关键岗位上，担起了引黄持续稳定供水的历史责任。这里还应提到山西国信投资集团公司总经理吴晋安，他协助做好引黄资金的安全和适时支付。他是引黄团队的编外成员。

这个团队可以从四个方面来度量：国家利益、民族情感、社会公德、职业操守。他们是一团火，走到哪里，燃烧到哪里，照亮到哪里。他们当年成长的环境可以毫不夸张地讲是一片净土，没有被世俗所左右。

10 多年来，这批在工程建设中锻炼成长起来的改革精英，大都在不同岗位上取得了不错的成绩。

对引黄人的上述认知，是经过多年相处观察思考沉淀的结果。是很理性的认识，绝非溢美之言。我本人也因为得到众多引黄人和朋友们的理解而感到自豪。

这批从引黄工程走出来的具有勇气、灵气的中年才俊有 14 位同志，撰写了推荐性文字，真情实感，确为难能可贵。

当年在省委批准改革大纲时，引黄工程总指挥部向省委、省人民政府、山西人民有一个庄严的承诺：引黄工程要交一个合格的引水工程；交一个全新的体制；交一个有改革开放情怀能攻坚克难的建管队伍；交一批科技研发成果。现在可以说，这一政治承诺基本都实现了。这也是群众基础最坚实的一次实践。

我衷心地感谢引黄人！衷心地感谢引黄工程的支持者！

这本书撰写的过程中，得到了许多同志的帮助，他们或搜集资料，或提供数据，或核对事实，我的朋友储仲君还对文字作了润色，在此一并表示感谢。

其仁、陈建、永曦、嘉明，也要请他们接受我的谢意。